工业和信息化普通高等教育“十二五”规划教材立项项目

21 世纪高等学校计算机规划教材

21st Century University Planned Textbooks of Computer Science

C语言程序设计（第2版）

The C Programming Language (2nd Edition)

姚琳 主编

屈微 副主编

黄晓璐 刘莲英 齐悦 姚亦飞 编著

人 民 邮 电 出 版 社

北 京

图书在版编目（CIP）数据

C语言程序设计 / 姚琳主编. -- 2版. -- 北京 : 人民邮电出版社, 2010.10（2023.8重印）
21世纪高等学校计算机规划教材
ISBN 978-7-115-23790-3

Ⅰ. ①C… Ⅱ. ①姚… Ⅲ. ①C语言－程序设计－高等学校－教材 Ⅳ. ①TP312

中国版本图书馆CIP数据核字(2010)第172008号

内 容 提 要

本书根据教育部非计算机专业计算机基础课程教学指导分委员会提出的《高等学校非计算机专业计算机基础课程教学基本要求》中的关于"程序设计"课程教学要求，根据当前学生的实际情况，结合一线教师的教学实际经验编写而成。

本书主线清晰、重点明确、内容恰当、概念通俗、表述简洁、举例实用，既注重基础理论，又突出实践性。全书共分 9 章，内容包括计算机的组成与程序设计基础、C 语言基础、C 语言控制语句、函数与预处理、数组、指针、其他自定义数据类型、文件和一个完整案例的设计和实现。

本书适合各类大专院校作为程序设计教材使用，也可作为学习计算机知识的自学参考书或培训教材。

工业和信息化普通高等教育"十二五"规划教材立项项目

21 世纪高等学校计算机规划教材

C 语言程序设计（第 2 版）

◆ 主　　编　姚　琳
　副 主 编　屈　微
　责任编辑　武恩玉

◆ 人民邮电出版社出版发行　　北京市丰台区成寿寺路 11 号
　邮编　100164　　电子邮件　315@ptpress.com.cn
　网址　http://www.ptpress.com.cn
　固安县铭成印刷有限公司印刷

◆ 开本：787×1092　1/16
　印张：18.25　　　　2010 年 10 月第 2 版
　字数：482 千字　　　2023 年 8 月河北第 21 次印刷

ISBN 978-7-115-23790-3

定价：32.00 元

读者服务热线：(010)81055256　印装质量热线：(010)81055316

反盗版热线：(010)81055315

前 言

自20世纪80年代开始，随着我国教育事业的不断发展，在非计算机专业的大学生中普及计算机知识与应用技能的计算机基础教育也在不断发展和完善。在我国大学计算机基础教育中，目前普遍采用1+X课程体系结构。在这个课程体系结构中，程序设计是一门重要的基础性课程。而在众多的程序设计语言中，C语言因其具有完备的高级语言特性，并具有丰富、灵活的控制和数据结构，简洁而高效的语句表达，清晰的程序结构和良好的可移植性等特点，被许多高校列为程序设计课程的首选计算机语言，不仅在计算机专业开设了C语言课程，而且在非计算机专业也开设了C语言课程。

本书根据教育部非计算机专业计算机基础课程教学指导分委员会提出的《高等学校非计算机专业计算机基础课程教学基本要求》中的关于"程序设计"课程教学要求，根据当前学生的实际情况，结合一线教师的教学实际经验编写而成。

1. 读者对象明确，内容紧贴教育部提出的大学计算机教育基本要求

本书按照教育部高等学校非计算机专业计算机基础课程教学指导委员会提出的最新教学要求和教学大纲的精神，在充分总结大学计算机基础教育事业20多年发展经验的基础上，制定了带有指导意义和规范作用的一本课程结构和教学大纲。

2. 在教学方法上，贯彻以学生为主的教学思想

在教学方法上，遵循初学者学习程序设计语言的规律和特点，采用理论和案例相结合的教学方式，运用通俗易懂的文字，每一章都通过一些能吸引学生的案例和问题引入教学内容，由浅入深、由易到难、循序渐进，力求做到符合学习规律。既注重基础理论，又突出实用性。

3. 提供立体化教材，方便教与学

本套教材包括主讲教材和辅助教材，另外可从人民邮电出版社教学服务与资源网（http://www.ptpedu.com.cn）免费下载该教材的电子课件及习题答案。本书的例题均在Visual C++ 6.0中调试通过。

本书的第1章和第9章由姚琳编写；第2章和第3章由齐悦编写；第4章由屈微编写；第5章由刘莲英编写；第6章由黄晓璐编写；第7章和第8章由姚亦飞编写。全书由姚琳最后审阅统稿。

由于编者水平有限，加上时间仓促，书中难免存在疏漏与不当之处，恳请广大读者批评指正。

编 者

2010年7月

目 录

第 1 章 计算机的组成与程序设计基础

【本章内容提要】

本章在介绍具体的 C 语言之前，简单介绍一下计算机的组成、计算机的基本工作原理、计算机语言的发展、程序设计的基础知识、C 语言程序的基本结构、一个程序的开发过程和具体的操作步骤。

【本章学习重点】

- 重点掌握有关计算机的基本知识、基本概念、基本原理。
- 掌握一个程序的开发过程和具体的操作步骤。

1.1 计算机的组成及基本工作原理

一个完整的计算机系统应包括两个部分，即硬件系统和软件系统，如表 1-1 所示。硬件系统是计算机实现自动控制与运算的物质基础，软件系统加载在硬件系统之上控制硬件完成各种功能。无论是系统软件还是应用软件，都是用程序设计语言编写的。程序设计语言的发展经历了从机器语言到计算机各种高级程序设计语言的过程。机器语言是计算机语言发展过程的原点，而高级程序设计语言是计算机语言发展的重要阶段。C 语言是高级程序设计语言中的经典之作，也是深入掌握其他程序设计语言的基础。

硬件系统一般指计算机的装置，软件系统一般指管理和指挥硬件运行的程序。计算机硬件系统和计算机软件系统是相辅相成的，人们都形象的把没有软件的计算机（裸机）比喻为“没有灵魂的躯体”。把软件比喻为“灵魂”，同样软件离开了硬件的支持，也就失去了它的作用。

表 1-1　　计算机系统构成表

<table>
<tr><td colspan="10">计算机系统</td></tr>
<tr><td colspan="6">硬件系统</td><td colspan="4">软件系统</td></tr>
<tr><td colspan="3">主机</td><td colspan="3">外设</td><td colspan="3">系统软件</td><td rowspan="3">应用软件</td></tr>
<tr><td colspan="2">中央处理器</td><td rowspan="2">内存储器</td><td rowspan="2">输入设备</td><td rowspan="2">输出设备</td><td rowspan="2">外存储器</td><td rowspan="2">操作系统</td><td rowspan="2">语言处理程序</td><td rowspan="2">服务程序</td></tr>
<tr><td>运算器</td><td>控制器</td></tr>
</table>

1.1.1 计算机的硬件系统

计算机的硬件（Hard ware）系统是组成计算机的各种电子的、磁的、机械的部件和设备的总称。

计算机硬件的基本结构

当今计算机已发展成由巨型机、小巨型机、大型机、小型机、微型机组成的一个庞大“家族”。这个家族中的成员尽管在规模、结构、性能、应用等方面存在着一定差异，但它们的基本硬件结构仍沿用着冯·诺依曼设计的传统结构，即由运算器、控制器、存储器、输入设备和输出设备5部分组成。

计算机的基本硬件结构如图1-1所示。

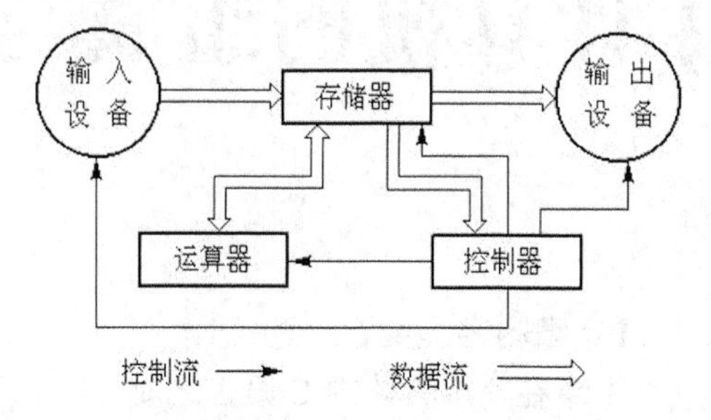

图1-1 计算机的基本硬件结构

图1-1所示为这5部分之间的连接关系，也显示了计算机中数据和控制信息的流动方向，反映了计算机的基本工作原理。这种结构就是依据著名科学家冯·诺依曼提出的存储程序计算机的基本结构的设计思想，其基本特点是将程序和数据都以二进制的形式存储在存储器中，在控制器的指挥下，自动地从存储器中取出指令并执行，以完成计算机的各种工作。

（1）运算器

运算器是对数据进行处理和运算的部件。运算器的主要部件是算术逻辑单元（Arithmetic Logic Unit，ALU），另外还包括一些寄存器。它的基本操作是进行算术运算和逻辑运算。算术运算是按算术规则进行的运算，如加、减、乘、除等。逻辑运算一般指非算术性质的运算，如比较大小、移位、逻辑“与”、逻辑“或”、逻辑“非”等。在计算机中，一些复杂的运算往往是通过大量简单的算术运算和逻辑运算来完成的。

（2）存储器

存储器是用来存储程序和数据的部件，可以分为内存储器（主存储器）和外存储器（辅助存储器）两类。内存储器简称内存，用来存储当前要执行的程序和数据以及中间结果和最终结果。存储器由许多存储单元组成，每个存储单元都有自己的地址。根据地址就可找到所需的数据和程序。

外存储器简称外存，用来长期存储大量暂时不参与运算的数据和程序以及运算结果。

（3）控制器

控制器的主要作用是指挥计算机各部件协调的工作。它是计算机的指挥中心，在控制器的控制下，将输入设备输入的程序和数据，存入存储器中，并按照程序的要求指挥运算器进行运算和处理，然后把运算和处理的结果再存入存储器中，最后将处理结果传送到输出设备上。

控制器一般由程序计数器（Program Counter，PC）、指令寄存器（Instruction Regisiter，IR）、指令译码器（Instruction Decoder，ID）和操作控制器（Operation Controller）等组成。程序计数器用来存放当前要执行的指令地址，它有自动加1的功能。指令寄存器用来存放当前要执行的指令代码。指令译码器用来识别IR中所存放要执行指令的性质、操作。控制器是根据指令译码器对要执行指令的译码，产生出实现该指令的全部动作的控制信号。

（4）输入设备

输入设备是将用户的程序、数据和命令输入到计算机的内存的设备，标准的输入设备是键盘。

常用的输入设备还有鼠标、扫描仪等。目前，市场上还出现了汉字语音输入设备和手写识别输入设备，使得汉字输入变得更为方便。

（5）输出设备

输出设备是显示、打印或保存计算机运算和处理结果的设备。标准的输出设备是显示器。常用的输出设备还有打印机、绘图仪等。目前，其他类型的输出设备也有不同程度的发展，最为常见的是数据投影设备，与计算机直接相连，计算机在屏幕上的输出结果就可直接传到投影仪上输出。投影仪可用于多媒体教育、大型场合的计算机演示等。

通常把运算器和控制器合称为中央处理单元（Central Processing Unit，CPU），它是计算机的核心部件。将 CPU 和内存合称为“主机”，把输入设备和输出设备及外存合称为外部设备，简称外设。

1.1.2　计算机的软件系统

没有装入任何软件的计算机称作“裸机”。裸机是无法工作的，需要计算机软件系统来支撑，所以计算机的软件系统是计算机系统中必不可少的组成部分。

所谓软件（Software）是计算机系统中各类程序、有关文档以及所需要的数据的总称。其中，程序只是软件的一部分。

1. 程序的基本概念

程序简单地说，就是为了解决某一问题而设计的一系列指令或语句。

要想使计算机按人们的意愿去工作，目前还要进行程序设计。也就是说必须把解决问题的方法、步骤等编写成程序，输入到计算机，然后再由计算机执行这个程序，完成程序中所指定的工作。

2. 软件的分类

计算机软件可分为系统软件和应用软件两大类。

（1）系统软件

系统软件一般是用来管理、维护计算机及协调计算机内部更有效工作的软件。主要包括操作系统、语言处理程序和一些服务性程序。系统软件中的核心软件就是操作系统。

操作系统是对计算机系统进行控制及管理的大型程序。它有效地统管计算机的所有资源（包括硬件和软件资源）。合理地组织计算机的整个工作流程，从而提高资源的利用率，并为用户提供强有力的使用功能和灵活方便的使用环境。

操作系统是计算机系统的重要组成部分，是计算机系统所有软件、硬件资源的组织者和管理者。任何一个用户都是通过操作系统使用计算机的。

操作系统的基本任务主要有两点：其一是管理好计算机的全部资源（包括 CPU、存储器、各种外设、程序和数据）；其二是担任用户与计算机之间的接口，让用户使用方便，操作简单，而且不必过问计算机硬件的具体细节。

操作系统的主要功能包括 CPU 管理、存储管理、文件管理、设备管理和作业管理。目前，微机上使用的操作系统主要有：Windows XP、UNIX、Linux 等系统。

（2）应用软件

应用软件一般是为某个具体应用开发的软件，如文字处理软件、杀毒软件、财务软件、图形软件等。应用软件的种类很多，包括各种游戏程序、字处理程序（如 Word、WPS）、电子表格（如 Excel、Lotus1-2-3）及各种工具软件（如 WinRAR）等。

3. 计算机语言的发展

在日常生活中，人与人之间交流一般是通过语言，人类所使用的语言一般称为自然语言。而人与计算机之间的“沟通”，或者说人们让计算机完成某种任务，也需用一种语言，这就是计算机语言。在使用计算机时，必须把要解决的问题编成一条条语句，这些语句的集合就称为程序。用户为解决自己的问题编制的程序，称为源程序（Source Program）。随着计算机硬件的不断发展，计算机软件也飞速发展，计算机所使用的“语言”也在不断的发展，并形成了一种体系。下面就介绍它们的发展情况及其特点。

（1）机器语言

指令通常分为操作码（Operation Code）和操作数（Operand）两大部分。操作码表示计算机执行什么操作；操作数表示参加操作的数本身或操作数所在的地址。

因为计算机只能识别二进制数，所以计算机的指令系统中的所有指令，都必须以二进制编码的形式来表示，也就是一串 0 或 1 排列组合而成。例如，某种型号的微机系统中加法指令的编码为 78H（此处 H 表示十六进制），减法指令的编码为 77H 等，它们相对应的二进制编码为：

```
加法（78H）： 01111000B
减法（77H）： 01110111B
```

这就是指令的机器码（Machine Code）。这种指令功能与二进制编码的关系是人为规定的，计算机按照规定进行识别。

计算机发展的初期，就是用指令的机器码来编制用户的源程序，这就是机器语言阶段。也就是说用 0 和 1 组成的二进制的代码形式写出机器的指令，把这些代码按用户的要求顺序排列起来，这就是机器语言的程序。在机器语言中，每一条指令的地址、操作码及操作数都是用二进制数表示的，显然机器语言是计算机“一看就懂”的语言，是计算机能唯一识别和可直接执行的语言。因此，它占用内存少，执行速度快，效率高，而且无须“翻译”。机器语言对机器方便，但人们用机器语言编写程序就很麻烦。对人来讲，机器语言存在许多不足，如很不直观（难读），难懂、难记、易出错、难修改等。它的致命的弱点是无通用性。也就是说不同类型的计算机各有自己的指令系统，所以人们称机器语言是面向机器的语言。

（2）汇编语言

由于用机器语言编写程序时存在许多不足。为了克服这些缺点，人们想到是否能用一些符号（如英文字母、数字等）来代替难读、难懂、难记的机器语言。于是人们就用一些助记符（Mnemonic）来代替操作码，这些助记符通常使用指令功能的英文单词的缩写，这样更便于记忆。如某种型号的微机系统中加法指令用助记符 ADD 来表示，减法指令用助记符 SUB 来表示等。操作数用一些符号（Symbol）来表示。如 ADD AX，BX（此条指令的作用是把累加器 AX 和寄存器 BX 中的内容相加后的结果送到累加器 AX 中）。这样每条指令都有明显的特征，易于理解和记忆，这就是汇编语言阶段。

用汇编语言编写的程序称为汇编语言源程序，指令的操作数和地址不直接使用二进制代码编写的程序，而是用符号或用十六进制数表示。这样对人们来讲汇编语言比机器语言容易理解，便于记忆，使用起来方便多了。但对机器来讲，必须将汇编语言编写的程序翻译成机器语言程序，然后再执行，用汇编语言编写的源程序被翻译成机器语言程序，一般称之为目标程序。将汇编语言源程序翻译成目标程序的软件称为汇编程序，具体翻译过程如图 1-2 所示。

虽然汇编语言比机器语言前进了一步，使用起来方便了许多，但是汇编语言是一种由机器语言符号化而成的语言，因此仍没有完全解决机器语言的致命弱点，就是通用性差，也就是说汇编语言和机器语言都是面向机器的语言。

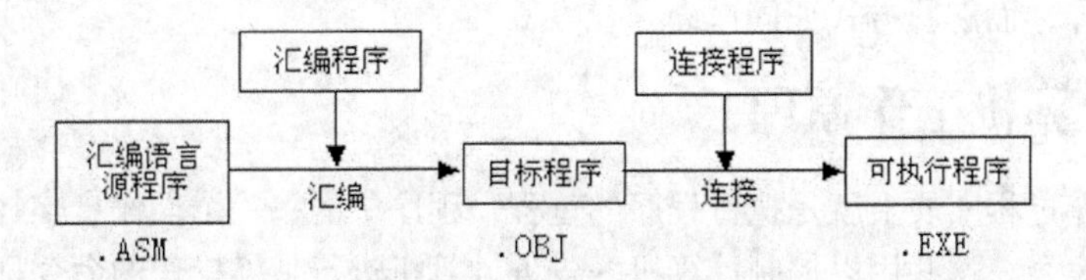

图 1-2　汇编语言的翻译过程

（3）高级语言

高级语言又称算法语言。为了克服机器语言和汇编语言依赖于机器，通用性差的弱点，人们发明创造了高级语言。高级语言有两个特点：一是和人类的自然语言（指英语）及数学语言比较接近，比如在 BASIC 语言中，“INPUT”表示输入，“PRINT”表示打印，用符号+、–、*、/代表算术运算符中的加、减、乘、除；二是与计算机的硬件无关，无须熟悉计算机的指令系统。这样用高级语言编写程序时，只需考虑解决什么问题和怎样解决，而无须考虑机器，所以称高级语言是面向过程的语言。

目前，计算机高级语言分为两大类：一类为面向过程的高级语言，如 BASIC、FORTRAN、Pascal、C 等；另一类为面向对象的高级语言，如 C++、Java 等。

用高级语言编写的源程序在计算机中也不能直接执行，必须翻译成机器语言程序才能执行，通常翻译的方式有两种，一种是编译方式，一种是解释方式。

在“编译”方式中，将高级语言源程序翻译成目标程序的软件称为编译程序，这种翻译过程称为编译。在翻译过程中，编译程序要对源程序进行语法检查，如有错将给出相关的错误信息，如无错才翻译成目标程序。还要注意一点就是目标程序虽然已是二进制文件，但还不能直接执行，还需经过连接和定位生成可执行程序文件后，才能执行。用来进行连接和定位的软件称为连接程序。具体的编译方式过程如图 1-3 所示。

在“解释”方式中，将高级语言源程序翻译和执行的软件称为解释程序。解释程序不是对整个源程序进行翻译，也不生成目标程序，而是解释一条语句执行一条语句。如果发现错误就给出错误信息，并停止解释和执行，如果没有错误就解释执行到最后的语句。具体的解释方式过程如图 1-4 所示。

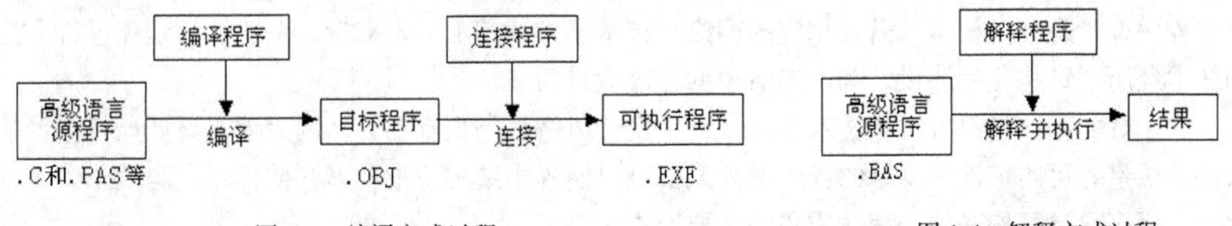

图 1-3　编译方式过程　　图 1-4　解释方式过程

无论是编译方式还是解释方式都起着将高级语言编写的源程序翻译成计算机可以识别与运行的二进制代码的作用。但这两种方式是有区别的，即编译方式就是把高级语言的源程序文件用此种语言的编译程序翻译成相应的机器语言的目标程序，然后再通过连接程序，将目标程序连接成可执行程序文件，再运行可执行程序文件得到结果。而解释方式在执行时，源程序和解释程序必须同时参与才能运行，而且不产生目标文件和可执行程序文件，下次运行此程序时还要重新解释执行。所以解释方式的效率低，执行速度慢，它的唯一特点是便于人机对话。编译方式和解释方式两种翻译方式与我们日常生活中的翻译很相似，日常生活中的翻译也分两种，即笔译和口译，编译方式如同笔译，而解释方式如同口译。

1.1.3 计算机工作原理

计算机的工作过程实质上就是执行程序的过程，程序中的每一个操作步骤都是指示计算机做什么和如何做的命令，这些用以控制计算机、告诉计算机进行怎样操作的命令称为计算机指令。只要这些指令能被计算机理解，则将程序装入计算机并启动该程序后，计算机便能自动按编写的程序一步一步地取出指令，根据指令的要求控制机器各个部分运行。这就是计算机的基本工作原理，这一原理最初由美籍匈牙利科学家冯·诺依曼（Von Neumann）提出。

可以看出，冯·诺依曼结构的计算机必须具有如下部件。

- 把要执行的程序和所需要的数据送至计算机中存储起来的存储器；
- 需要具有输入程序和数据的输入设备；
- 能够完成程序中指定的各种算术、逻辑运算和数据传送等数据加工处理的运算器；
- 能够根据运算的结果和程序的需要控制程序的走向，并能根据指令的规定控制机器各部分协调操作的控制器；
- 能按人们的需求将处理的结果输出给操作人员使用的输出设备。

冯·诺依曼结构计算机的工作原理最重要之处是“存储原理”。即如果要让计算机工作就是要先把编制好的程序输入到计算机的存储器中存储起来，然后依次取出指令执行。每一条指令的执行过程又可以划分成如下 3 个基本操作。

- 取出指令：从存储器某个地址中取出要执行的指令。
- 分析指令：把取出的指令送到指令译码器中，译出指令对应的操作。
- 执行指令：向各个部件发出控制操作，完成指令要求。

1.2 程序设计基础

1.2.1 程序设计的风格

程序设计是一门技术，需要相应的理论、技术、方法和工具来支持。一般认为程序设计方法和技术经历了结构化程序设计和面向对象的程序设计阶段。

除了好的程序设计方法和技术之外，程序设计风格也是很重要的。因为程序设计风格会影响软件的质量和可维护性，良好的程序设计风格可以使程序结构清晰合理，使程序代码便于维护，因此，程序设计风格是保证程序质量的重要因素之一。

要形成良好的程序设计风格，应考虑源程序文档化、数据说明的方法、语句构造以及输入和输出几个因素。

（1）源程序文档化

源程序文档化一般要考虑：标识符的命名、程序注释信息、视觉组织等几个方面。

- 标识符的命名应遵循“见名知义”的原则。
- 程序注释信息应能帮助读者正确理解整个程序。注释信息一般包括序言性注释和功能性注释。所谓序言性注释一般位于程序的开始部分，主要包括：标题、程序的主要功能、主要算法、程序作者等。所谓功能性注释一般位于程序的中间，主要描述变量的含义、语句的作用等。

- 视觉组织主要是书写程序时应尽量清晰，便于阅读，一般使用空格、空行、缩进等技巧。

（2）数据说明的方法

在编写程序时，为了更好的理解和维护程序，数据说明应注意次序规范化。当一个说明语句说明多个变量时，变量按照字母顺序排列。使用注释来说明复杂数据的结构等。

（3）语句构造

除非对效率有特殊要求，否则程序编写要做到清晰第一，效率第二。例如，要将两个变量 A 和 B 的值交换一下，我们给出两种方法：

方法一：	方法二：
A=A+B	T=A
B=A−B	A=B
A=A−B	B=T

从表面上看方法一只用了 A 和 B 两个变量，而方法二用了 A、B 和 T 3 个变量。但方法二显然比方法一更清晰，更容易理解。

（4）输入和输出

输入和输出是一个程序不可缺少的部分，输入/输出方式和格式应尽可能方便用户的使用。

1.2.2　结构化程序设计

由于软件危机的出现，人们开始研究程序设计方法，其中结构化程序设计方法和面向对象程序设计方法最受关注。“结构化程序设计（structured programming）是软件发展的一个重要里程碑”，它是以模块化设计为中心，将待开发的软件系统划分为若干个相互独立的模块，这样使完成每一个模块的工作变得单纯而明确，为设计一些较大的软件打下了良好的基础。

结构化程序设计方法的基本原则是：采用自顶向下、逐步细化的方法进行设计；采用模块化原则和方法进行设计；限制使用 goto 语句。

结构化程序的基本结构包括顺序结构、选择结构和循环结构。

1. 顺序结构

顺序结构是程序的最基本、最常用的结构，也是最简单的程序结构。它是按照书写顺序依次执行语句的结构，如图 1-5 所示。

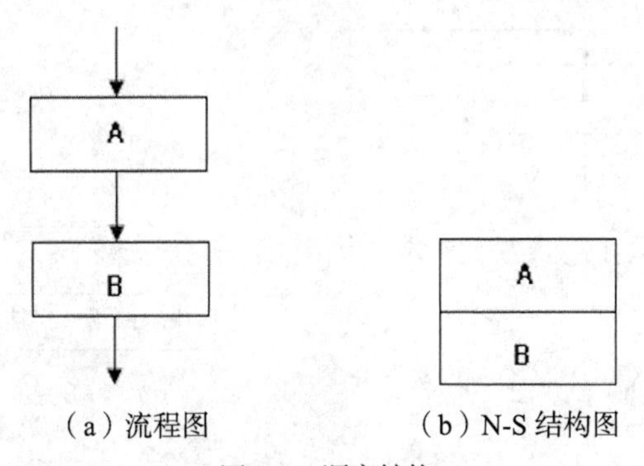

（a）流程图　　（b）N-S 结构图

图 1-5　顺序结构

2. 选择结构

选择结构又称为分支结构，这种结构是按照给定的条件判断选择执行相应的语句序列，如

图 1-6 所示。

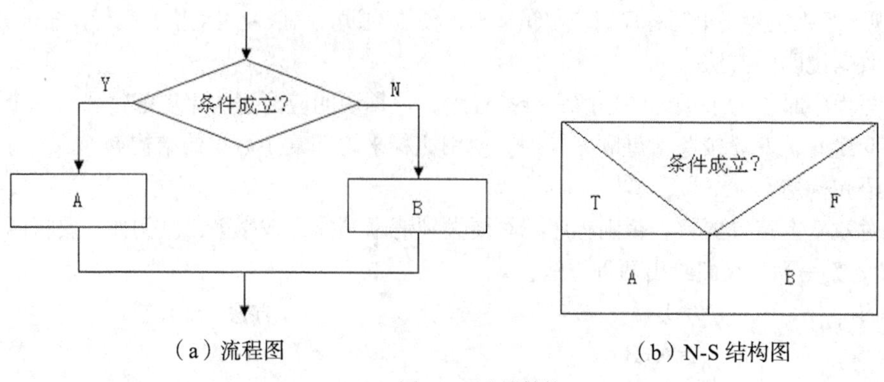

（a）流程图　　（b）N-S 结构图

图 1-6　选择结构

分支结构一般根据条件判别来决定执行哪一个程序分支，满足条件则执行语句序列 A，不满足条件，则执行语句序列 B。通常，CPU 每执行完一条指令后，便自动执行下一条指令，但分支结构的执行可以改变程序的执行流程。

3. 循环结构

循环结构又称为重复结构，通过循环控制条件来决定是否重复执行相同的语句序列。在计算机程序设计语言中，一般包括两种类型的循环：当型循环（见图 1-7）和直到型循环（见图 1-8）。

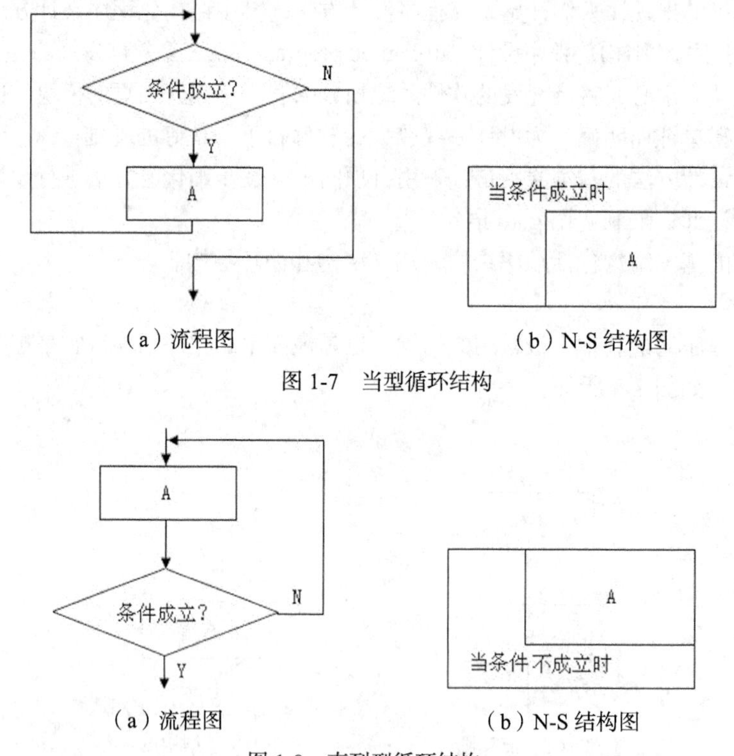

（a）流程图　　（b）N-S 结构图

图 1-7　当型循环结构

（a）流程图　　（b）N-S 结构图

图 1-8　直到型循环结构

循环结构每次测试循环条件，当满足条件时，重复执行这一段程序，否则结束循环，顺序往下执行。循环结构一般由以下 3 部分构成。

① 初始化部分：为循环作准备，如为循环变量赋初值。这一部分往往位于循环语句的前面。

② 循环控制部分：循环控制条件，控制循环继续或结束，以保证循环按预定的次数或特定条件正常执行。

③ 循环体部分：实现循环的基本操作，是循环工作的重复部分。这一部分从初始化部分设置的初值开始，反复执行相同或相似的操作。

在循环体中一定有一个语句能够更改循环控制条件的逻辑值，使得在恰当的时候结束循环。

结构化程序的主要特点是：

- 程序易于理解、使用和维护；
- 提高了编程工作的效率，降低了软件开发成本。

1.3　C 语言程序的基本结构及开发过程

1.3.1　C 语言程序的基本结构

请看下面 2 个示例。

【例 1-1】　计算圆的面积。

```
#include "stdio.h"
void main( )                                    /* main（主）函数 */
{ int r;                                        /*定义 1 个整型变量 r*/
  float area ;                                  /*定义 1 个单精度变量 area*/
  r=8 ;                                         /*输入半径为 8*/
  area=3.14*r*r;                                /*计算圆的面积*/
  printf ("%f\n ", area) ;                      /*输出结果*/
 }
```

【例 1-2】　输入年份，判别该年是否为闰年。

```
#include "stdio.h"
int leap(int year)                                   /* leap 函数 */
{ int flag;                                          /*定义 1 个整型变量 flag*/
  if (year%4==0 && year%100!=0)
         flag =1;                                    /*满足闰年的条件 1，则 flag =1*/
  else  if (year%400==0)
         flag =1;                                    /*满足闰年的条件 1，则 flag =1*/
  else
        flag =0;                                     /*不满足闰年的条件，则 flag =0*/
  return flag;                                       /*返回变量 flag 的值*/
}
void main( )                                         /* main（主）函数 */
{ int  year;
   scanf("%d", &year);                               /*输入 year 的值*/
   if(leap(year)== 1)                                /*调用 leap 函数，并判断函数的返回值
是否等于 1*/
       printf("%d is a leap year \n", year);         /*等于 1 的输出结果*/
   else
       printf("%d is not a leap year \n", year);     /*不等于 1 的输出结果*/
}
```

从例 1-1 和例 1-2 两个简单 C 语言程序的例子中可以看出，虽然它们的功能互不相同，程序中语句的条数也不相同，但它们都反映了一般 C 语言程序的基本组成以及主要特点。下面对一般的 C 语言程序做几点说明。

① 在 C 语言中，一个 C 语言程序是以函数作为模块单位的，一个完整的 C 语言程序可以由一个或多个函数组成，但有且仅有一个 main()函数（或称主函数）。一个 C 语言程序总是从 main 函数开始执行，最终在 main 函数中结束。

② 一个 C 函数模块分两大部分，即函数的说明部分和函数体部分。

函数的说明部分又称为函数首部，它包括函数类型、函数名和函数参数。通常，在函数名后面有一对圆括号，根据需要在圆括号中可以有函数的参数，函数的参数是与主调函数交换的参数（如例 1-2 中的 year）。

函数体是用左右花括号括起来的部分，左“{”表示开始，右“}”表示结束。函数内包括若干条语句，语句序列是实现函数的预定功能。

③ C 语言程序中的每一个语句必须以“;”结束，但书写格式是自由的。在 C 语言中是区分大小写的，一般习惯使用小写字母，书写时按缩进格式。在 C 语言程序中，一行上可以写多条语句，一条语句也可以占多行，但在实际编写时应注意程序的可读性。

值得注意的是，在一个 C 语言语句中，并不是所有的部分都可以拆开写在两行上，句中的有些部分作为整体只能写在同一行上而不允许拆开，如例 1-3 所示。

【例 1-3】 输出字符串“Welcome to Beijing”。

```
#include "stdio.h"
void main()
{
   printf("Welcome to Beijing\n");
}
```

printf() 中用双引号括起来的字符串是作为格式输出函数的一个独立参数（用以指定输出数据的格式），它作为一个整体是不能被拆开的。因为 C 语言允许一条 C 语言语句可以写在多行上，所以，例 1-3 中的程序还可以书写成如下的格式：

```
#include "stdio.h"
void main()
{
  printf(
 "Welcome to Beijing\n"
 );
}
```

但例 1-3 中的程序不能写成如下的格式：

```
#include "stdio.h"
void main()
 {
   printf(
   "Welcome to
   Beijing\n"
  );
}
```

因为"Welcome to Beijing\n"是函数 printf() 的一个独立参数，它只能作为整体写在同一行上，而不能拆开写在两行上。

C 语言语句又分为两大类，即说明性语句和可执行语句。如例 1-1 中的“int r;”就是说明性语句，而“area=3.14*r*r;”就是可执行语句。

④ #include"stdio.h"是编译预处理命令，其作用是将双引号或尖括号括起来的文件内容读到该命令的位置处。在例 1-1 中，包含了用于输入/输出的标准库函数头文件“stdio.h”，因为在 main 函数中要调用标准库函数中的格式输出函数 printf()。需要强调的是，“#include”是编译预处理命令，而不是 C 语言语句，因此，它们不以“;”结束，并且要单独占一行。

⑤ 在 C 语言程序的任何位置处都可以用/*……*/作注释，以提高程序的可读性。

在支持中文的 Visual C++ 6.0 环境中，除了可以用英文或汉语拼音进行注释外，还可以直接用中文进行注释。在函数的开头可以利用注释对函数的功能进行简要说明，在某一语句之后，可以利用注释对该语句或下面程序段的功能进行简要说明。

C 语言编译系统并不把程序中的注释部分转换成机器代码，计算机也不执行它，注释只是方便阅读源程序。由此可知，虽然程序中的注释部分不具有程序功能，计算机也不执行它，但对于阅读修改程序是很有用的，所以不能把它看成是可有可无的部分。现在提倡在程序中添加注释，在例 1-1 和例 1-2 中都有注释，这样有助于理解程序。

1.3.2　C 语言程序的开发过程

1. 开发步骤

用 C 语言开发一个程序，首先需要用文本编辑器（Editor）建立 C 语言源程序文件，扩展名为 .C；然后用编译器（或称 C 编译系统）对源程序进行编译，若没有错误则生成目标程序文件，扩展名为 .OBJ，否则给出相应的错误信息；最后用连接器（或称 C 连接程序）将一个或多个目标程序文件以及库文件连接成一个可执行文件，扩展名为 .EXE。若程序执行时不能正常终止或不符合功能需求，则需要进行调试和修改。

（1）源程序的编辑

C 语言源程序文件一般以 .C 为扩展名。源程序文件实质上是一个文本文件，所以可以使用任何文本编辑器，具体的选择常常取决于使用者的偏好。例如，Windows 的记事本（NOTEPAD.EXE）以及一些高级语言开发环境（如 Microsoft Visual C++，Borland C++）的编辑器等。

（2）源程序的编译

利用编译器对源程序文件进行编译，若源程序文件中没有语法错误，则生成目标程序文件。C 语言将语法错误分为两类，即语法错误（Error）与警告错误（Warning）。在编译时，如果发现语法错误，则将显示错误所在行与错误信息。若有语法错误，则不能生成目标程序文件，这时必须对源文件进行编辑修改，然后再编译，直到没有错误为止。若只有警告错误，则将按缺省处理方式生成目标程序文件，但其处理方式不一定与程序员的初衷相吻合。因此，应养成良好的程序开发习惯，使程序在编译后无任何错误。

（3）目标程序文件的连接

利用连接器将一个或多个目标程序文件与库文件进行连接，生成可执行文件。一般来说，单个目标文件的连接很少发生连接错误。当多个目标程序文件及库文件连接时，如果找不到所需的连接信息，则连接器会给出错误信息，不能生成可执行文件，这时就需要修改源程序，再重新编译和连接。

（4）可执行文件的运行

经过编译和连接后，生成的可执行文件就可以直接运行了。只要在命令提示符下键入可执行文件名即可。例如，设可执行文件名为 SORT.EXE，则只要在命令提示符下键入：

```
SORT ↙   或者 SORT.EXE ↙
```

即可运行该程序。

（5）可执行文件的调试

若可执行文件的运行出现异常，或者不能输出正确结果，则必须修改源程序。对于较小的程序，也许通过查看和分析源程序就能找到错误原因。然而，对于较大规模的程序来说，可能需要借助于调试器，通过动态跟踪程序的执行过程来发现错误。

因此，用 C 语言开发程序，需要经过编辑、编译、连接、试运行和调试的过程，通常可能要反复多次。若程序执行时发现功能性错误，则需要修改源程序，然后编译、连接、再运行，直到程序功能满足要求为止。

2. 开发工作环境

这里，我们选用 Microsoft Visual C++ 6.0 作为上机的开发工作环境。

Microsoft Visual C++ 6.0（简称 VC++ 6.0）集成环境是一个集编辑、编译、连接、调试、运行和文件管理为一体的工具，C 语言程序上机过程的几个步骤都可在此集成环境中完成。

Microsoft Visual C++ 6.0 虽然是 C++的开发环境，但对 C 程序也同样使用。对于其中的一些细节差别，请读者不必深究，比如 C 语言源程序文件的扩展名为.C，而 C++源程序文件的扩展名为.CPP 等，本书后续章节中 C++源程序文件和 C 语言源程序文件均认为是等价的即可。

（1）启动 Microsoft Visual C++ 6.0 开发环境

从“开始”菜单中选择“程序”级联菜单中的“Microsoft Visual C++ 6.0”选项，则显示 VC++ 6.0 开发环境窗口，如图 1-9 所示。

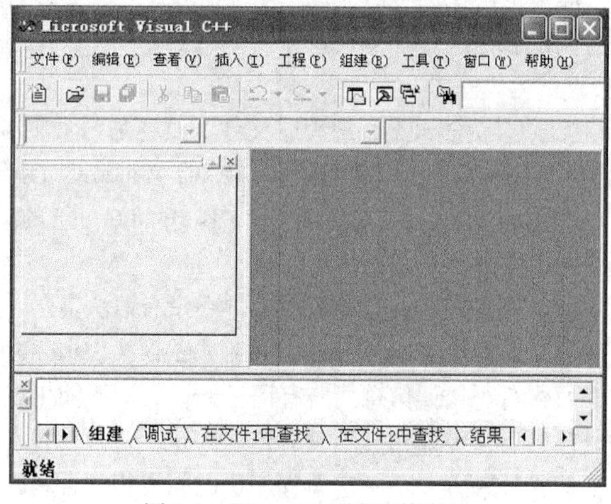

图 1-9　VC++ 6.0 开发环境窗口

（2）创建新工程

步骤 1：单击“文件”（File）菜单中的“新建”（New）选项，显示“新建”（New）对话框，如图 1-10 所示（注意，当前选中的是“工程”选项卡）。

在图 1-10 对话框的列表栏中，选择“Win32 Console Application”（Win32 控制台应用程序）。在“位置[C]”（Location）文本框中输入一个路径，如图 1-10 中“D:\C 语言实验\Lab1_1”（如果没有该文件夹，则需要先创建），并能用资源管理器查看该文件夹对象；在“工程名称[N]”（Project Name）文本框中为项目输入一个名字，如“Lab1_1”，单击“确定”按钮。此时，再用资源管理器查看“C 语言实验”文件夹，会发现在“C 语言实验”文件夹下创建了“Lab1_1”文件夹，并在“Lab1_1”文件夹下出现了几个文件。

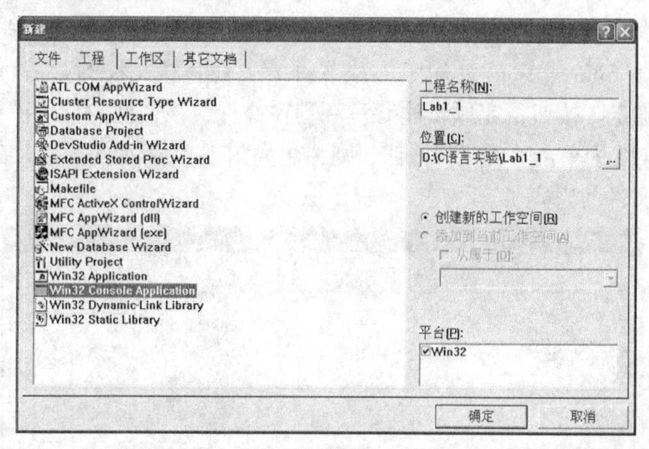

图 1-10　新建对话框的“工程”选项卡

步骤 2：在弹出的“Win32 Consol Application-步骤 1 共 1 步”对话框中选择“一个空工程[E]”（An empty project）选项，然后单击“完成”按钮，如图 1-11 所示。

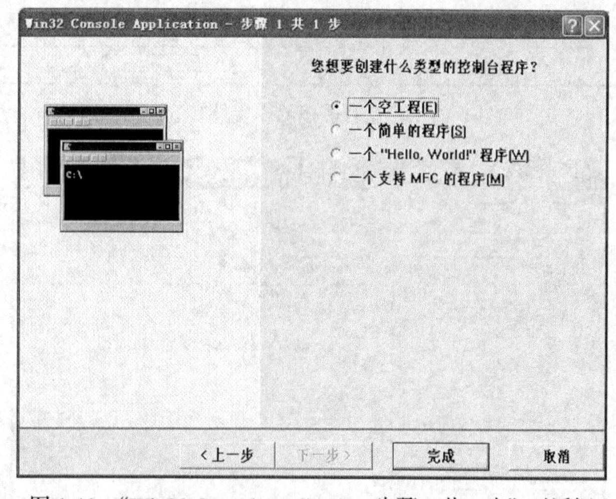

图 1-11　“Win32 Consol Application-步骤 1 共 1 步”对话框

步骤 3：在图 1-11 中单击“完成”按钮，则弹出“新建工程信息”（New Project Information）对话框，如图 1-12 所示。单击“确定”按钮，完成工程创建过程。此时，再用资源管理器查看“C 语言实验”文件夹下的“Lab1_1”文件夹，看是否又增加了几个文件。

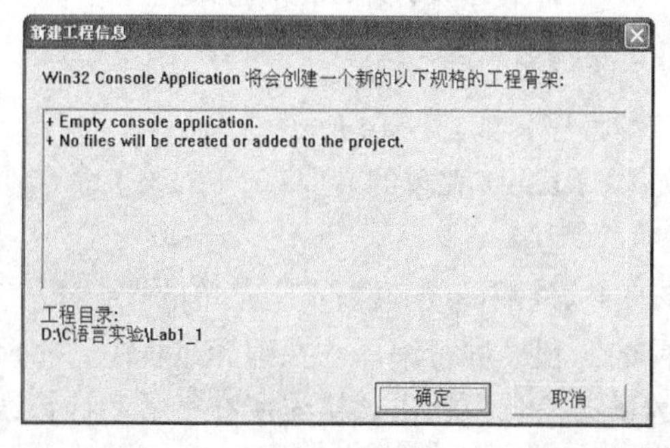

图 1-12　“新建工程信息”对话框

（3）创建 C++（C 语言）源程序文件

步骤 1：单击“文件”（File）菜单中的“新建”（New）选项，弹出“新建”（New）对话框，如图 1-13 所示（注意，当前选中的是“文件”选项卡）。在“新建”（New）对话框的“文件”（Files）选项卡中选择“C++ Source File”，确定加载文件的工程名和文件的存放目录，并输入文件名“Lab1_1”，单击“确定”按钮，完成新建 C++源程序文件，该文件的默认扩展名为 .cpp。

步骤 2：在图 1-13 中单击“确定“按钮，则弹出如图 1-14 所示的窗口，在窗口的右半部分就可以输入 C 源程序文件的内容了。

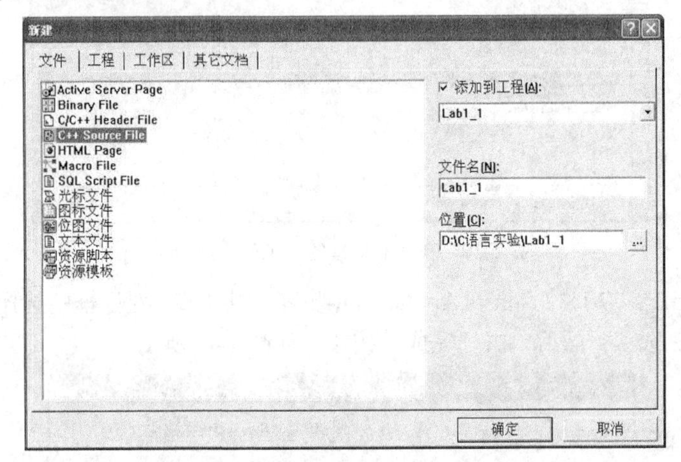

图 1-13　新建对话框的“文件”选项卡

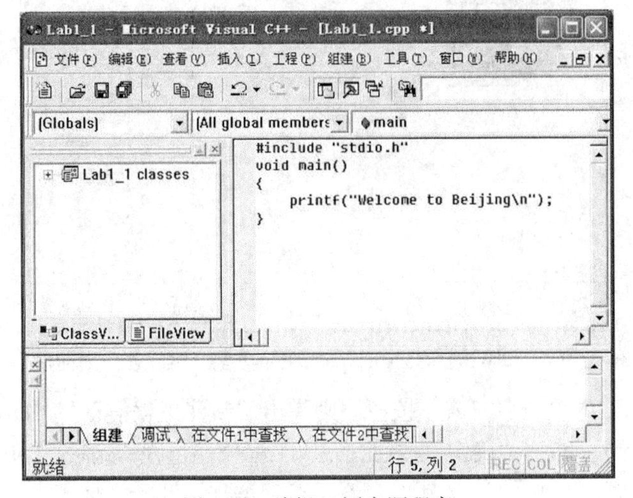

图 1-14　编辑 C 语言源程序

（4）编辑 C++（C 语言）源程序文件

在编辑窗口输入 C 语言源程序，如图 1-14 所示。

输入完毕后应选择“文件”（File）菜单的“保存”（Save）命令保存该文件。

（5）编译 C++（C 语言）源程序

选择“组建”（build，有的软件翻译成“构件”）菜单的“编译”（compile）命令，如图 1-15 所示。这时系统开始对当前的源程序进行编译，在编译过程中，将所发现的错误显示在屏幕下方的信息窗口中。所显示的错误信息中指出该错误所在行号和该错误的性质。用户可根据这些错误信息进行修改。编译上述程序后，信息窗口中的提示信息如图 1-16 所示。最后一行信息

“Lab1_1.obj - 0 error(s), 0 warning(s)”表示此程序没有错误。

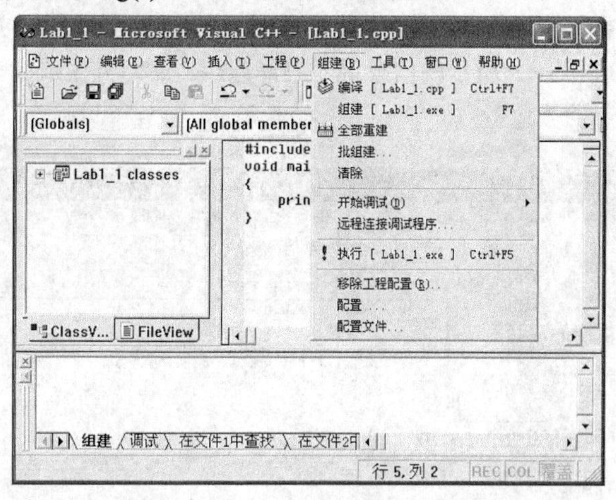

图 1-15 “组建”（build）菜单的“编译”（compile）命令

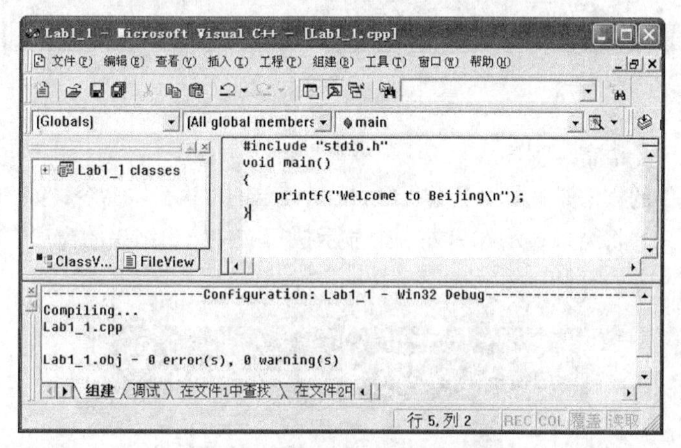

图 1-16　信息窗口中的提示信息

假设在输入源程序时，输入有误，如“printf("Welcome to Beijing\n")”。少写了一个分号（;），编译时，将出现如图 1-17 所示的提示信息。

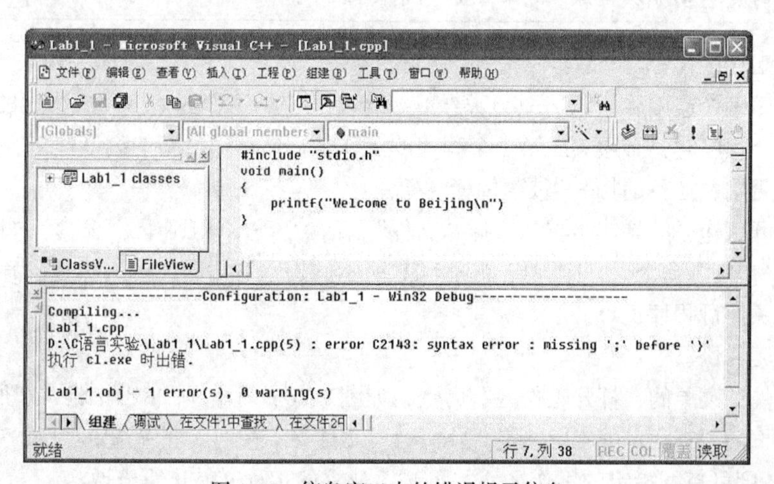

图 1-17　信息窗口中的错误提示信息

（6）连接 C++（C 语言）程序

编译无错误后，可进行连接生成可执行文件（.exe）。选择“组建”（build）菜单的“组建”（build）命令，如图 1-15 所示。图 1-18 所示的信息说明编译连接成功，并生成以源文件名为名字的可执行文件（Lab1_1.exe）。

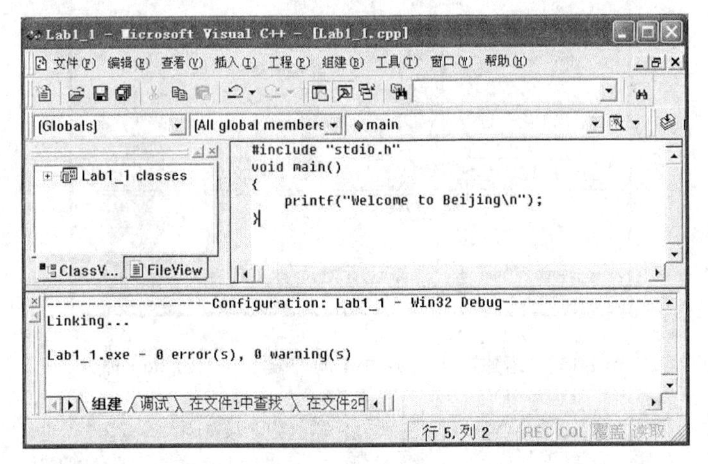

图 1-18　编译连接信息

（7）执行 C++（C 语言）程序

执行可执行文件的方法是选择“组建”（build）菜单的“执行”命令，如图 1-15 所示。这时，运行该可执行文件，并将结果显示在另外一个显示执行文件输出结果的窗口中，如图 1-19 所示。

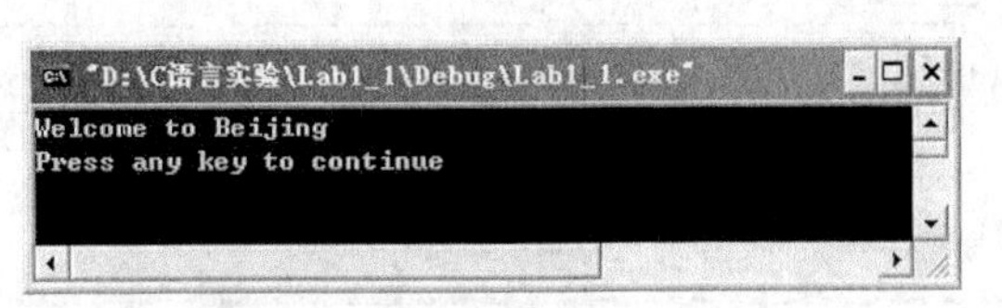

图 1-19　执行 C++（C 语言）程序结果

编译、连接和执行程序，可以如上述分步操作，也可以直接选择运行程序，系统会根据需要自动顺次完成编译、连接和执行程序。

（8）关闭工作区

当一个程序编译连接后，VC++ 6.0 系统自动产生相应的工作区，以完成程序的运行和调试。若想执行第 2 个程序时，必须关闭第 1 个程序的工作区，然后通过新的编译连接，产生第 2 个程序的工作区。否则，运行的将一直是第 1 个程序。

关闭已打开工作区的具体步骤为选择“文件”菜单的“关闭工作区”命令，如图 1-20 所示，单击“关闭 工作区”命令后，则弹出如图 1-21 所示的提示对话框，单击“是”命令按钮将关闭工作区，同时关闭源程序窗口。

（9）打开工作区

选择“文件”菜单的“打开工作区”命令，如图 1-20 所示，则弹出如图 1-22 所示的对话框，在弹出的对话框的“查找范围”中选定“Lab1_1”文件夹，在列表框中选定“Lab1_1.dsw”，单击“打开”按钮，则可打开指定的工作区，并可对已建立的工程文件进行修改。

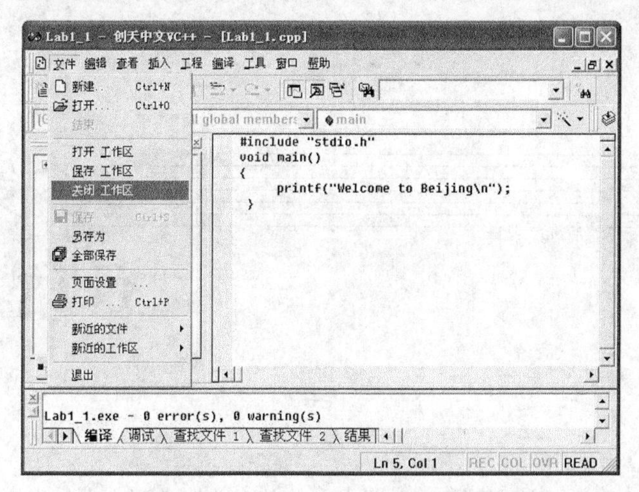

图 1-20　“文件”菜单的“关闭 工作区”命令

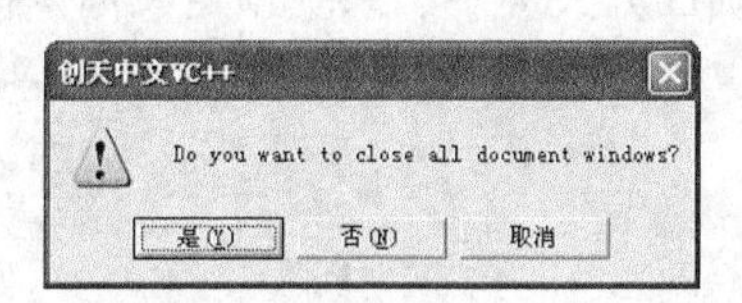

图 1-21　提示关闭文档窗口对话框

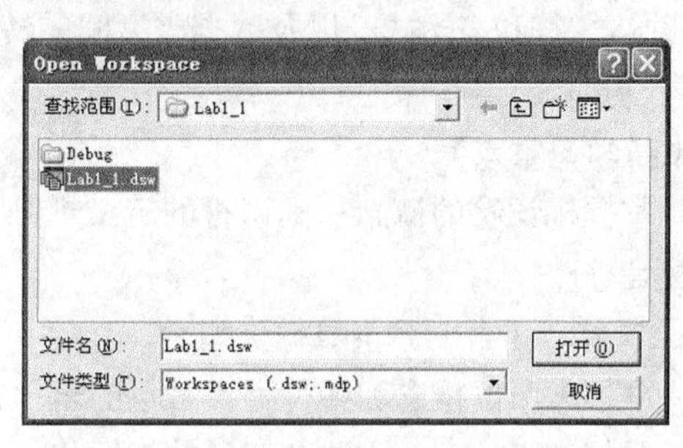

图 1-22“Open Workspace”对话框

本 章 小 结

程序设计语言的发展过程依次经历了机器语言、汇编语言和高级语言。C 语言是一种与硬件无关的高级语言，它是高级语言中的经典之作。一个 C 语言程序需要经过编辑、编译和连接，才能产生可执行文件。C 语言程序由函数构成，每个程序有且仅有一个 main 函数，程序运行时总是从 main 函数开始运行，最终在 main 函数中结束。本章还介绍了 C 语言程序的基本结构和 Microsoft Visual C++ 6.0 环境下的开发过程。

习　　题

1. 简述一条指令的执行过程。
2. 简述计算机语言的发展。
3. 简述计算机的基本组成，以及每一部分的主要功能分别是什么?
4. 结构化程序设计的特点是什么?
5. 简述源程序与目标程序的关系。
6. 在 VC++ 6.0 环境中，要产生一个可执行 exe 文件的步骤是什么?
7. 在 VC++ 6.0 环境中，运行例 1-1 和例 1-2。

第2章 C语言基础

【本章内容提要】

本章重点介绍C语言的符号系统和C语言中的基本数据类型，并在此基础上，讨论C语言提供的各种运算符和表达式，以及数据类型间的转换，最后讨论C语言的语句类型，为下一章程序设计打下基础。

【本章学习重点】

- 掌握标识符的概念和标识符的定义规则，能够正确区分关键字、系统预定义标识符和用户定义标识符。
- 掌握C语言的基本数据类型。
- 掌握常量的概念和各种类型常量的表示方法。
- 掌握变量的定义方法和变量的初始化。
- 掌握各种运算符的运算规则（包括优先级和结合性）及各种类型表达式的求值方法。
- 掌握表达式求值过程中数据类型的自动转换规则。
- 能够使用类型转换运算符对表达式进行类型强制转换。
- 灵活掌握C语言中的各种语句类型。

2.1 概　　述

2.1.1 简介

用计算机解决实际问题时，程序处理的主要对象是数据。对不同的问题而言，涉及的数据类型也是多种多样的，既可能包括用数字表示的数值型数据（如123、45.67等），也可能包括用字符表示的非数值型数据（如"score"、'#'等）。不同类型的数据在计算机中存储的形式是不同的，系统对它们进行的操作处理也不相同。为了满足系统对各种类型数据操作的需要，C语言提供了多种数据类型的定义，要求C程序中使用的每个数据都必须定义类型，系统相应的为数据分配存储空间，并确定数据所能进行的运算处理。

比如，银行为了提高工作效率，要求客户在填写凭单时只需填写存取款金额的阿拉伯数字，银行在给客户打印回单时由计算机自动打印出大写金额，这样银行的计算机就需要把客户输入的数字金额转换成大写金额，大部分客户的存取款金额都是整数，但有时也有客户会有小数，因此数字金额是一个实数，而大写金额是用汉字表示的一串文字，它们在计算机中都是如何存储的?

如何通过C语言程序来实现这样的一个功能？在本章的学习中将会一一解答，在本章的最后将给出程序的实例。

2.1.2 C语言的字符集和标识符

1. C语言的基本字符集

字符是组成语言的最基本的元素。C语言字符集由字母、数字、空白符、特殊字符组成。在字符常量、字符串常量和注释中还可以使用汉字或其他可表示的图形符号。

（1）字母

小写英文字母：a~z共26个。

大写英文字母：A~Z共26个。

（2）数字

0~9共10个。

（3）空白符

空格符、制表符、换行符等统称为空白符。空白符只在字符常量和字符串常量中起作用。在其他地方出现时，只起间隔作用，编译程序对它们忽略不计。因此在程序中使用空白符与否，对程序的编译不发生影响，但在程序中适当的地方使用空白符将增加程序的清晰性和可读性。

（4）特殊字符

特殊字符有：+ − * / < > ( ) [ ] { } _ = ! # % . , ; : ' " | & ? $ ^ \ ~等。

2. 标识符

标识符是由字母、数字和下画线3种字符组成的字符序列，用于标识程序中的变量、符号常量、数组、函数和数据类型等操作对象的名字。标识符可分为关键字、预定义标识符、用户定义标识符3种。

（1）关键字

关键字通常也称为保留字，是由C语言规定的具有特定意义的标识符。它不能作为预定义标识符和用户定义标识符使用且关键字必须为小写字母。C语言中定义了32个关键字，分为以下几类：

① 类型说明符：char、const、double、enum、float、int、long、short、signed、struct、typedef、unsigned、union、void、volatile。

② 语句命令字：break、case、continue、default、do、else、for、goto、if、return、switch、while。

③ 存储类别：auto、extern、register、static。

④ 运算符：sizeof。

（2）预定义标识符

预定义标识符也是具有特定含义的标识符，它包括系统标准库函数名、编译预处理命令等。例如，scanf、printf、define等都是预定义标识符。

预定义标识符不属于关键字，允许用户对它们重新定义。当重新定义后会用新定义的含义替换它们原来的含义。因此在使用中，通常习惯将它们看做保留字，而不作为用户标识符使用，以免造成理解上的混乱。

（3）用户定义标识符

用户定义标识符必须以字母或下画线开头，且只能包含字母、数字和下画线，用于对用户使用的变量、数组和函数等操作对象进行命名。例如，a、addr1、_model和MAC等是合法的标识符，而 3min、a+b、#no 和 a.b 等是不合法的标识符。

用户定义标识符使用时还必须注意以下几点。

① ANSI C 没有限制标识符的长度，但它受各种版本的 C 语言编译系统限制，同时也受到具体机器的限制。例如，在 Turbo C 中规定标识符的长度上限为 32 个字符。

② 在标识符中大小写字母是有区别的。例如，MAC 和 mac 是两个不同的标识符。

③ 标识符的命名应尽量有相应的意义，以便于阅读理解。例如，用 sum 表示累加，用 sort 表示排序等。

3. 注释

C 语言的注释是以“/*”开头并以“*/”结尾的串。在“/*”和“*/”之间的所有字符均视为注释说明。程序编译时，不对注释作任何处理。注释可出现在程序中的任何位置。注释用来向用户提示或解释程序的意义。

2.2 C 语言中的数据类型

2.2.1 数据类型概述

程序中使用的各种变量都应预先加以定义，即先定义，后使用。变量的定义包括 3 个方面，即数据类型、存储类型和作用域。本节只介绍数据类型的说明，其他说明在后续章节中介绍。所谓数据类型即是按被定义变量的表示形式，占据存储空间的多少，构造特点来划分的。在C语言中，数据类型可分为基本数据类型、构造数据类型、指针类型 3 大类，如图 2-1 所示。

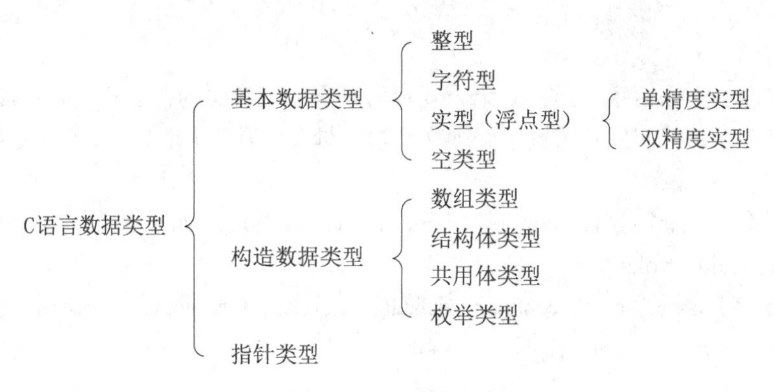

图 2-1　C 语言数据类型

① 基本数据类型：基本数据类型是系统预先定义的数据类型，主要的特点是，其不可以再分解为其他类型。也就是说，基本数据类型是自我说明的。

② 构造数据类型：构造数据类型是由用户根据自己的需要，在已定义的一个或多个数据类型基础上用构造的方法来定义的。也就是说，一个构造数据类型的值可以分解成若干个“成员”或“元素”。每个“成员”都是一个基本数据类型或又是一个构造类型。如数组类型、结构体类型、共用体类型等。

③ 指针类型：指针是一种特殊的数据类型，其值用来表示某个变量在内存中的地址。指针变量的取值类似于整型值，但和整型是完全不同的类型，需要注意区分。

本章主要讨论 C 语言程序中的基本数据类型，以及由基本类型的数据和运算符构成的各种表达式及其运算。构造数据类型和指针数据类型将在第 5 章、第 6 章和第 7 章中详细介绍。

2.2.2　基本数据类型

C 语言的基本数据类型包括整型、实型（单精度实型、双精度实型）、字符型和空类型。C 语言中采用类型说明符来定义各种类型的数据。整型的类型说明符为 int，单精度实型的类型说明符为 float，双精度实型的类型说明符为 double，字符型的类型说明符为 char，空类型的类型说明符为 void。除类型说明符外，还有一些数据类型修饰符，用来扩充基本类型的意义，以便更准确地适应各种情况的需要。修饰符有 long（长型）、short（短型）、signed（有符号）和 unsigned（无符号）。这些修饰符与基本数据类型的类型说明符组合，可以表示不同的数值范围，以及数据所占内存空间的大小。

表 2-1 中以 Turbo C 编译环境为例，给出基本数据类型和基本数据类型加上修饰符后，各数据类型所占的内存空间字节数和所表示的数值范围。

表 2-1　基本数据类型描述

类 型 名 称	类型说明符	字　节	取 值 范 围	备　注
整型	[signed] int	2	−32768～32767（-2^{15}～$2^{15}-1$）	
无符号整型	unsigned [int]	2	0～65535（0～$2^{16}-1$）	
短整型	[signed] short [int]	2	−32768～32767（-2^{15}～$2^{15}-1$）	
无符号短整型	unsigned short [int]	2	0～65535（0～$2^{16}-1$）	
长整型	[signed] long [int]	4	−2147483648～2147483647（-2^{31}～$2^{31}-1$）	
无符号长整型	unsigned long [int]	4	0～4294967295（0～$2^{32}-1$）	
单精度实型	float	4	-3.4×10^{38}～3.4×10^{38}	7～8 位有效数字
双精度实型	double	8	-1.7×10^{308}～1.7×10^{308}	15～16 位有效数字
字符型	char	1	0～255	
有符号字符型	signed char	1	−128～127	
无符号字符型	unsigned char	1	0～255	

1. 数据类型长度说明

C 语言没有具体规定各种类型数据所占的字节数，不同的计算机以及不同的 C 编译环境下各数据类型占用的存储空间可能会不同。表 2-1 所示为以 Turbo C 编译环境为例列出的各种数据类型定义情况。

【例 2-1】　在 32 位计算机上 VC++ 6.0 环境下输出表 2-1 中各数据类型的数据所占用的内存空间字节数。提示，sizeof()函数返回指定数据类型占用的内存空间字节数。

```
#include "stdio.h"
void main( )
{
        printf("int:%d\n",sizeof(int));
        printf("unsigned int:%d\n",sizeof(unsigned int));
```

```
        printf("signed int:%d\n",sizeof(signed int));
        printf("short int:%d\n",sizeof(short int));
        printf("unsigned short int:%d\n",sizeof(unsigned short int));
        printf("signed short int:%d\n",sizeof(signed short int));
        printf("long int:%d\n",sizeof(long int));
        printf("unsigned long int:%d\n",sizeof(unsigned long int));
        printf("signed long int:%d\n",sizeof(signed long int));
        printf("float:%d\n",sizeof(float));
        printf("double:%d\n",sizeof(double));
        printf("char:%d\n",sizeof(char));
}
```

程序运行结果：

```
int:4
unsigned int:4
signed int:4
short int:2
unsigned short int:2
signed short int:2
long int:4
unsigned long int:4
signed long int:4
float:4
double:8
char:1
```

2. 说明符省略说明

表中方括号表示其内的内容为可选项。如 C 语言规定 int 类型变量默认定义是有符号的，所以在数据类型说明符进行变量定义时，signed 通常省略（表中用方括号括起）。

short、long、unsigned 和 int 联合使用时，可以省略 int 说明符。

3. 整型数据在计算机中的存放形式

计算机中的数值型数据可以有原码、反码和补码的不同表示方式，而实际上绝大多数计算机均采用二进制补码形式存储。正数的补码和原码相同，负数的补码为将该数的绝对值的二进制形式按位取反再加 1。

【例 2-2】 求−10 的补码。

根据计算机中存放数据的最高位所表示含义的不同，整型数据分为有符号数和无符号数两种，分别用类型修饰标识符 signed 和 unsigned 区别。有符号整数的最高位为符号位，符号位为 0 时表示该数是正数，为 1 时表示该数是负数，即将符号数字化。图 2-2 中（a）是+10 的补码，其最高位为 0，而图 2-2 中（c）是−10 的补码，其最高位为 1。

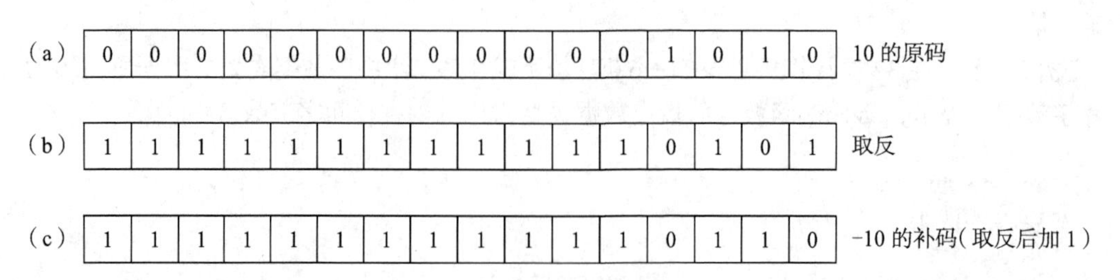

图 2-2 求−10 的补码

在 C 语言中，存放在内存里的一个整型数据（即一个二进制码串）既可以看做是有符号的数，也可以看做是无符号的数，在这两种情况下它所代表的值是不同的。如图 2-2 中（c）所示的数据 1111 1111 1111 0110，如果将它看做是有符号的数使用时，最高位代表符号位，它是十进制负数-10。而如果将它看做是无符号的数据使用时，它的最高位会被当做数值的一部分，将它转换为十进制数，则其表示十进制数 65526。

4. 整型数据的溢出

当整型数据的值超出了该类型整型所表示的范围时，则发生溢出。

【例 2-3】　整型数据的溢出（此例是在 Turbo C 编译环境下）。

```
#include "stdio.h"
void main( )
{
        short int a,b;
        a=32767;
        b=a+1;
        printf("%d,%d\n",a,b);
}
```

程序输出结果为：

```
32767, -32768
```

分析如图 2-3 所示。

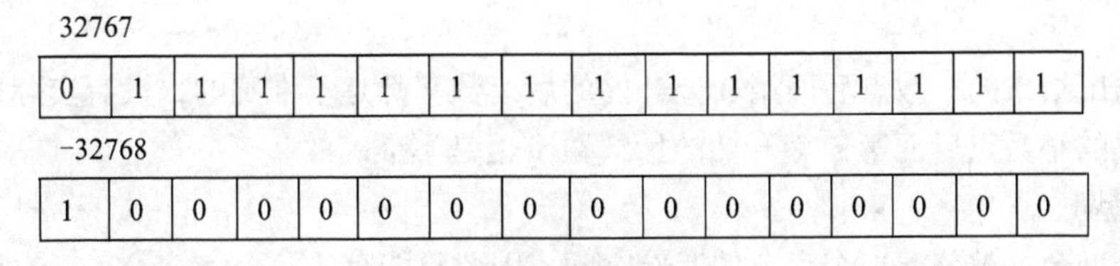

图 2-3　整型数据的溢出

5. 实型数据在计算机中的存放形式

实型数据是指带小数点和小数部分的数据。由于实型数据的小数点会随该数乘以 10 的整数次幂值的不同而变化，如 123.45 既可以表示为 1.2345×10^2，也可以表示为 12345.0×10^{-2}，表示方法不同时，小数点位置也不同，因此实型数据也称为浮点数。

无论是哪种类型的实型数据，在计算机中都是以带符号的数据形式存放。与整型数据存储不同的是，系统将实型数据的存储位划分成两部分，分别存储它的小数和指数对应的二进制数。例如，实型数据 123.45 可以表示为指数次幂的形式：1.2345×10^2。在计算机中存放时，小数部分存放 1.2345 对应的二进制数，指数部分存放指数 2 对应的二进制数。采用这种存储方式，就可以大大扩展实型数据的数值表示范围。

图 2-4 所示为实型数据在计算机中存放的一般形式。

C 语言并没有具体规定小数和指数部分的位数。一般而言，小数部分位数越多，数据表示的有效数字就多，精度就高；而指数部分位数越多，则表示的数据范围就越大。不同的 C 编译系统处理方式不同。如表 2-1 所示，在 Turbo C 编译环境下，float 类型数据的有效数字是 7～8 位，如果实际应用中数据位数超过这个范围，则后面的部分就不准确了，如例 2-4 所示。

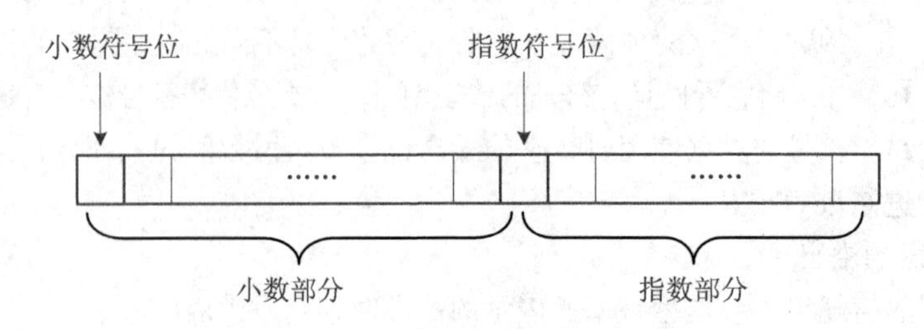

图 2-4　实型数据的存放形式

【例 2-4】　实型数据的有效位数。

```
#include "stdio.h"
void main( )
{
    float x=12345.54321;
    double y=445566778899.987654321;
    printf("%f\n",x);
    printf("%f\n",y);
}
```

程序运行结果为：

```
12345.542969
445566778899.987670
```

数据 x 输出结果的小数点后面第 3 位开始的后续数字都是不准确的，没有实际意义，同样数据 y 输出结果的小数点后面第 5 为开始的后续数字也是不准确的。

6. 字符型数据

每个字符型数据被分配一个字节的存储空间，因此只能存放一个字符。字符值是以 ASCII 码的形式存放在存储单元中的。

7. 空类型

空类型用 void 类型说明符表示。

在调用函数值时，通常应向调用者返回一个函数值。但是，有一类函数，调用后并不需要向调用者返回函数值，这种函数可以定义为“空类型”。空类型通常与指针或函数结合使用，用于描述无类型数据的指针，或者是明确表示没有返回值的函数。void 类型在后面关于函数和指针的章节中详细讨论。

2.3　常量和变量

对于基本数据类型量，按其取值是否可改变又分为常量和变量两种。在程序执行过程中，其值不发生改变的量称为常量，其值可变的量称为变量。它们可与数据类型结合起来分类。例如，可分为整型常量、整型变量、实型常量、实型变量、字符常量、字符变量等。在程序中，常量是可以不经说明而直接引用的，而变量则必须先定义后使用。

2.3.1 常量

在程序中可以直接使用数字、字符和字符串等数据，其值在程序执行过程中始终保持不变，这种数据称为常量。在C语言中，常量有不同的类型和表示形式。

1. 整型常量

整型常量就是整型数。在C语言中，整型数有3种表示形式，即十进制整型常量、八进制整型常量和十六进制整型常量。

① 十进制整型常量：用（0～9）10个数字表示。

例如，12，65，-456，65535等。

② 八进制整型常量：以0开头，用（0～7）8 个数字表示。

例如，014，0101，0177777等。

八进制数一般表示无符号的数。

③ 十六进制整型常量：以0X或0x开头，用（0～9）10个数字、（A～F或a～f）6个字母表示。

例如，0xC，0x41，0xFFFF等。

十六进制数一般表示无符号的数。

④ 长整型常量：在C语言中，整型常量又可分为基本整型、长整型、短整型、无符号整型等。长整型常量用后缀“L”或“l”来表示的。

例如：

十进制长整型数12L，65536L等。

八进制长整型数014L，0200000L等。

十六进制长整型数0XCL，0x10000L等。

⑤ 无符号整型常量：无符号整型常量用后缀“U”或“u”表示。

例如：

十进制无符号整型数15u，234u等。

八进制无符号整型数017u，0123u等。

十六进制无符号整型数0xFu，0xACu等。

十进制无符号长整型数15Lu，543Lu等。

【例2-5】 整型常量的3种表示形式。

```
#include<stdio.h>
void main()
{
     int a,b,c;
     a=20;
     b=027;
     c=0x3F;
     printf("%d,%d,%d\n",a,b,c);
     printf("%o,%o,%o\n",a,b,c);
     printf("%x,%x,%x\n",a,b,c);
}
```

运行结果为：

```
20,23,63
24,27,77
14,17,3f
```

注意，输出时，八进制数不输出前导符 0，十六进制数不输出前导符 0x。

2. 实型常量

实型常量就是实数，也称浮点数。在C语言中，实型常量有两种表示形式，即十进制小数形式和十进制指数形式。

（1）十进制小数形式

由数字 0～9 和小数点组成。

例如：

0.0，.123，456.0，7.89，0.18，-123.45670 等。

注意，实数的小数形式必须有小数点的存在。

例如：

0.和 0，456.和 456 是两种不同类型的量，前者是实型常量，后者是整型常量，它们的存储形式和运算功能不同。

（2）十进制指数形式

指数形式又称为科学记数法。由整数部分、小数点、小数部分、E(或 e)和整数阶码组成。其中阶码可以带正负号。

例如：

$1.2*10^5$=120000 可写成实数指数形式为：

1.2E5 或 1.2E+5

$3.4*10^{-2}$=0.034 可写成实数指数形式为：

3.4E-2

以下是不正确的实数指数形式：

E3（E 之前无数字）

12.-E3（负号位置不对）

2.0E （无阶码）

3. 字符常量

在 C 语言中，字符常量是用单引号括起来的单个字符。字符在计算机中是以 ASCII 码值存储的，因此每个字符都有对应的 ASCII 码值（见附录 C）。

例如：

'a', 'A', '=', '+', '?' 等都是合法字符常量。

字符常量有以下特点：

① 字符常量只能用单引号括起来，不能用双引号或其他括号；

② 字符常量只能是一个字符，不能是多个字符或字符串；

③ 字符可以是字符集中的任意字符。

在C语言中，还有一种特殊的字符常量称为转义字符。转义字符主要用来表示那些不同于一般可视字符的不可打印的控制字符和特定功能的字符。转义字符以反斜线“\”开头，后跟一个或几个字符。转义字符具有特定的含义，不同于字符原有的意义。例如，在前面的例子中 printf 函数的格式串中用到的“\n”就是一个转义字符，其意义是“回车换行”。表 2-2 中列出了常用的转义字符及其含义。其中：

使用\ddd 和\xhh 可以方便地表示任意字符。

ddd 表示 1～3 位八进制数的 ASCII 代码，如\101 表示字母 A，\102 表示字母 B。

xhh 表示 1～2 位十六进制数的 ASCII 代码，如\x41 表示字母 A。

'\0'或'\000'是代表 ASCII 码为 0 的控制字符，即空操作符。

注意，转义字符中只能使用小写字母，每个转义字符代表一个字符。在 C 程序中，对不可打印的字符，通常用转义字符表示。

表 2-2　　C 语言中常用的转义字符

转 义 字 符	转义字符的意义	ASCII 码（十进制）
\n	回车换行（Newline）	10
\t	横向跳到下一制表位置（Tab）	9
\v	竖向跳格（Vertical）	11
\b	退格（Backspace）	8
\r	回车（Return）	13
\f	走纸换页（Form Feed）	12
\\	反斜线字符"\"（Backslash）	92
\'	单引号字符（Apostrophe）	39
\"	双引号字符（Double quote）	34
\0	空字符（NULL）	0
\ddd	1～3 位八进制数所代表的字符	1～3 位八进制数
\xhh	1～2 位十六进制数所代表的字符	1～2 位十六进制数

【例 2-6】　转义字符的应用。

```
#include<stdio.h>
void main()
{
    int a,b,c;
    a=1; b=2; c=3;
    printf("%d\n\t%d%d\n%d%d\t\b%d\n",a,b,c,a,b,c);
}
```

程序输出结果为：

```
1
        23
12      3
```

输出结果分析：第 1 行第 1 列输出 a 的值 1；接着是转义字符'\n '，则执行回车换行操作，移到第 2 行；接着是转义字符'\t'，于是移到下一制表位置，再输出 b 的值 2；接着输出 c 的值 3；再执行回车换行'\n'，移到第三行；又输出 a 的值 1 和 b 的值 2；接着跳到下一制表位置'\t'，与上一行的 2 对齐，接着是转义字符'\b'，则退回一格，输出 c 的值 3。

4. 字符串常量

字符串常量是由一对双引号括起的字符序列。例如，"CHINA"，"C Language Program"，"$12.5"等都是合法的字符串常量。

字符串常量和字符常量的主要区别如下。

① 字符常量由单引号括起来，字符串常量由双引号括起来。双引号是字符串的界限符，不是字符串的一部分。如果字符串中要出现双引号（"），则要使用转义符。

例如：

```
printf("he said\"I am a student\"\n");
```

② 字符常量只能是单个字符，字符串常量则可以含一个或多个字符。

③ 可以把一个字符常量赋给一个字符变量，但不能把一个字符串常量赋给一个字符变量。在 C 语言中，没有相应的字符串变量，但是可以用一个字符数组来存放一个字符串常量（这在第 5 章数组中介绍）。

④ 字符串常量中所包含的字符个数称为字符串常量的长度。

例如，"CHINA"长度为 5，"he said\"I am a student\"\n"长度为 24（每个转义字符计算为一个字符，空格符也计算在内）。

⑤ 字符常量占一个字节的内存空间，而字符串常量占用的内存字节数等于字符串中字符的个数加 1。因为在存放字符串时，每个字符串的末尾增加了一个字符串结尾符 “\0”。字符串结尾符是字符串结束的标志。

例如，字符串："C Language program"，在内存中存放的字符为：C Language program\0，占 19 字节。

因此，字符常量'a'和字符串常量"a"虽然都只有 1 个字符，但在内存中占用字节的情况是不同的。'a'在内存中占 1 字节，"a"在内存中占 2 字节。

⑥ 在字符串中也可以有转义符。

例如：

```
printf("%s","this is a\n character string");
```

5. 符号常量

在 C 语言中，可以用一个用户自定义标识符来表示一个常量，称之为符号常量。符号常量在使用之前必须先定义，其一般形式为：

```
#define 符号常量名 字符串
```

其中，#define 是一条预处理命令（预处理命令都以"#"开头），称为宏定义命令（在后面编译预处理章节中将进一步介绍），其功能是把该符号常量名定义为其后的字符串。一经定义，以后在程序中所有出现该符号常量名的地方均以该字符串代替。

定义符号常量的目的是为了提高程序的可读性，便于程序的调试、快速修改和纠错。当一个程序中要多次使用同一常量时，可定义符号常量，这样，当要对该常量值进行修改时，只需要对宏定义命令中的字符串进行修改即可。

【例 2-7】 求半径为 r 的圆面积、圆周长和圆球体积。

```
#include<stdio.h>
#define PI 3.1415926
void main()
{
    float r,s,c,v;
```

```
    printf("请输入半径值：\n");
    scanf("%f",&r);
    s=PI*r*r;
    c=2*PI*r;
    v=4.0/3.0*PI*r*r*r;
    printf("s=%f\n",s);
    printf("c=%f\n",c);
    printf("v=%f\n",v);
}
```

程序运行过程如下：

```
请输入半径值：
6↙
s=113.097336
c=37.699112
v=904.778687
```

程序在运行过程中，每次遇到符号常量时就用所定义的字符串替换它，替换过程叫做“宏替换”。注意，符号常量不是变量，它所代表的值在整个作用域内不能再改变，即不允许对它重新赋值。习惯上符号常量的标识符用大写字母，变量标识符用小写字母，以示区别。

2.3.2　变量

在程序运行过程中其值可以改变的量称为变量。一个变量应该有一个名字，在内存中占据一定的存储单元。变量定义必须放在变量使用之前，一般放在函数体的开头部分。要区分变量名和变量值是两个不同的概念，如图 2-5 所示。

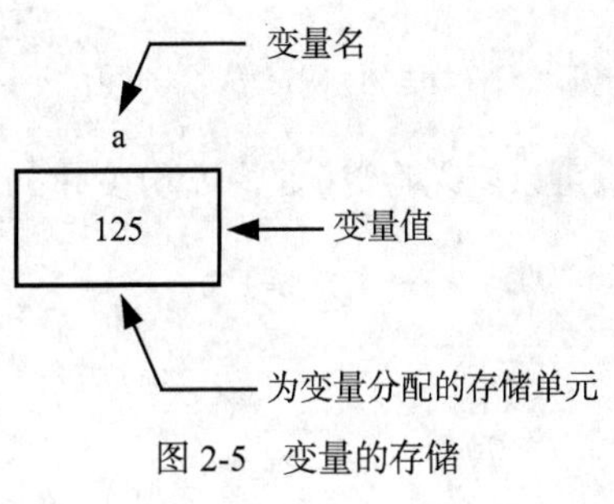

图 2-5　变量的存储

1. 变量的定义

所有变量在使用前必须先定义。定义一个变量包括：

① 给变量指定一个标识符，即变量的名称；

② 指定变量的数据类型(变量的数据类型决定了变量值的数据类型、表现形式和分配内存空间的大小，同时也指定了对该变量能执行的操作)；

③ 指定变量的存储类型和变量的作用域（将在第 4 章中介绍）。

说明变量的一般形式为：

```
类型说明符 变量名表;
```

例如：

```
int a,b;
char c;
float f1,f2,f3;
```

即说明变量 a 和 b 为基本整型变量；说明变量 c 为字符型变量；说明变量 f1、f2、f3 为单精度实型变量。其中 int、char、float 是数据类型说明符，是 C 语言的关键字，用来说明变量类型；a,b,c,f1,f2,f3 为变量名。

说明：

① 允许在一个数据类型说明符后说明多个相同类型的变量，各变量名之间用逗号间隔。类型说明符与变量名之间至少用一个空格间隔。

② 最后一个变量名之后必须以分号“;”结束。

③ 变量说明必须放在变量使用的前面。一般放在函数体的开头部分。

2. 变量的初始化

变量的初始化是指在说明变量的同时给变量赋初值。

例如：

```
int a=5;
char c1='A',c2='B';
float f1=3.14,f2=1000.0,f3=0.125;
int x=10,y=15,z=20;
```

可以看出，C 语言允许在对变量进行说明的同时为需要初始化的变量赋初始值，并可以在一个数据类型说明符说明多个同类型变量的同时，给多个同类型变量赋初值。但需要注意的是，若要给多个变量赋同一初值时，要将它们分开赋值。

例如：

```
int x=y=z=10;
```

是错误的，应该写成：

```
int x=10,y=10,z=10;
```

也可以使说明变量的一部分变量初始化，例如：

```
int a,b,c=150;
```

2.4 运算符和表达式

C 语言程序中所有的运算都是在表达式中完成的。表达式是由运算符将各种类型的变量、常量、函数等运算对象按一定的语法规则连接成的式子，它描述了一个具体的求值运算过程。系统能够按照运算符的运算规则完成相应的运算处理，求出运算结果，这个结果就是表达式的值。

C 语言提供了比其他高级语言更丰富的运算符，能够构成不同类型的表达式。按照操作对象的个数可以分为单目运算符、双目运算符和三目运算符；按照功能又可以分为算术运算符、关系运算符、逻辑运算符、赋值运算符、逗号运算符等多种类型，如图 2-6 所示。下面分别讨论各种运算符及相应的表达式运算。

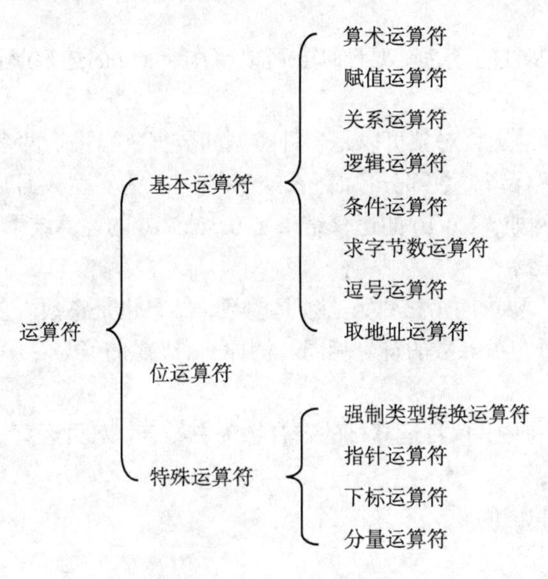

图 2-6　C 语言运算符分类

2.4.1　算术运算符和算术表达式

算术运算符用于各类数值运算。C 语言中包括+、−、*、/、%、++、−− 等算术运算符。

1．基本的算术运算符

基本算术运算符包括：+（取正）、−（取负）、+（加）、−（减）、*（乘）、/（除）、%（求余），基本算术运算符的优先级如图 2-7 所示。

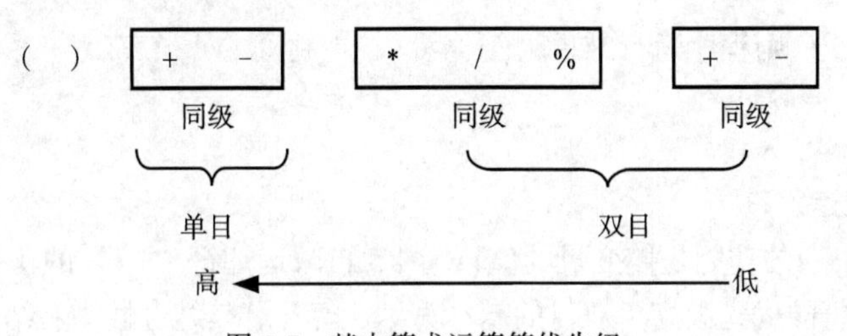

图 2-7　基本算术运算符优先级

（1）单目算术运算符

单目算术运算符只有一个运算对象，并且运算符写在运算对象的左面。C 语言的单目基本算术运算符有两个：+和−，分别是求正和求负运算符，能够对运算对象进行求正或求负的运算。

（2）双目算术运算符

双目算术运算符是指具有两个运算对象的运算符。表 2-3 所示为 C 语言的 5 个双目算术运算符。

表 2-3　　双目算术运算符

运 算 符	说　明	运 算 符	说　明
+	加法运算符	/	除法运算符
−	减法达算符	%	求余运算符
*	乘法运算符		

说明：

① 在 C 语言中没有乘方运算符，要计算 a^3 可以写作 a*a*a 的连乘形式，或者使用标准库函数 pow(a,3)。

② 除法运算符“/”的运算对象可以是各种类型的数据，当进行两个整型数据相除时，运算结果也是整型数据，且只保留整数部分；而操作数中有一个为实型数据时，则结果为双精度实型数据（即 double 型）。例如，5.0/10 的运算结果是 0.5，5/10 的运算结果是 0（而不是 0.5），10/4 运算结果是 2（而不是 2.5）。

③ 求余运算符“%”要求两个操作数必须是整数，结果也是整数。它的功能是求两个操作数相除的余数，余数的符号与被除数的符号相同。例如，11%3 的值为 2，−11%3 的值为−2，2%−5 的值为 2。

④ 在基本算术运算符中，单目运算符的结合性为右结合，双目运算符的结合性为左结合。圆括号( )的优先级最高。

【例 2-8】 整数相除的问题。

```
#include<stdio.h>
void main()
{
    float f;
    f=1/4;
    printf("%f\n",f);
}
```

程序运行结果为：

```
0.000000
```

若改为 f=1.0/4.0;，则程序运行结果为：

```
0.250000
```

2. 自增、自减运算符

自增运算符“++”的功能是使变量的值自增 1，自减运算符“− −”的功能是使变量的值自减 1。自增、自减运算符的优先级高于双目的基本算术运算符，其结合性为右结合。自增、自减运算对象只能是变量，不能是常量或表达式。

自增（或自减）运算符可以作为前缀运算放在运算对象的左边，构成先自增（或先自减）表达式。例如，++a、− −a 也可以作为后缀运算符置于运算对象的右边，构成后自增（或后自减）表达式，如 a++、a− −。自增、自减运算符有以下几种形式。

① ++i：i 变量自增 1 后再参与运算。

② i++：i 变量参与运算后，i 的值再自增 1。

③ − −i：i 变量自减 1 后再参与运算。

④ i− −：i 变量参与运算后，i 的值再自减 1。

例如，有如下语句：

```
int a= 5 ;
```

计算表达式++a 和 a++的值时，计算处理过程分别可以用图 2. 8（a）和图 2.8（b）表示。

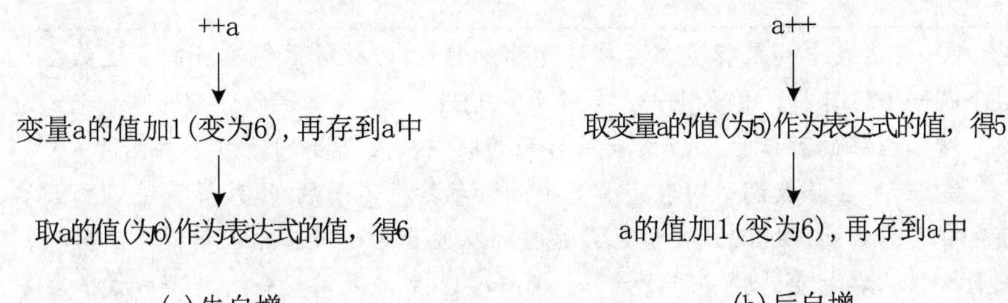

图 2-8　自增表达式的运算

由此可见，表达式++a 的值为 6，表达式 a++的值为 5，而无论是++a 还是 a++，计算之后 a 的值都会自增为 6。

【例 2-9】　自增、自减运算符的使用。

```
#include<stdio.h>
void main()
{
    int i=8;
    printf("%d\n",++i);
    printf("%d\n",--i);
    printf("%d\n",i++);
    printf("%d\n",i--);
    printf("%d\n",-i++);
    printf("%d\n",-i--);
}
```

程序运行结果为：

```
9
8
8
9
-8
-9
```

分析：

i 的初值为 8；

执行"printf("%d\n",++i);"，因为是++i，所以 i 的值先加 1 然后再参与运算即输出，所以输出的结果为 9，这时 i 的值为 9；

执行"printf("%d\n",--i); "，因为是--i，所以 i 的值先减 1 然后再参与运算即输出，所以输出的结果为 8，这时 i 的值为 8；

执行"printf("%d\n",i++);"，因为是 i++，所以先参与运算即输出 i 的值，然后 i 的值再加 1，所以输出的结果为 8，这时 i 的值为 9；

执行"printf("%d\n",i--);"，因为是 i--，所以先参与运算即输出 i 的值，然后 i 的值再减 1，所以输出的结果为 9，这时 i 的值为 8；

执行"printf("%d\n",-i++);"，因为是 i++，所以先参与运算即输出−i 的值，然后 i 的值再加 1，所以输出的结果为−8，这时 i 的值为 9；

执行"printf("%d\n",-i--);"，因为是 i--，所以先参与运算即输出−i 的值，然后 i 的值再减 1，所以输出的结果为−9，这时 i 的值为 8。

① 表达式中如果有多个运算符连续出现时，C 编译系统尽可能多地从左到右将字符组合成一个运算符，例如 i+++j 等价于(i++)+j，–i+++–j 等价于–(i++)+(–j)。为了避免误解，增加程序的可读性，应该采用后面的写法，在必要的地方添加括号。

② 如果在函数调用中包含了多个函数参数，不同的 C 编译系统对函数参数的求值顺序有不同的处理规定。有些 C 系统按照从左至右的顺序依次计算各参数值，而有些系统则按照从右到左的顺序进行计算。Turbo C 系统采用后一种处理方式，即先计算最右边的参数值，再依次计算左面的参数值。

③ 使用++和– –时，不但要考虑表达式的求值结果，而且要想到它所带来的“副作用”，如运算对象本身的变化情况、作为函数参数时系统的处理方式等。一般不要在一个表达式中对同一变量进行多次自增或自减运算，以免造成错误的理解或得到错误的运算结果。

3. 算术表达式

用基本算术运算符、自加自减运算符和圆括号将运算对象（常量、变量、函数等）连接起来的式子称为算术表达式。

例如：

```
a+ 8/(b+ 3)-'c'
5-m%100+7.8*2.3
sqrt(a)+sqrt(b)
```

在算术表达式中，运算对象可以是各种类型的数据，包括整型、实型或字符型的常量、变量及函数调用。对运算对象按照算术运算符的规则进行运算，得到的结果就是算术表达式的值。由此可见，表达式的计算过程就是求表达式值的过程。求出的值也有数据类型，它取决于参加运算的操作对象。关于表达式值的类型可参见 2.5 节。

① 当表达式中运算符优先级相同时，根据结合性决定求值顺序。C 语言中有左结合和右结合两种类型的运算符。左结合是按照从左到右的顺序求值，而右结合则相反，要按从右到左的顺序求值。C 语言中多数运算符都是左结合，只有单目运算符、三目运算符（条件运算符）和赋值运算符具有右结合性。参见附录 A 中列出的各种运算符优先级和结合性。

② 将一个数学式写为 C 语言的表达式时应该注意：乘号“*”不能省略；圆括号可以改变运算顺序，必要的时候应根据需要进行添加；有多层括号时要一律使用圆括号，不能使用中括号[ ]或大括号{ }代替圆括号( )。

例如，数学式：

$$\frac{2+a+b}{ab}$$

写成 C 语言的表达式为

(2+ a+ b)/(a* b) 或（2+a+b）/a/b

不能写为

2+a+b/a*b　　或　　(2+a+b)/ab　　或　　(2+a+b)/a*b

③ 数学中有些常用的计算可以用 C 系统提供的标准数学库函数实现。例如，求 x 的平方根可以写为 sqrt(x)、求 x^y 可以写为 pow(x,y)等。

2.4.2　赋值运算符和赋值表达式

1. 基本赋值运算符和赋值表达式

基本赋值运算符为“=”。由“=”连接的式子称为赋值表达式，其一般形式为：

```
<变量>=<表达式>
```

赋值表达式的功能是：将赋值符号右边表达式的值赋给赋值符号左边的变量。

以下均为赋值表达式：

```
c=a+b
z=sqrt(x)+sqrt(y)
k=i+++--j
a=b=c=d=10
x=(a=5)+(b=8)
```

赋值运算符为双目运算符。赋值运算符的优先级仅高于逗号运算符，低于其他所有的运算符。赋值运算符的结合性为右结合。由于赋值运算符的结合性，“a=b=c=d=10”可理解为：a=(b=(c=(d=10)))。

赋值表达式“x=(y=2)+(z=4)”的意义是：把 2 赋给 y，4 赋给 z，再把 2 和 4 相加，其和赋给 x，x 等于 6。

赋值表达式也有类型转换的问题。当赋值运算符两边的数据类型不同时，系统会进行自动类型转换，把赋值符号右边的类型转换为左边的类型。

赋值表达式的转换规则如下。

① 实型（float，double）赋给整型变量时，只将整数部分赋给整型变量，舍去小数部分。

如 int x;，执行“x=6.89”后，x 的值为 6。

② 整型（int，short int，long int）赋给实型变量时，数值不变，但将整型数据以浮点形式存放到实型类型变量中，增加小数部分（小数部分的值为 0）。

如 float x;，执行“x=6”后，先将 x 的值 6 转换为 6.0，再存储到变量 x 中。

③ 字符型（char）赋给整型（int）变量时，由于字符型只占 1 字节，整型占 2 字节，所以 int 变量的高 8 位补的数与 char 的最高位相同，低 8 位为字符的 ASCII 码值。

如 int x; x='\101'；(01000001)，高八位补 0，即 0000000001000001。同样 int 赋给 long int 时，也按同样规则进行。

④ 整型（int）赋给字符型（char）变量时，只把低 8 位赋给字符变量，同样 long int 赋给 short int 变量时，也只把低 16 位赋给 short int 变量。

由此可见，当右边表达式的数据类型长度比左边的变量定义的长度要长时，将丢失一部分数据。

2. 复合赋值运算符及其表达式

复合赋值运算符是在简单赋值运算符“=”前加其他双目运算符构成的。由复合赋值运算符连接的式子称为（复合）赋值表达式，一般形式为：

```
<变量> <复合赋值运算符> <表达式>
```

C 语言提供的复合赋值运算符：+=，－=，*=，/=，%=，<<=，>>=，&=，^=，|=。它们的作用是赋值号右边表达式的值与左边的变量值进行相应的算术运算或位运算，之后再将运算结果

赋给左边的变量。例如，x+=5 等价于 x=x+5，k/=m+3 等价于 k=k/(m+3)。

以下的表达式均为复合赋值表达式：

```
a+=5 等价于 a=a+5
x*=y+7 等价于 x=x*(y+7)，而与 x=x*y+7 不等价
r%=p 等价于 r=r%p
x+=x-=x*=x 等价于 x=x+(x=(x-(x=x*x)))
```

复合赋值运算符的运算优先级与简单赋值运算符同级，其结合性为右结合。复合赋值运算符这种写法，有利于提高编译效率并产生质量较高的目标代码。

2.4.3 关系运算符和关系表达式

在程序中经常需要比较两个量的大小关系，以决定程序下一步的工作。比较两个量的运算符称为关系运算符。因此关系运算也称比较运算，通过对两个量进行比较，判断其结果是否符合给定的条件，若条件成立，则比较的结果为“真”，否则就为“假”。例如，若 a=8，则 a＞6 条件成立，其运算结果为“真”；若 a=−8，则 a＞6 条件不成立，其运算结果为“假”。

在 C 语言程序中，利用关系运算使我们能够实现对给定条件的判断，以便做出进一步的选择。

1. 关系运算符

C 语言提供了 6 种关系运算符，如表 2-4 所示。

表 2-4　C 语言的关系运算符

运　算　符	含　义	对应的数学运算符	运算优先级
>	大于	＞	优先级相同（较高）
>=	大于等于	⩾	
<	小于	＜	
<=	小于等于	⩽	
= =	等于	=	优先级相同（较低）
！=	不等于	≠	

说明：

① 关系运算符共分为两级，其中，前 4 种关系运算符（＜，＜=，＞，＞=）为同级运算符，后两种关系运算符（==,！=）为同级运算符，且前 4 种关系运算符的优先级高于后两种。

② 关系运算符的结合性为左结合。

③ 关系运算符的优先级低于算术运算符，高于赋值运算符。

例如：

a+b＞c 等价于（a+b）＞c

a=b＞=c 等价于 a=（b＞=c）

a−8＜=b==c 等价于（（a−8）＜=b）==c

2. 关系表达式

关系表达式是用关系运算符将两个表达式连接起来的式子，一般形式为：

```
<表达式 1> <关系运算符> <表达式 2>
```

功能：

① 首先计算关系运算符两边表达式的值；

② 进行两个值的比较。如果是数值型数据，就直接比较值的大小，如果是字符型数据，则比较字符的 ASCII 值的大小；

③ 比较的结果为逻辑值“真”或“假”。由于C语言中没有逻辑型数据，因此用数值1代表逻辑真，用数值0代表逻辑假。即关系表达式的运算结果不是0就是1。

例如，若 a=1，b=2，c=3，则：

关系表达式“a > b”值为0，即表达式的值为“假”；

关系表达式“(a + b) < =(c + 8)”值为1，即为“真”；

关系表达式“(a=4)>=(b=6)”的值为0，即为“假”。

说明：

① 表达式1和表达式2可以是C语言中各种类型的合法表达式，如算术表达式、关系表达式、逻辑表达式和赋值表达式等。

例如，以下为C语言的关系表达式：

```
(a + b)<=(c + 8)
(a=4)>=(b=6)
"AB"!="ab"
(a>b) == (m<n)
```

② 关系表达式的运算分量可以是算术量、字符量和逻辑量，但结果只能是逻辑量。即值只能是一个为“真”或“假”的逻辑值。

③ 由于关系运算符的优先级低于算术运算符，高于赋值运算符，因此，关系表达式的优先级应低于算术表达式，高于赋值表达式。

例如：

```
a + b<=c + 8 等价于(a + b)<=(c + 8)
a>b==m<n 等价于(a>b)==(m<n=)
a=4>=(b=6) 等价于 a=(4>=(b=6))
```

④ 关系运算符是双目运算，具有左结合性，按照从左至右的顺序运算。一个关系表达式中含有多个关系运算符时，要特别注意它与数学式的区别。例如：

```
数学式      6>x>0      表示 x 的值小于 6，大于 0(在 0～6 之间)
关系表达式  6>x>0      表示 6 与 x 的比较结果(不是 0 就是 1)再与 0 比较
```

在C语言中要表示x在0～6之间，应该使用逻辑表达式 x<6&&x>0。

⑤ 关系运算符两边的运算对象的数据类型不同时，系统会自动将它们转换成相同的数据类型，之后再进行关系运算。转换规则参见2.5节。

⑥ 一般而言，在 C 程序中可以对实型数据进行大于或小于的比较，但通常不进行==或!=的关系运算，因为实型数据在内存中存放时有一定的误差（一般称为机器误差），很难比较它们是否相等。如果一定要进行比较，则可以用它们差的绝对值去与一个很小的数（如 10^{-5}）相比，如果小于此数，就认为它们是相等的。

例如，有 x 和 y 两个实型数，比较它们是否相等的表达是 fabs(x-y)<le-5。当表达式的值为 1 时，即 x 和 y 之间的差值非常小，则认为它们相等，反之则不相等。

2.4.4 逻辑运算符和逻辑表达式

关系表达式通常只能表达一些简单的关系，对于一些较复杂的关系则不能正确表达。例如，有数学表达式（x＜-10 或 x＞0），就不能用关系表达式表示了。又如数学表达式 10＞x＞0，虽然也是 C 语言合法的关系表达式，但在 C 程序中不能得到正确的值。利用逻辑运算可以实现复杂的关系运算。

1. 逻辑运算符

C 语言提供了 3 种逻辑运算符，分别是逻辑与（&&）、逻辑或（||）和逻辑非（!）。

其中，&&和||是双目运算符，需要两个运算对象，而逻辑非 ！是单目运算符，只需要一个运算对象。无论是哪一种逻辑运算，都只能对逻辑类型的运算对象进行操作。由于 C 语言中没有逻辑型数据，因此只要运算对象的值不是 0（即包括非 0 的所有正数和负数），就作为“逻辑真”处理，而运算对象的值是 0，则作为“逻辑假”处理。

表 2-5 所示为 3 种逻辑运算符的运算规则，其中，a 和 b 是运算对象，取值可以是 0（逻辑假）或非 0（逻辑真），a&&b、a||b 和!a 各列分别给出运算对象取不同值时进行相应逻辑运算所得的运算结果。

表 2-5　　逻辑运算符的运算规则

运 算 对 象		逻辑运算结果		
a	b	a&&b	a||b	！a
非 0	非 0	1	1	0
非 0	0	0	1	0
0	非 0	0	1	1
0	0	0	0	1

2. 逻辑表达式

逻辑表达式是用逻辑运算符将表达式连接起来的式子，一般形式为：

[<表达式 1>] <逻辑运算符> <表达式 2>

其中，表达式 1 和表达式 2 可以是 C 语言的算术表达式、关系表达式、逻辑表达式和赋值表达式等各种类型的表达式。

功能：

① 从左到右依次计算表达式的值，如果是 0 值就作为逻辑假，如果是非 0 值，就作为逻辑真。

② 按照逻辑运算符的运算规则依次进行逻辑运算，一旦能够确定逻辑表达式的值时，就立即结束运算，不再进行后面表达式的计算。逻辑运算的结果为 0 或 1。

③ 当逻辑运算符为逻辑非（!）时，须省略表达式 1。

说明：

① 3 个逻辑运算符的优先级顺序依次是逻辑非“!”、逻辑与“&&”、逻辑或“||”，其中“!”是单目运算符，它比算术运算符的优先级高，而“&&”和“||”的优先级则低于关系运算符，高于赋值运算符。

例如，有如下定义：

```
int a= 0, b= 1, c= 2, d= 3;
```

求表达式 a+b&&c-d 的值。

由于算术运算优先于逻辑运算，因此表达式等价于(a+b)&&(c-d)。首先求出 a+b 的值是 1（非 0 为逻辑真），因为要进行逻辑与运算，所以还需要再求 c−d 的值，是−1（非 0 为逻辑真），1&&-1，逻辑表达式的值为 1。

② 逻辑非“!”具有右结合性，要写在运算对象的左边，并且仅对紧跟其后的运算对象进行逻辑非运算。

例如，定义 int a= 0, b= 1, c= 2;，求表达式!a+b>=c 的值。

表达式等价于(!a)+b>=c（注意不是!(a+b)>=c），要先对 a 做逻辑非运算得 1，再与 b 相加后同 c 比较，2>=2，因此表达式的值为 1。

③ 逻辑与“&&”和逻辑或“‖”具有左结合性，要严格按照从左至右的顺序依次运算。特别需要指出的是，在逻辑表达式的求解过程中，并不是所有的逻辑运算符都会被执行到。一旦计算到某个逻辑运算符能够确定整个表达式的最终结果时，系统就不会再对其后的操作数求值了。这种特点叫做逻辑表达式求解过程中的“短路”性质。

例如：

```
a&&b&&c
```

由逻辑与运算符的特点可知：全真为真，其余为假。因此，只有当 a 的值为真时，才会对 b 的值进行运算。如果 a 的值为假，则整个表达式的值已经为假。同样，只有当 a&&b 的值为真时，才会对 c 的值进行运算。

例如，有以下程序段：

```
m=n=a=b=c=d=1;
(m=a>b)&&(n=c>d);
printf("m=%d,n = %d\n",m,n);
```

分析：在此程序段中，在执行到语句(m=a>b)&&(n=c>d)时，先执行 a>b 为假，即为 0，赋值给 m=0，则 n=c>d 不再运算。因此，程序段最后输出 m=0，n=1。

又例如 a‖b‖c：

分析：由逻辑或运算符的特点可知：全假为假，其余为真。因此，只有当 a 的值为假时，才会对 b 的值进行运算。因为，当 a 的值为真时，整个表达式的值已经为真。同样，只有当 a‖b 的值为假时，才会对 c 的值进行运算。

④ 算术运算符、关系运算符、逻辑运算符混合运算时需注意优先级和结合性（具体内容参见附录 A）。

例如：

```
(c>=2)&&(c<=10)            可写成： c>=2&&c<=10
(!5)‖ (8==9)               可写成： !5‖ 8==9
((a=7)>6)&&((b=-1)>6)      可写成：(a=7)>6&&(b=-1)>6
(c<=10)&&(!5)              可写成：c<=10&&!5
```

2.4.5 位运算符和位运算表达式

1. 位运算的概念

位运算是直接对二进制数位进行的运算。它是 C 语言区别于其他高级语言的又一大特色，利用这一功能 C 语言就能实现一些底层操作，如对硬件编程或系统调用。要注意，进行位运算时，数据对象只能是整型数（包括 int 、short int、unsigned int 和 long int）或字符型数，不能是其他的一些数据类型，如单精度或双精度型。C 语言通过位运算能够实现汇编语言的大部分功能，这种处理能力是一般高级语言所不具备的。

C 语言中包含 6 种位运算符，如表 2-6 所示。

表 2-6　　C 语言的位运算符

运　算　符	含　　义	运　算　符	含　　义
&	按位逻辑与运算符	～	按位取反运算符
|	按位逻辑或运算符	>>	右移运算符
^	按位逻辑异或运算符	<<	左移运算符

位运算的优先级顺序是这样的：按位取反运算符“～”的优先级高于算术运算符和关系运算符的优先级，是所有位运算符中优先级最高的，其次是左移“<<”和右移“>>”运算符，这两个运算符优先级高于关系运算符的优先级，但低于算术运算符的优先级，按位与“&”、按位或“|”和按位异或“^”都低于算术运算符和关系运算符的优先级。

另外，这些位运算符中只有取反运算符“～”是单目运算符，其他的运算符都是双目运算符。

2. 位运算符的含义及其使用

（1）按位“与”运算（&）

按位“与”运算的作用是：将参加运算的两个操作数（整型数或字符型数），按对应的二进制位分别进行“与”运算，只有对应的两个二进制位均为 1 时，结果位才为 1，否则为 0。参与运算的数以补码形式出现。例如，整数 9&8 其结果为：

```
  9: 0 0 0 0 1 0 0 1
& 8: 0 0 0 0 1 0 0 0
--------------------
  8: 0 0 0 0 1 0 0 0
```

按位“与”运算通常用来对某些位清零或保留某些位。例如，操作数 a 的值是 10011010 00101011，要将此数的高 8 位清零，低 8 位保留。解决办法就是和 0000000011111111 进行按位“与”运算。

```
  1 0 0 1 1 0 1 0 0 0 1 0 1 0 1 1
& 0 0 0 0 0 0 0 0 1 1 1 1 1 1 1 1
----------------------------------
  0 0 0 0 0 0 0 0 0 0 1 0 1 0 1 1
```

从运算结果可看出，操作数 a 的高 8 位与 0 进行“&”运算后，全部变为 0，低 8 位与 1 进行“&”运算后，结果与原数相同。

（2）按位“或”运算（|）

按位“或”运算的规则是：参与运算的两数各对应的二进位相或。只要对应的两个二进制位有一个为 1 时，结果位就为 1。参与运算的两个数均以补码形式出现。例如：

```
       0 0 1 0 0 1 1 0
|      0 0 0 1 1 0 1 1
----------------------
       0 0 1 1 1 1 1 1
```

根据“|”运算的特点，可用于将数据的某些位置 1，这只要与待置位上二进制数为 1，其他位为 0 的操作数进行“|”运算即可。

（3）按位“非”运算（～）

按位“非”运算就是将操作数的每一位都取反（即 1 变为 0，0 变为 1）。它是位运算中唯一的单目运算。例如：

```
～ 0 1 0 1 0 0 1 1
   1 0 1 0 1 1 0 0
```

（4）按位“异或”运算（^）

按位“异或”运算的运算规则是：两个参加运算的操作数中对应的二进制位若相同，则结果为 0，若不同，则该位结果为 1。例如：

```
       0 0 1 0 1 1 0 1
^      0 1 1 0 0 1 1 0
----------------------
       0 1 0 0 1 0 1 1
```

可以看出与 0 “异或”的结果还是本身，与 1 “异或”的结果相当于原数按位取反。利用这一特性可以实现某操作数的其中几位翻转，这只要与另一相应位为 1 其余位为 0 的操作数“异或”即可。

【例 2-10】　编一段程序实现两个整数的交换，要求不要使用中间变量。

分析：要正确完成本题，可以利用前面讲过的位运算中的“异或”运算来实现。

```
#include "stdio.h"
void main( )
{
    int a,b;
    a=56,b=37;
    a=a^b;
    b=b^a;
    a=a^b;
    printf("a=%d,b=%d\n",a,b);
}
```

程序的运行结果为：

```
a=37,b=56
```

（5）“左移”运算（<<）

“左移”运算的规则是：把“<<”左边运算数的各二进位全部左移若干位，由“<<”右边的数指定移动的位数，高位丢弃，低位补 0。例如：

```
int x=5,y,z;
y=x<<1;
z=x<<2;
```

用 8 位二进制形式表示运算过程如下：

```
x :  00000101 (x=5)
y=x<<1 :  00001010 (y=x*2=10)
z=x<<2 :  00010100 (z=x*2^2=20)
```

从上面的例子可以看出左移一位相当于原数乘 2，左移 n 位相当于原数乘 2^n，n 是要移动的位数。在实际运算中，左移位运算比乘法要快得多，所以常用左移位运算来代替乘法运算。但是要注意，如果左端移出的部分包含二进制数 1，这一特性就不适用了。例如：

```
int x=70,y,z;
y=x<<1;
z=x<<2;
```

运算情况如下：

```
x :  01000110 (x=70)
y=x<<1 :  10001100 (y=x*2=140)
z=x<<2 :  00011000 (z=24)
```

上例中当 x 左移两位时，左端移出的部分包含二进制数 1，造成与期望的结果不相符。

（6）"右移"运算（>>）

"右移"运算的功能是把">>"左边的运算数的各二进位全部右移若干位，">>"右边的数指定移动的位数。左端的填补分两种情况：若该数为无符号整数或正整数，则高位补 0。

例如：

```
int a=11,b;
a :  00001011
b=a>>2 :  00000010
```

若该数为负整数，则最高位是补 0 或是补 1，取决于编译系统的规定，在 Borland C 中是补 1。

例如：

```
a :  10001011
a>>1 :  11000101
```

（7）长度不同的两个数进行位运算的运算规则

参加位运算的数可以是长整型（long int）整型（int）以及字符型（char）。当两个类型不同的数进行位运算时，它们的长度不同，这时系统将二者按右端对齐。若较短的数为正数或无符号数，则其高位补足零。若较短的数为负数，则其高位补满 1。

2.4.6 条件运算符和条件表达式

1. 条件运算符

条件运算符是由问号"？"和冒号"："两个字符组成，用于连接 3 个运算对象，是 C 语言中唯一的三目运算符。

2. 条件表达式

用条件运算符将运算对象连接成的式子称为条件表达式，其中运算对象可以是任何合法的算术、关系、逻辑、赋值或条件等各种类型的表达式。

条件表达式的一般形式为：

<表达式 1>？<表达式 2>：<表达式 3>

功能：

计算表达式 1 的值，如果为非 0 值，则计算表达式 2 的值，并将其作为整个条件表达式的值；否则计算表达式 3 的值，并将其作为整个条件表达式的值。例如：

```
a<=0? -1: 1            如果 a 的值小于或等于 0，则表达式的值为-1，否则为 1
m==n? a: b             如果 m 和 n 的值相等，则表达式的值为 a 的值，否则为 b 的值。
```

说明：

① 条件运算符的优先级高于赋值运算符和逗号运算符，而低于其他运算符。例如：

```
m<n? x: a+3           等价于 m<n? x: (a+3)，而与 (m<n? x: a)+3 不等价。
max=a>b? a: b         等价于  max=(a>b? a: b)
```

表达 max=a>b？a：b 描述了一种条件赋值运算，它等价于 a>b？(max=a)：(max=b)，即当 a 大于 b 时，给 max 赋 a 值，否则为 max 赋 b 值。

② 条件运算符具有右结合性。当一个表达式中出现多个条件运算符时，应该将位于最右边的问号与离它最近的冒号配对，并按这一原则正确区分各条件运算符的运算对象。例如：

```
w<x? x+w: x<y? x: y   与 w<x? x+w: (x<y? x: y)     等价
                      与 (w<x? x+w: x<y)? x: y   不等价
w<x? x<y? x+w: x: y   与 w<x? (x<y? x+w: x): y    等价
```

③ 条件表达式中各表达式的类型可以不一致。例如 x>=0？'A'：'a'中表达式 1 为整型，表达式 2 和 3 为字符型。当表达式 2 和表达式 3 类型不同时，条件表达式值的类型取两者中精度较高的类型。

例如，变量 m 和 n 为整型变量，表达式 m<n？3：2.5 的值的类型是双精度实型，表达式 m＜n？3：'5'的值的类型是整型。

2.4.7　其他运算符

1. 逗号运算符

在 C 语言中，逗号“,”也是一种运算符，称为逗号运算符。逗号运算符的优先级是所有运算符中最低的。逗号运算符的结合性为左结合。用逗号运算符连接起来的式子，称为逗号表达式。逗号表达式的一般形式为：

<表达式 1>，<表达式 2>，…，<表达式 n>

逗号表达式求值过程是：先求表达式 1 的值，再求表达式 2 的值，依次类推，最后求表达式 n 的值，表达式 n 的值即作为整个逗号表达式的值。

【例 2-11】　逗号表达式的应用。

```
#include<stdio.h>
void main()
```

```
{
    int a=2,b=4,c=6,x,y;
    y=((x=a+b),(b+c));
    printf("y=%d\nx=%d\n",y,x);
}
```

程序运行结果为：

```
y=10
x=6
```

可以看出：y 等于整个逗号表达式的值，也就是逗号表达式中表达式 2 的值，x 是表达式 1 的值。

说明：

① 程序中使用逗号表达式，通常是要分别求逗号表达式内各表达式的值，并不一定要求整个逗号表达式的值。

② 并不是在所有出现逗号的地方都组成逗号表达式，如在变量说明中，函数参数表中的逗号只是用作各变量之间的间隔符。

2. 取地址运算符&

取地址运算符“&”是单目前缀运算符。用它构成的表达式一般形式为：

&<变量名>

类似于++或--运算符，取地址运算符“&”的运算对象只能是变量，它的运算结果是变量的存储地址。

例如，程序中有定义语句：

```
int m; double x;
```

则系统会分别为 m 和 x 分配 2 个和 8 个字节的存储区，用于存放 m 和 x 的值，其中存储区第 1 个字节的地址是变量的首地址，简称变量地址。

表达式&m 的值就是变量 m 的存储地址，&x 的值就是变量 x 的存储地址。

3. 长度运算符 sizeof

长度运算符“sizeof”也是单目前缀运算符，用它构成的表达式形式为：

```
sizeof（数据类型说明符）
```

或

```
sizeof（变量名）
```

长度运算符 sizeof 的运算对象是需要具备数据类型属性的变量、常量或数据类型说明符，它的运算结果为该变量的长度或该数据类型的长度。

例如，表达式 sizeof(int)的值就是整型数据的长度 2。再例如，程序中有 double x；定义语句，则表达式 sizeof(x)的值就是双精度实型数据 x 的长度 8，与 sizeof(double)的值相同。

C 语言的运算符种类多，功能强，表达式类型丰富，因此具有很强的表达能力和数据处理能力，这正是 C 语言得以广泛应用的重要原因之一。但是从另一个角度讲，种类繁多的运符和灵活构造的表达式运算又给我们的学习带来一定困难，应该注意通过大量练习和上机实践加深理解。

2.5　数据类型转换

在 C 语言中，不同类型的量可以进行混合运算。例如：

```
25+48.5*'A'-3.56e+3
```

这是一个合法的算术表达式。当参与同一表达式运算的各个量具有不同类型时，在计算过程中要进行类型转换。转换的方式有两种，一种是自动类型转换，另一种是强制类型转换。

2.5.1　自动类型转换

自动类型转换就是当参与同一表达式中运算的各个量具有不同类型时，编译程序会自动将它们转换成同一类型的量，然后再进行运算。

转换的规则为：自动将精度低、表示范围小的运算对象类型向精度高、表示范围大的运算对象类型转换，以便得到较高精度的运算结果，然后再按同类型的量进行运算。由于这种转换是由编译系统自动完成的，所以称为自动类型转换，转换的规则如图 2-9 所示。

图 2-9 中向左指的箭头为必定转换的类型，即：

① 在表达式中有 char 或 short 型数据，则一律转换成 int 型参加运算。

② 在表达式中有 fl oat 型数据，则一律转换成 double 型参加运算。

例如，表达式'D' – 'A'的值为 int 型；如 x 和 y 都是 float 型，则表达式 x+y 的值为 double 型。

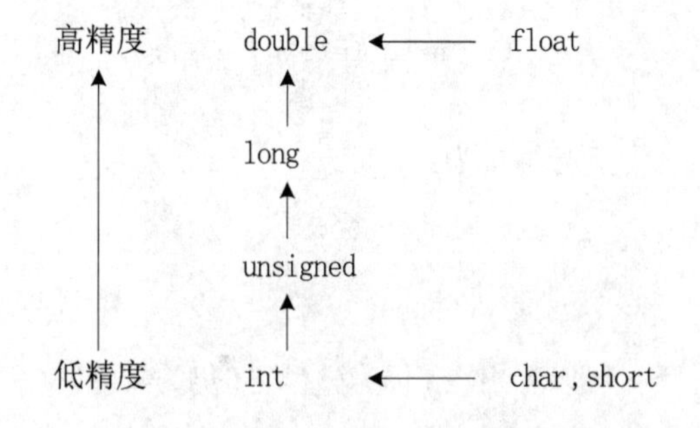

图 2-9　数据类型的自动转换

图 2-9 中纵向向上箭头表示当参与运算的量的数据类型不同时要转换的方向，转换由精度低向精度高进行。如 int 型和 long 型运算时，先将 int 型转换成 long 型，然后再进行运算；float 型和 int 型运算时，先将 float 型转换成 double 型，int 型转换成 double 型，然后再进行运算。由此可见，这种由低级向高级转换的规则确保了运算结果的精度不会降低。

当赋值两边的运算对象数据类型不一致时，系统会自动将赋值号右边表达式的值转换成左边的变量类型之后再赋值。赋值运算中的类型自动转换规则在赋值运算符和赋值表达式小节已讨论。

2.5.2　强制类型转换

除了自动类型转换外，C 语言系统还提供了强制类型转换功能，可以在表达式中通过强制转换运算符对操作对象进行类型强制转换。强制类型转换的一般形式为：

```
（数据类型说明符）（表达式）
```

其功能是把表达式的运算结果强制转换成数据类型说明符所表示的类型。

例如，(int)6.25 即将浮点常量 6.25（单个常量或变量也可视为表达式）强制转换为整型常量，结果为 6。

① 强制转换运算符是单目运算符，它的运算对象是紧随其后的操作数。如果要对整个表达式的值进行类型转换时，必须给表达式加圆括号。

② 进行强制转换时，类型名一定要用圆括号括起来，否则就是非法的表示形式。

一般当自动类型转换不能实现目的时，使用强制类型转换。强制类型转换主要用在两个方面：一是参与运算的量必须满足指定的类型，如模运算（或称求余运算）要求运算符（%）两侧的分量均为整型量；二是在函数调用时，因为要求实参和形参类型一致，因此可以用强制类型转换运算得到一个所需类型的参数。需要说明的是，无论是自动类型转换或是强制类型转换，都只是为了本次运算的需要而对变量的数据长度进行的临时性转换，而不改变类型说明时对该变量定义的类型。

【例 2-12】 强制类型转换。

```
#include<stdio.h>
void main()
{
  int n;
  float f;
  n=25;
  f=46.5;
  printf("(float)n=%f\n",(float)n);
  printf("(int)f=%d\n",(int)f);
  printf("n=%d,f=%f\n",n,f);
}
```

运行结果为：

```
(float)n=25.000000
(int)f=46
n=25,f=46.500000
```

可以看出，n 仍为整型，f 仍为实型。

2.6 C 语言的语句类型

一个 C 语言程序可以由若干个源程序文件构成，一个源程序文件可以由若干个函数、编译预处理命令及一些变量的定义构成，在整个程序中必须有且只能有一个主函数（即 main()函数）。函数体中包括数据定义和执行两部分。执行部分就是 C 语言的语句序列，程序的功能主要是靠执行语句序列来实现的。C 语言的语句可分为说明性语句、表达式语句、控制语句和复合语句。

1. 说明性语句

说明性语句是对程序中使用的变量、数组和函数等操作对象进行定义、声明的描述语句，它只起说明作用，用于说明程序中使用的操作对象名字和数据类型等，并不产生可执行的二进制代码。

2. 表达式语句

表达式语句是 C 语言中最基本的语句，程序中对操作对象的运算处理大多通过表达式语句实现。在表达式后面加一个分号，就构成了一个表达式语句。一般形式为：

表达式；

【例 2-13】　表达式构成的 C 语言语句。

```
i=0;                    /*赋值表达式加分号构成语句*/
i++;                    /*自增运算表达式加分号构成语句*/
a+=b+c;                 /*复合赋值表达式加分号构成语句*/
a+b;                    /* a+b 表达式加分号构成语句*/
```

注意，位于尾部的分号“;”是语句中不可缺少的部分，任何表达式都可以加上分号构成语句。执行表达式语句就是计算表达式的值。

上例中，i=0 不是一个语句而是一个表达式，加上分号之后则构成一个赋值语句。a+b 是一个表达式，加上分号之后构成一个语句，该语句执行了 a+b 的运算，在 C 语言中是合法的，但由于该语句并没有将 a+b 的计算结果赋给任何变量，所以该语句并无实际意义。表达式语句中使用最多的是赋值语句和函数调用语句。

（1）赋值语句

赋值语句是由赋值表达式加上分号构成的表达式语句。一般形式为：

赋值表达式;

在赋值语句的使用中需要注意以下几点。

① 在赋值符“=”右边的表达式也可以又是一个赋值表达式，有如下形式：

```
变量=变量= … =表达式;
```

例如：

```
a=b=c=d=5;
```

是一个合法的赋值语句。按照赋值运算符的右结合性，该语句实际上等效于

```
d=5; c=d; b=c; a=b;
```

② 复合赋值表达式也可构成赋值语句。例如：

```
a+=a=2;
```

是一个合法的赋值语句。该语句实际上等效于

```
a=2; a=a+a;
```

③ 在变量说明中给变量赋初值和赋值语句是有区别的。给变量赋初值是变量说明的一部分，赋初值变量与其后的其他同类型变量之间用逗号分开，而赋值语句则必须用分号结尾。

④ 在变量定义中，不允许连续给多个变量赋初值。

下述变量说明是非法的：

int a=b=c=5;（错误，变量初始化不能连续赋值）

应该写为：

int a=5,b=5,c=5;（正确）

而赋值语句允许连续赋值：

a=b=c=5;（正确）

⑤ 赋值表达式和赋值语句的区别是：赋值表达式是一种表达式，它可以出现在任何允许表达

式出现的地方，而赋值语句则不能。例如：

```
if((a=b)>0) c=a;
```

是正确的。

```
if((a=b; )>0) c=a;
```

是错误的。因为 if 的条件中不允许出现赋值语句。

（2）函数调用语句

由一次函数调用加上分号“;”组成。它的作用是执行一次函数调用。一般形式为：

```
函数名(实参列表);
```

【例 2-14】 函数调用构成 C 语言语句。

```
printf(" Welcome to study C!\n");        /*调用 C 系统标准库函数，输出字符串*/
sin(x) ;                                  /*调用 C 系统标准库函数，求 sinx*/
max(a,b,c);                               /*调用自定义函数，求 a、b、c 中的最大值*/
```

关于函数的更多内容将在第 4 章中介绍。

3. 控制语句

控制语句由规定的语句关键字组成，用于控制程序的流程，以实现程序的各种结构。C 语言有 9 种控制语句，可分为以下 3 类。

（1）条件判断语句

条件语句：if( ) … 或 if( )~else …

多分支选择语句：switch( )…

（2）循环执行语句

while 语句：while( ) …

do while 语句：do~while( )

for 语句：for ( ) …

（3）转向语句

无条件转向语句：goto

结束本次循环语句：continue

终止执行 switch 或循环语句：break

函数返回语句：return

以上语句将分别在选择结构和循环结构等有关章节中介绍。

4. 复合语句

把多个语句用括号{ }括起来组成的一个语句称为复合语句，又称为分程序或语句块。在语法上将复合语句看成是单条语句，而不是多条语句。如下列程序段：

```
{   u= -b/(2*a);
    v=sqrt(x*x-4*a*c)/(2*a);
    x1=u+v;
    x2=u-v;
    printf("%f%f\n",x1,x2);
}
```

是一条复合语句。复合语句内的各条语句都必须以分号“;”结尾。注意，在括号“}”外不需加分号。组成复合语句的语句数量不限，例如：

```
{    char c;
     c=65;
     putchar(c);
}
```

也是一条复合语句，输出字符“A”，从这个例子中可以看出，在复合语句中不仅有执行语句，还可以说明变量。复合语句组合多个语句的能力及采用分程序定义局部变量的能力是 C 语言的重要特点，它增强了 C 语言的灵活性，同时还可以按层次使变量作用域局部化，使程序具有模块化结构。

2.7　案例研究及实现

【案例】数字金额转换成大写金额

在本章开始我们提出了一个现实问题：银行为了提高工作效率，要求客户在填写凭单时只需填写存取款金额的阿拉伯数字，银行在给客户打印回单时由计算机自动打印出大写金额，这样银行的计算机就需要把客户输入的数字金额转换成大写金额，大部分客户的存取款金额都是整数，但有时也有客户会有小数，因此数字金额是一个实数，而大写金额是用汉字表示的一串文字，它们在计算机中都是如何存储的？如何通过 C 语言程序来实现这样的一个功能？

本案例的 C 语言程序设计思路为：首先将用户输入的金额转换成分（即扩大 100 倍，然后逐位判断是否每一位为零。对不是零的情况，找出对应的货币单位和数量，从而生成相应的字符串。

程序各个部分的功能说明和主要源代码如下。

1. 系统库函数调用

```
#include <stdio.h>
#include <string.h>
```

2. 辅助函数部分

```
char c_je[51];                                              /*大写金额字符变量*/
char* zh(double x)                                          /*数字金额转换为大写金额子程序*/
{
     int i,n,bz;
     char je[14];                                           /*数字金额的字符变量*/
     char temp [13];
     char  f1[10][3]={"零","壹","贰","叁","肆","伍",
                      "陆","柒","捌","玖"};                   /*数字对应的大写数组变量*/
     char  f2[11][3]={"亿","仟","佰","拾","万",
                      "仟","佰","拾","元","角","分"};          /*每位数字对应单位数组变量*/

     sprintf(je,"%.01f",100*x);                             /*转换成字符*/
     n=strlen(je);
     c_je[0]='\0';
     bz=1;
     for(i=0;i<n;i++)
```

```
        {
            strcpy(temp,&je[i]);                                   /*复制到临时数组*/
            if(atoi(temp)==0)                                      /*判断第 i 位后是否全为 0*/
            {
                bz=2;
                break;
            }
            if(je[i]!='0')
            {
                if(bz==0)
                    strcat(c_je,f1[0]);
                strcat(c_je,f1[je[i]-'0']);                        /*数字串转化字符串*/
                bz=1;
                strcat(c_je,f2[13-n+i]);
            }
            else
            {
                if(n-i==7 && (je[i-1]!='0'||je[i-2]!='0'||je[i-3]!='0')) /*判断万位位置*/
                        strcat(c_je,"万");
            /*判断个位数的元位置*/
                if(n-i==3)
                        strcat(c_je,"元");
                bz=0;
            }
        }
        if(bz==2)
        {
            if(n-i>=7 && n-i<10)
                    strcat(c_je,"万");                             /*万位数字为 0，加“万”*/
            if(n-i>=3)
                    strcat(c_je,"元");
            strcat(c_je,"正");                                     /*最后不是分位，加“正”*/
        }
        return c_je;                                               /*返回大写金额*/
    }
```

3. 主函数部分

```
void main()
{
    double count;                                                  /*要转换的金额数*/
    printf("请输入要转换的金额：");
    scanf("%lf", &count);
    printf("您输入的金额为：%s\n",zh(count));
}
```

本章小结

本章对 C 语言程序中使用的基本字符集、标识符和关键字等概念进行了具体说明，同时详细介绍了 C 语言的基本数据类型和表达式。C 语言的基本字符集是指程序中允许使用的各种符号。

数据类型是指程序中允许使用的数据形式，对数据的处理则通过表达式运算实现。本章内容是 C 语言的基础，是后续章节学习的前提。

1. 标识符

关键字是 C 语言系统定义的标识符，在程序中代表固定含义，不允许另作它用。关键字一共有 32 个，均为小写字母。

预定义标识符包括系统定义的库函数名（如 printf、getchar 等）、编译预处理命令（如 define、include）等，允许用户对它们重新定义，此时将改变原来系统定义的含义。

用户定义标识符用于为变量、符号常量、函数等操作对象命名。只能由字母、数字和下画线组成，且首字母只能是字母或下画线。

2. 基本数据类型

C 程序中可以使用整型、实型和字符型等基本类型数据，它们都是以常量或变量的形式出现。不同类型的数据在内存中分配的存储空间大小不同，因而所表示的数值范围也不同。如果超出所表示的范围，会导致错误的运算结果。

整型常量由十进制、八进制和十六进制表示。实型常量有小数形式和指数形式两种表示，均默认为 double 类型。字符常量是用单引号括起的一个可视字符或转义字符。字符串常量是用双引号括起来的字符序列，存储时系统会自动在其末尾加字符串结束标志'\0'，因此字符串常量所占的存储空间大小等于字符串长度加 1。

变量必须先定义后使用。变量的类型由变量定义语句中的数据类型说明符指定。系统根据变量类型分配存储单元，存放变量的值。变量可通过初始化进行赋值。不能直接使用未经赋值的变量，会导致错误的结果。

3. 运算符和表达式

C 语言的运算符包括算术、关系、逻辑、赋值、条件、逗号和位运算符等，表达式运算的结果是得到一个值。当表达式中含有多个运算符时，应该按照它们的优先级和结合性进行运算，才能得到正确的运算结果。

运算时应该注意：自增自减运算有先自增自减和后自增自减的区分；条件运算符具有选择运算的功能；逻辑与和逻辑或运算符有短路性质；位运算按照运算对象的二进制位进行处理。这些特点都会直接影响表达式的求值。

4. 数据类型转换

表达式中运算对象的数据类型不同时，系统会自动将低精度类型数据转换成高精度类型数据后再进行求值。由于所有的 char 和 float 类型数据都必须要转换成 int 和 duoble 类型后再求值，故表达式值的类型不可能是 char 和 float 类型。

使用类型转换运算符可以将运算对象的值强制转换成需要的数据类型。高精度数值转换成低精度数值时，如果超出低精度数据所表示的范围，则会因为要舍弃高位而造成数据值的改变。

习　题

一、单项选择题

1. 下面为合法 C 语句的是（　　）。

A. #define MY 100　　B. a=25;　　C. a=b=100　　D. /*m=100;*/

2. 下面叙述中，正确的是（　　）。
   A. C 程序中所有的标识符都必须小写
   B. C 程序中关键字必须小写，其他标识符不区分大小写
   C. C 程序中所有的标识符都不区分大小写
   D. C 程序中关键字必须小写，其他标识符区分大小写
3. 下面标识符中，（　　）不是 C 语言关键字。
   A. char　　B. goto　　C. case　　D. Switch
4. 下面标识符中不合法的用户标识符是（　　）。
   A. float　　B. _123　　C. Sun　　D. XYZ
5. 下面数据中，不是 C 语言常量的是（　　）。
   A. e-2　　B. 074　　C. '\0'　　D. "a"
6. 下面不正确的转义符是（　　）。
   A. '\\'　　B. '\'　　C. '\19'　　D. '\0'
7. 设 t 是 double 类型的变量，表达式 t=1,t+2,t++的值为（　　）。
   A. 4.0　　B. 3.0　　C. 2.0　　D. 1.0
8. 若变量已正确定义并赋值，下面合法的表达式是（　　）。
   A. (int) a=b+7　　B. a=7+b+c,++a　　C. int (12.3%4)　　D. a=a+2=c+b
9. 设 a 是整型变量，下面不能正确表达数学关系 10<a<15 的 C 语言表达式是（　　）。
   A. 10<a<15
   B. a==11||a==12||a==13||a==14
   C. a>10 && a<15
   D. !(a<=10)&&!(a>=15)
10. 能够正确表示 a 不等于 0 为真的关系表达式是（　　）。
   A. a=0　　B. a≠0　　C. a　　D. !a
11. 设有 int a=04,b；变量定义，则表达式 b=a<<2 的值是（　　）。
   A. 1　　B. 4　　C. 8　　D. 16

二、填空题

1. C 程序中的注释说明必须以________开头，以________结束。
2. C 语言的标识符只能由字母、数字和________3 种字符组成。
3. 在 C 语言中，字符串常量"How␣are␣you?\nI␣am␣fine."的长度是________个字节（其中␣表示空格），它在内存中存储是需要占用________字节的存储空间。
4. 定义字符变量 ch，并使它的初值为数字字符'5'的变量定义语句是________。
5. 若定义 float x=70.3;，则表达式(long)x*'A'+38.5 的值是________类型。
6. 若定义 int a=3，b=2，c;，则表达式 c=b*=a−1 的值为________。
7. 表达式 9/2*2==9*2/2 的值是________。
8. 表达式(!10>3)?2+4:1,2,3 的值是________。
9. 若定义了 int a=1,b=15;，在执行了− −a&&b++; 语句后，b 的值为________。
10. 表达式 10||20||30 的值是________。
11. 表达式 10&0xd+06 的值是________。

三、读程序写结果

1. 程序代码如下：

```
#include <stdio.h>
void main( )
{
  int  i=5, j=6, m=i+++j;
  printf("%d,%d,%d\n",i,j,m);
}
```

2. 程序代码如下：

```
#include <stdio.h>
void main( )
{
  double  f=3.14159;
  int  n;
  n=(int)(f+10)%3;
  printf("%d \n",n);
}
```

3. 程序代码如下：

```
#include <stdio.h>
#include <string.h>
void main( )
{
  char  s[ ]= "ab\n\\\'\r\b";
  printf("%d,%d \n",sizeof(s), strlen(s));
}
```

4. 程序代码如下：

```
#include <stdio.h>
void main( )
{
  int  a=2, b=4, c=6, x, y;
  y=(x=a+b),(b+c);
  printf("y=%d,x=%d \n",y, x);
}
```

5. 程序代码如下：

```
#include <stdio.h>
void main( )
{
  int  i, j, x, y;
  i=5; j=7;
  x=++i;
  y=j++;
  printf("%d,%d, %d,%d \n",i,j,x,y);
}
```

第3章 C语言控制语句

【本章内容提要】

本章主要讨论C语言中结构化程序设计的各种控制语句。对于顺序结构程序设计，重点讲解C语言中的输入/输出函数及其调用；对于分支结构程序设计，讨论分支结构的两种控制语句及使用；对于循环结构程序设计，分别讨论3种循环控制语句的功能及应用、循环嵌套及多重循环程序设计；最后讲解跳转语句的功能及在循环语句中的应用。

【本章学习重点】

- 掌握C语言中数据的输入/输出方法；掌握格式输入/格式输出函数的格式及调用方法；掌握字符输入/字符输出函数的格式及调用方法。
- 了解顺序程序的基本结构；掌握顺序结构程序设计方法。
- 掌握if语句的格式和功能；掌握if嵌套的概念和应用；掌握switch语言的格式和功能，能够灵活运用各种分支结构进行综合程序设计。
- 掌握3种循环控制语句的格式及在程序设计中的应用；掌握循环嵌套的概念和多重循环程序设计方法；掌握跳转语句的功能以及跳转语句如何改变循环程序的流程，能够灵活运用各种循环控制进行综合程序设计。
- 能够运用3种基本结构进行综合程序设计。

3.1 结构化程序设计

3.1.1 程序的基本结构

计算机程序通常是由若干条语句组成。从执行方式上看，从第1条语句到最后一条语句完全按顺序执行，是简单的顺序结构；若在程序执行过程当中，根据用户的输入或中间结果去执行若干不同的任务则为选择结构；如果在程序的某处，需要根据某项条件重复地执行某项任务若干次或直到满足或不满足某条件为止，这就构成循环结构。

已经证明，任何复杂的问题都可以用顺序、选择和循环3种基本算法结构来描述，因此用计算机语言编写的程序也包含这3种基本结构。通常一个大的程序可能是顺序、选择和循环3种结构的复杂组合。

3种基本结构有以下共同点：

（1）都是只有一个入口和一个出口；

（2）结构内的每一个框都有机会被执行；

（3）结构内没有死循环。

如果一个程序仅包含这3种基本结构，则称该程序是结构化程序。

结构化程序中限制使用无条件转移（goto）语句，每个结构仅有一个入口和一个出口，因此它的逻辑结构清晰，可读性好，易于维护。

程序设计中应该注意掌握结构化设计方法：采用自顶向下、逐步细化每个功能，采用模块化、结构化的原则和方法进行设计。设计大型应用系统时需将系统从上向下划分为多个功能模块，每个模块再细划分为若干个子模块，然后分别对各模块进行程序编写，且每个模块的程序都只能由3种基本结构组成。

3.1.2　案例描述：猜数游戏

在用计算机解决实际问题的过程中经常会遇到这样一些问题：需要根据某些条件或逻辑进行判断，以此来选择不同的处理方式。C语言提供的选择语句可以对给定条件进行判断，并根据判断结果选择执行不同的语句序列。这些问题有时还需要不断地重复处理，即需要使用循环结构解决。

比如某娱乐节目的猜价格游戏，要求游戏参加者在规定的时间内猜出某商品的价格，那么这样的实际问题需要采用哪种控制结构进行程序设计？答案会在本章的最后给出。

3.2　顺序结构程序设计

结构化程序设计由顺序、选择和循环3种基本结构组成，其中顺序结构是最简单的一种程序结构。本章先讨论C语言中使用的基本输入/输出函数，然后再讨论顺序结构程序设计的基本思想和方法。

3.2.1　字符输出函数

字符输出函数，其功能是在显示器终端上输出单个字符。其函数调用的一般形式为：

```
putchar(ch);
```

其中，putchar是函数名，ch是函数参数，可以是一个字符型或整型的变量、常量或表达式，也可以是一个转义字符。

说明：

（1）putchar()函数只能用于单个字符的输出，且一次只能输出一个字符。

（2）putchar是C语言的标准库函数，其说明信息包含在stdio.h头文件中。使用本函数前必须要用文件包含命令：

```
#include <stdio.h>
```

或

```
#include "stdio.h"
```

（3）如果输出控制字符，则执行控制功能，但可能不显示在屏幕上。

例如：

```
putchar('A');          //（输出大写字母 A）
putchar(x);            //（输出字符变量 x 的值）
putchar('\101');       //（也是输出字符 A）
putchar('\n');         //（换行）
```

【例 3-1】 输出单个字符。

```
#include <stdio.h>
void main()
{
    char a='B',b='o',c='k';
    putchar(a);putchar(b);putchar(b);putchar(c);putchar('\t');
    putchar(a);putchar(b);
    putchar('\n');
    putchar(b);putchar(c);
}
```

3.2.2 格式输出函数

printf 函数称为格式输出函数，其关键字最末一个字母 f 即为“格式”（format）之意。其功能是按用户指定的格式，把指定的数据显示到显示器屏幕上。在前面的例题中我们已多次使用过这个函数。

1. printf 函数调用的一般形式

printf 函数是一个标准库函数，它的函数原型在头文件"stdio.h"中。printf 函数调用的一般形式为：

```
printf("格式控制字符串",输出表列)
```

其中，格式控制字符串用于指定输出格式。格式控制串可由格式字符串和非格式字符串两种组成。格式字符串是以%开头的字符串，在%后面跟有各种格式字符，以说明输出数据的类型、形式、长度、小数位数等。例如，"%d"表示按十进制整型输出；"%ld"表示按十进制长整型输出；"%c"表示按字符型输出等。

非格式字符串在输出时照原样输出，在显示中起提示作用。

输出表列中给出了各个输出项，要求格式字符串和各输出项在数量和类型上应该一一对应。

【例 3-2】 用格式说明符%d、%c 输出整型数据。

```
void main()
{
    int a=88,b=89;
    printf("%d %d\n",a,b);
    printf("%d,%d\n",a,b);
    printf("%c,%c\n",a,b);
    printf("a=%d,b=%d",a,b);
}
```

程序输出结果如下：

```
88 89
88,89
X,Y
a=88,b=89
```

本例中 4 次输出了 a 和 b 的值，但由于格式控制字符串不同，输出的结果也不相同。第 4 行的输出语句格式控制串中，两格式串%d 之间加了一个空格（非格式字符），所以输出的 a、b 值之间有一个空格。第 5 行的 printf 语句格式控制字符串中加入的是非格式字符逗号，因此输出的 a、b 值之间加了一个逗号。第 6 行的格式控制字符串要求按字符型输出 a、b 值。第 7 行中为了提示输出结果又增加了非格式字符串。

2. 格式控制字符串

在 Turbo C 中格式控制字符串的一般形式为：

[标志][输出最小宽度][.精度][长度]类型

其中方括号[]中的项为可选项。各项的意义介绍如下。

（1）类型：类型字符用以表示输出数据的类型，其格式说明符和意义如表 3-1 所示。

表 3-1　printf 函数中使用的格式说明符

格式字符	意　义	举　例
d	按有符号十进制形式输出整数	printf ("%d",a)
o 或 O	按无符号八进制形式输出整数	printf ("%o",a)
x 或 X	按无符号十六进制形式输出整数	printf("%x",a)
u	按无符号整数输出	prinlf("%u",a)
c	按字符型输出	printf("%c",a)
s	按字符串输出	printf ("%s","abc")
f	按浮点型小数输出	printf("%f",x)
e	按科学计数法输出	printf("%e",x)
g	按 e 和 f 格式中较短的一种输出	printf("%g",x)
%	输出字符%本身	printf("%%")

（2）附加格式说明符：出现在%和类型描述符之间，主要用来指定输出数据的宽度和输出形式。printf 函数中使用的附加格式说明符如表 3-2 所示，其应用如例 3-3 所示。

表 3-2　printf 函数中使用的附加格式说明符

修饰符	格　式	说　明
l	%ld	输出长整型数（只可与 d、o、x 和 u 组合使用）
m	%md	以宽度 m 输出整型数，不足 m 时，左补空格
.n	%m.nf	对按%f 或%e 输出的实型数据，指定输出 *n* 位小数；对按%s 输出的字符串则表示从字符串最左端截取 *n* 个字符
+	%+ld	使输出的数值数据无论正负都带符号输出
-	%-8.2f	使数据在输出域内按左对齐方式输出

【例 3-3】 附加格式说明符应用。

```
#include <stdio.h>
void main( )
{
     int i= 1 23;
     float a= 12.34567;
     printf("% 6d% 10.4f\ n", i, a);
     printf("%-6d% 10.4f\ n", i, a);
     printf ("% 6d%- 10.4f\ n", i, a);
}
```

程序运行结果如下：

```
   123   12.3457
123      12.3457
   12312 . 3457
```

附加说明符 l 可以与输出格式字符 d、f、u 等连用，以说明是用 long 型格式输出数据，例如：

%lf 为双精度型；
%ld 为长整型；
%lu 为无符号长整型。

（3）输出最小宽度：用十进制整数来表示输出的最少位数。若实际位数多于定义的宽度，则按实际位数输出，若实际位数少于定义的宽度则补以空格或 0。

（4）精度：精度格式符以“.”开头，后跟十进制整数。本项的意义是：如果输出数字，则表示小数的位数；如果输出的是字符，则表示输出字符的个数；若实际位数大于所定义的精度数，则截去超过的部分。

（5）对齐方式修饰符：负号“-”为“左对齐”控制符，一般所有输出数据为右对齐格式，加一个“-”号，则变为“左对齐”方式。

【例 3-4】 格式化输出函数应用。

```
#include <stdio.h>
void main()
{
     int a=15;
     float b=123.1234567;
     double c=12345678.1234567;
     char d='p';
     printf("a=%d,%5d,%o,%x\n",a,a,a,a);
     printf("b=%f,%lf,%5.4lf,%e\n",b,b,b,b);
     printf("c=%lf,%f,%8.4lf\n",c,c,c);
     printf("d=%c,%8c\n",d,d);
}
```

程序输出结果如下：

```
a=15,   15,17,f
b=123.123459,123.123459,123.1235,1.231235e+002
c=12345678.123457,12345678.123457,12345678.1235
d=p,       p
```

本例第 8 行中以 4 种格式输出整型变量 a 的值，其中“%5d”要求输出宽度为 5，而 a 值为 15，只有两位，故补 3 个空格。第 9 行中以 4 种格式输出实型量 b 的值。其中“%f”和“%lf”格式的输出相同，说明“l”符对“f”类型无影响。“%5.4lf”指定输出宽度为 5，精度为 4，由于实际长度超过 5，故应该按实际位数输出，小数位数超过 4 位部分被截去。第 10 行输出双精度实数，“%8.4lf”由于指定精度为 4 位，故截去了超过 4 位的部分。第 11 行输出字符量 d，其中“%8c”指定输出宽度为 8，故在输出字符 p 之前补加 7 个空格。

3. 普通字符

普通字符包括可打印字符和转义字符，可打印字符主要是一些说明字符，这些字符按原样显示在屏幕上，如果有汉字系统支持，也可以输出汉字。

转义字符是不可打印的字符，它们其实是一些控制字符，控制产生特殊的输出效果，常用的有“\t”、“\n”。其中\t 为水平制表符，作用是跳到下一个水平制表位。在各个机器中，水平制表位的宽度是一样的，这里设为 8 个字符宽度，那么“\t”跳到下一个 8 的倍数的列上。“\n”为回车换行符，遇到“\n”，显示自动换到新的一行。

在 C 语言中，如果要输出%，则在控制字中用两个%表示，即%%，如例 3-5 所示。

【例 3-5】 “%”的输出。

```
#include <stdio.h>
void main()
{
     float y= 20.5;
     printf("y=%5.2f%% \n", y);
}
```

程序运行的输出结果如下：

```
y= 20.50%
```

3.2.3 字符输入函数

字符输入函数 getchar()的功能是从键盘上输入一个字符，其函数调用的一般形式为：

```
getchar();
```

通常把输入的字符赋予一个字符变量，构成赋值语句，例如：

```
char c;
c=getchar();
```

例 3-6 为使用字符输入函数输入单个字符。

【例 3-6】 输入单个字符。以下程序将键盘输入的一个字符赋值给变量 c，并输出。

```
#include<stdio.h>
void main()
{
     char c;
     printf("input a character\n");
     c=getchar();
     putchar(c);
}
```

使用 getchar 函数应注意几个问题：

（1）getchar 函数只能接收单个字符，如果输入数字，也按字符处理。当输入多于一个字符时，则只接收第 1 个字符。

（2）使用本函数前必须包含头文件"stdio.h"。

（3）程序第 1 次执行 getchar()函数时，系统暂停等待用户输入，直到按回车键结束，如果用户输入了多个字符，则该函数只取第 1 个字符，多余的字符（包括换行符，\n.）存放在键盘缓冲区中，如果再一次执行 getchar()函数，则程序就直接从键盘缓冲区读入，直到读完后，如果还有 getchar()函数才会暂停，再次等待用户输入。

（4）程序最后两行可用下面两行的任意一行代替：

```
putchar(getchar());
printf("%c",getchar());
```

3.2.4 格式输入函数

scanf 函数也称格式输入函数，即按用户指定的格式从键盘上把数据输入到指定的变量之中。

1. scanf 函数的一般形式

scanf 函数是一个标准库函数，它的函数原型在头文件"stdio.h"中，与 printf 函数相同，C 语言也允许在使用 scanf 函数之前不必包含 stdio.h 文件。

```
scanf 函数的一般形式为：
scanf("格式控制字符串",地址表列);
```

其中，格式控制字符串的作用与 printf 函数相同，但不能显示非格式字符串，也就是不能显示提示字符串。地址表列中给出各变量的地址。地址是由地址运算符"&"后跟变量名组成的。

例如:

```
    &a, &b
```

分别表示变量 a 和变量 b 的地址。

这个地址就是编译系统在内存中给 a 和 b 变量分配的地址。在 C 语言中，使用了地址这个概念，这是与其他语言不同的。应该把变量的值和变量的地址这两个不同的概念区别开来。变量的地址是 C 编译系统分配的，用户不必关心具体的地址是多少。

变量的地址和变量值的关系如下：

在赋值语句中给变量赋值，如 a=567；则 a 为变量名，567 是变量的值，&a 是变量 a 的地址。

但在赋值号左边是变量名，不能写地址，而 scanf 函数在本质上也是给变量赋值，但要求写变量的地址，如&a。这两者在形式上是不同的。&是一个取地址运算符，&a 是一个表达式，其功能是求变量的地址。

【例 3-7】 格式化输入函数的应用。

```
#include <stdio.h>
void main()
{
```

```
    int a,b,c;
    printf("input a,b,c\n");
    scanf("%d%d%d",&a,&b,&c);
    printf("a=%d,b=%d,c=%d",a,b,c);
}
```

在本例中，由于 scanf 函数本身不能显示提示串，故先用 printf 语句在屏幕上输出提示，请用户输入 a、b、c 的值。执行 scanf 语句，则进入用户窗口屏幕等待用户输入。用户输入 789 后按下回车键，此时，系统又将继续执行后续程序。在 scanf 语句的格式串中由于没有非格式字符在"%d%d%d"之间作输入时的间隔，因此在输入时要用一个以上的空格或回车键作为每两个输入数之间的间隔。例如：

```
7␣8␣9↙
```

或

```
7↙
8↙
9↙
```

2. 格式字符串

格式字符串的一般形式为：

```
%[*][输入数据宽度][长度]类型
```

其中有方括号[]的项为可选项。各项的意义如下。

（1）类型：表示输入数据的类型，其格式符和意义如表 3-3 所示。

表 3-3　输入数据格式控制符及意义

格　式	字 符 意 义
d	输入十进制整数
o	输入八进制整数
x	输入十六进制整数
u	输入无符号十进制整数
f 或 e	输入实型数（用小数形式或指数形式）
c	输入单个字符
s	输入字符串

（2）"*" 符：用以表示该输入项，读入后不赋予相应的变量，即跳过该输入值。例如：

```
scanf("%d %*d %d",&a,&b);
```

当输入为：1␣2␣3↙时，把 1 赋予 a，2 被跳过，3 赋予 b。

（3）宽度：用十进制整数指定输入的宽度（即字符数）。

例如：

```
scanf("%5d",&a);
输入：12345678↙
```

只把 12345 赋予变量 a，其余部分被截去。

又如：

```
scanf("%4d%4d",&a,&b);
```

输入：12345678↙

将把 1234 赋予 a，而把 5678 赋予 b。

（4）长度：长度格式符为 l 和 h，l 表示输入长整型数据（如%ld） 和双精度浮点数（如%lf）。h 表示输入短整型数据。

使用 scanf 函数还必须注意以下几点：

（1）scanf 函数中没有精度控制，如：scanf("%5.2f",&a);是非法的。不能企图用此语句输入小数为 2 位的实数。

（2）scanf 中要求给出变量地址，若给出变量名则会出错。如 scanf("%d",a);是非法的，应改为 scnaf("%d",&a);才是合法的。

（3）在输入多个数值数据时，若格式控制串中没有非格式字符作输入数据之间的间隔，则可用空格，TAB 或回车作间隔。C 编译在碰到空格、Tab（制表位）、回车或非法数据（如对“%d”输入“12A”时，A 即为非法数据）时即认为该数据结束。

（4）在输入字符数据时，若格式控制串中无非格式字符，则认为所有输入的字符均为有效字符。

例如：

```
scanf("%c%c%c",&a,&b,&c);
```

输入为：

d e f ↙

则把'd'赋予 a，' ' 赋予 b，'e'赋予 c。只有当输入为：

def ↙

时，才能把'd'赋于 a，'e'赋予 b，'f'赋予 c。

如果在格式控制中加入空格作为间隔，例如：

```
scanf ("%c %c %c",&a,&b,&c);
```

则输入时各数据之间可加空格。

【例 3-8】 用 scanf 输入两个字符型数据，格式控制中无分隔符。

```
#include <stdio.h>
void main()
{
     char a,b;
     printf("input character a,b\n");
     scanf("%c%c",&a,&b);
     printf("%c%c\n",a,b);
}
```

由于 scanf 函数"%c%c"中没有空格，输入 M␣N，结果输出只有 M。而输入改为 MN 时则可输出 MN 两字符。

【例 3-9】　用 scanf 输入两个字符型数据，格式控制中有分隔符。

```
#include <stdio.h>
void main()
{
    char a,b;
    printf("input character a,b\n");
    scanf("%c %c",&a,&b);
    printf("\n%c%c\n",a,b);
}
```

本例表示 scanf 格式控制串"%c %c"之间有空格时，输入的数据之间可以有空格间隔。

（5）如果格式控制字符串中有非格式字符，则输入时也要输入该非格式字符。

例如：

```
    scanf("%d,%d,%d",&a,&b,&c);
```

其中用非格式符“ , ”作间隔符，故输入时应为：

```
    5,6,7↙
```

又如：

```
scanf("a=%d,b=%d,c=%d",&a,&b,&c);
```

则输入应为：

```
    a=5,b=6,c=7↙
```

（6）如输入的数据与输出的类型不一致时，虽然编译能够通过，但结果将不正确。

3.2.5　顺序结构程序设计举例

顺序结构程序是按照语句的先后顺序依次执行语句的程序。一般而言，顺序结构的算法中应包括几个基本操作步骤：确定求解过程中使用的变量、变量类型和变量的值；按算法进行运算处理；输出处理结果。各操作步骤的逻辑顺序关系如图 3-1 所示。

编写 C 语言程序时一定要注意语句的逻辑顺序。要先定义变量，并为变量赋值，然后再使用变量进行运算处理。使用未定义的变量会产生编译错误，使用已定义但未赋值的变量通常会得到不正确的运行结果。

【例 3-10】　输入圆的半径，计算并输出圆的周长和面积。

分析：已知圆的半径，求圆的周长和面积，可以使用下面的公式：

$$length=2\pi r$$
$$area=\pi r^2$$

涉及 3 个变量 r、length、area，它们都应该是单精度（或双精度）实型变量。由于 C 语言基本字符集中没有包含 π 这个符号，所以编程时不能直接使用它。正确的方法就是设置一个符号常量，如 PI，并用 define 编译预处理命令将它定义为 3.1416，这样程序中使用 PI 就等价于使用 3.1416。此外，由于题目中并没有给定 r 的值，因此应该使用输入函数调用语句为 r 赋值。

该算法如图 3-2 所示。

变量定义
变量赋值
运算处理
输出结果

图 3-1　顺序程序的一般算法

定义变量 r、length、area
输入r的值
按公式计算length和area
输出length、area

图 3-2　计算圆周长和面积的算法

程序代码如下：

```
#include <stdio.h>
#define  PI  3.1416
void main()
{  float r,length,area;
   printf("Input r: ");
   scanf("%f",&r);
   length = 2*PI*r;
   area = PI*r*r;
   printf("length=%f,  area=%f\n",length,area);
}
```

程序运行情况如下（带下画线的字符表示输入的数据，↙表示按回车键，后同）：

```
Input r:3↙
length=18.849600,   area=28.274401
```

【例 3-11】　数据交换示例。从键盘输入 a、b 的值，输出交换以后的值。

分析：在计算机中进行数据交换，例如交换变量 a 和 b 的值，不能只写下面两个赋值语句：

```
a=b; b=a;
```

因为当执行第 1 个赋值语句后，变量 b 的值覆盖了变量 a 原来的值，即 a 的原值已经丢失，再执行第 2 个赋值语句就无法达到将两个变量的值相互交换的目的。正确的方法是借助于中间变量 c 来保存 a 的原值，交换过程用连续 3 个赋值语句实现：

```
c=a; a=b; b=c;
```

执行 c=a 后，将 a 的值保存在 c 中；再做 a=b，将 b 的值赋给 a；最后用 b=c，将 c 中保存的 a 的原值赋给 b。算法如图 3-3 所示。

定义变量 a、b、c
输入 a、b
借助于c进行数据交换
输出交换后的a、b

图 3-3　数据交换的算法

程序代码如下：

```
#include <stdio.h>
void main()
{   int a,b,c;
    printf("\nInput a,b: ");
    scanf("%d,%d",&a,&b);
    printf("\nbefore exchange: a=%d  b=%d\n",a,b);
    c=a; a=b; b=c;
    printf("after exchange: a=%d  b=%d\n",a,b);
}
```

程序运行情况如下：

```
Input a,b:15,26↙
before exchange: a=15  b=26
after exchange: a=26  b=15
```

【例 3-12】　输入时间（小时、分和秒），然后打印输出其共计多少秒。

分析：用变量 hour 代表小时数，min 代表分钟数，sec 代表秒数，total 代表总的秒数值，则其总秒数为：

```
total=hour*3600+min*60+sec
```

程序代码如下：

```
#include <stdio.h>
void main()
{ int hour,min,sec;
  long total;
  printf("\nEnter hour:min:second: ");
  scanf("%d:%d:%d",&hour,&min,&sec);
  total= hour*3600.+min*60+sec;
  printf("\nThe total second=%ld\n",total);
}
```

程序运行情况如下：

```
Enter hour:min:second:15:26:38↙
The total second=55598
```

注意程序中的数据类型，因为 hour 是 int 类型，所以 hour*3600 的类型也是 int 类型，如果在 TurboC 环境下，int 占用 2 字节，则当 hour>9 之后 hour*3600 的值就要溢出，所以可以写成 hour*3600.，以保证其结果正确。

3.3　分支结构程序设计

分支结构是程序设计的 3 种基本结构之一，通过判定给定条件是否成立，从给定的各种可能中选择一种操作。而实现选择程序设计的关键就是要理清条件与操作之间的逻辑关系。主要讨论用 C 语言实现选择结构程序设计的方法。

C 语言提供了两种语句：if 条件语句和 switch 多分支选择语句用以实现选择程序的设计。其中，if 语句又分 3 种结构。在程序设计过程中，根据各语句的结构特点，灵活应用。应当注意选择是有条件的。在程序设计中，条件通常是用关系表达式或逻辑表达式表示的。关系表达式可以进行简单的关系运算，逻辑表达式则可以进行复杂的关系运算。同时还应该注意，在 C 程序中数值表达式和字符表达式也可以用来表示一些简单的条件。

3.3.1 if条件分支语句

用 C 语言求解实际问题时，经常会遇到需要进行判断的情况。例如，求 $y=|x|$，当 x 大于等于零时，$y=x$；当 x 小于零时，$y=-x$；像这样根据条件判定其后的动作，在 C 语言中可以使用条件语句来实现。

C 语言中 if 条件语句有 3 种结构形式，它们是：if 结构，if-else 结构，if-else 嵌套结构。

1. if 语句的 3 种形式

if 语句是条件语句，它是通过对给定条件的判定，以决定是否执行给定的操作。

（1）单分支结构

单分支结构的 if 语句，其一般格式为：

if (表达式) 语句 A

其中，表达式表示的是一个条件。

该语句执行过程是：先判断条件（表达式），若条件成立，就执行语句 A，然后执行 if 后面的后续语句；否则，直接执行 if 后面的后续语句。其算法如图 3-4 所示。

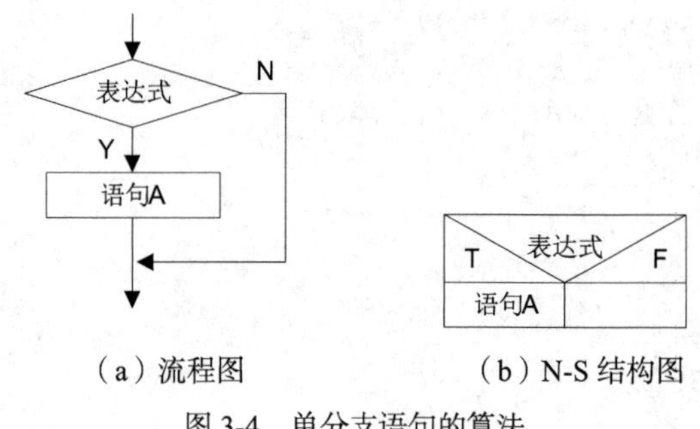

（a）流程图　　（b）N-S 结构图

图 3-4　单分支语句的算法

单分支结构只有在条件为真时，才执行给定的操作，如果条件为假，则不执行任何操作。

【例 3-13】　将 a，b 两数中的大数放入 a 中。

分析：两数比较，要么 a>b，要么 a<b，为后者时，需将 b 的值放入 a 中（即执行 a=b 赋值语句）。程序代码如下：

```
#include <stdio.h>
void main()
{
    float a,b;
    printf("按格式%%f%%f 输入两个数据:\n");
    scanf("%f%f",&a,&b);
    if (a < b) a = b;
        printf("%.2f \n",a );
}
```

程序运行如下：

```
按格式%f%f 输入两个数据：
3.8 7.9↙
7.90
```

注意，本例是在 Visual C++环境下运行的，在 Turbo C 编译环境下不能显示中文，中文在 Turbo C 编译环境中的显示为乱码，若想在 Turbo C 编译环境下使用注释提示或者输出常量字符串，建议使用英文。

【例 3-14】 设 x 与 y 有如下函数关系，试根据输入的 x 值，求出分段函数 y 的值。

$$y=\begin{cases} x-7 & (x>0) \\ 2 & (x=0) \\ 3x^2 & (x<0) \end{cases}$$

分析：依题意可知，当 $x>0$ 时，$y=x-7$；当 $x=0$ 时，$y=2$；当 $x<0$ 时，$y=3*x*x$；其算法如图 3-5 所示。

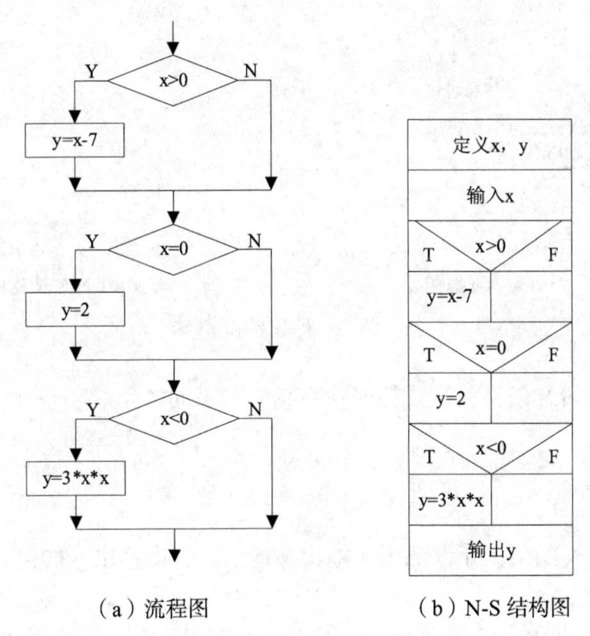

（a）流程图　　（b）N-S 结构图

图 3-5　分段函数求值算法

程序代码如下：

```
#include <stdio.h>
void main()
{
     float x,y;
     printf("\n");
     scanf("%f",&x);
     if (x > 0) y =x-7;
     if (x == 0) y =2;
     if (x < 0) y =3*x*x;
     printf("%.2f \n",y );
}
```

程序运行如下：

```
3.8↙
-3.20
```

（2）双分支结构

双分支结构 if~else 的一般格式为：

```
if （ 表达式 ） 语句 A
else 语句 B
```

其中，表达式指的是一个条件。语句 A 称为 if 子句，语句 B 称为 else 子句。

该语句的执行过程是：先判断条件（表达式），若条件成立，就执行语句 A，之后跳过语句 B，执行后续语句；否则，跳过语句 A，执行语句 B，之后执行后续语句。即一定会执行语句 A 和语句 B 中的一句，且只能执行其中的一句。其算法如图 3-6 所示。

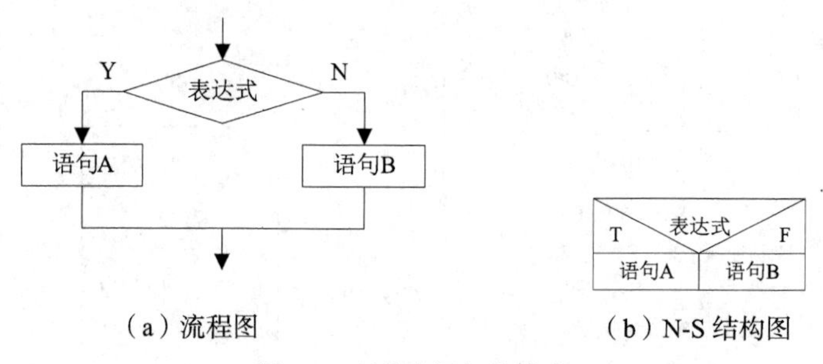

（a）流程图　　（b）N-S 结构图

图 3-6　双分支语句的算法

注意，双分支结构可在条件为真或假时执行指定的不同操作。

例如：

```
if (x>y)printf("%d\n",x); else printf(" %d\n",y);
```

语句的作用是如果 x 的值大于 y 的值，输出 x 的值，否则输出 y 的值。这条语句执行的结果是输出 x 和 y 中的大值。

【例 3-15】　判断点(X,Y)是否在如图 3-7（a）所示的圆环内，其 N-S 结构图如图 3-7（b）所示。

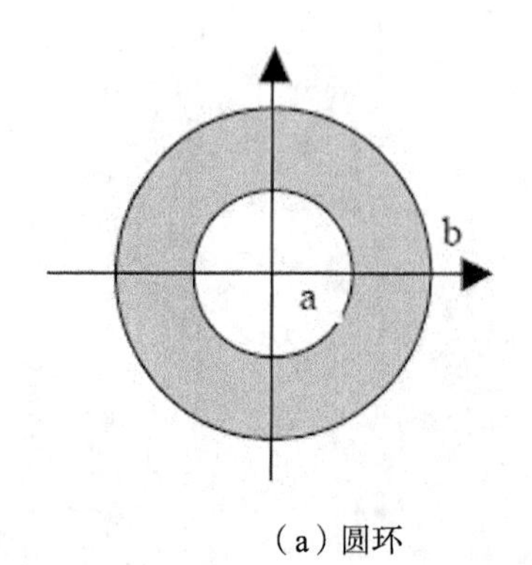

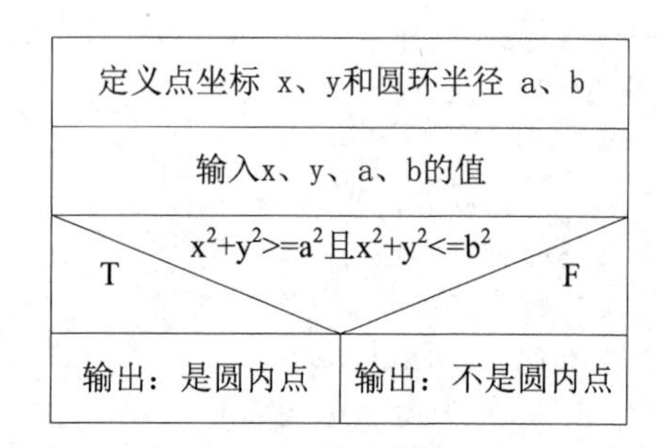

（a）圆环　　（b）算法 N-S 结构图

图 3-7　判断点是否在圆环内

分析：判断点(x,y)是否在圆环内，只需看它是否满足条件 $a^2 \leqslant (x^2+y^2) \leqslant b^2$ 即可。

程序代码如下：

```
#include <stdio.h>
void main()
{
      float x,y;
      int a,b;
      printf("按格式%%f%%f 给 x, y 赋值:");
      scanf("%f%f",&x,&y);
      printf("输入圆环的内、外半径:\n");
      scanf("%d%d",&a,&b);
      if ( (x*x + y*y) >= a*a && (x*x + y*y) <= b*b)
            printf("点(%.2f,%.2f)是圆环内的点。\n",x,y);
      else
            printf("点(%.2f,%.2f)不是圆环内的点。\n",x,y);
}
```

程序运行如下：

```
按格式%f%f 给 x, y 赋值: 4.8 5↙
输入圆环的内、外半径:
4 8↙
点(4.80, 5.00)是圆环内的点。
```

（3）多分支结构

多分支结构的一般格式为：

```
if (表达式 1) 语句 1 ;
else if ( 表达式 2 ) 语句 2 ;
else if ( 表达式 3 )语句 3 ;
⋮
else if ( 表达式 n-1 )语句 n-1 ;
else 语句 n ;
```

其中，表达式指的是一个条件。

该语句的执行过程是：先判断条件 1（表达式 1），若条件 1 成立，就执行语句 1 后，退出该 if 结构；否则，再判断条件 2（表达式 2），若条件 2 成立，则执行语句 2 后，退出该 if 结构；否则，再判断条件 3（表达式 3），若条件 3 成立，则执行语句 3 后，退出该 if 结构；……

多分支语句的算法如图 3-8 所示。

注意，多分支结构可在条件为真时执行指定的操作，条件为假时，进一步判断下一步条件。

【例 3-16】　用多分支结构求解例 3-14。

分析：程序算法如图 3-9 所示。

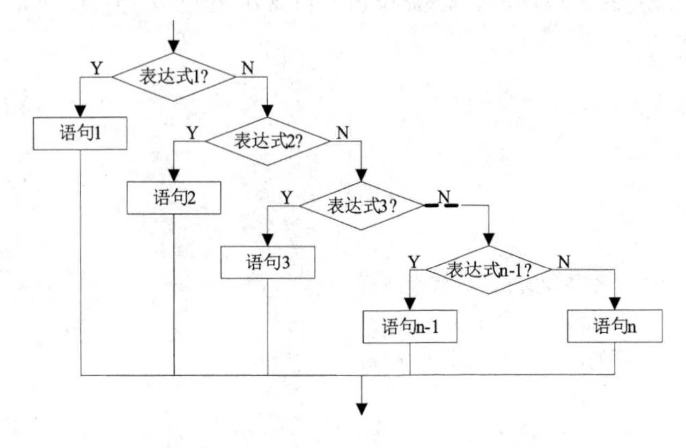

（a）流程图

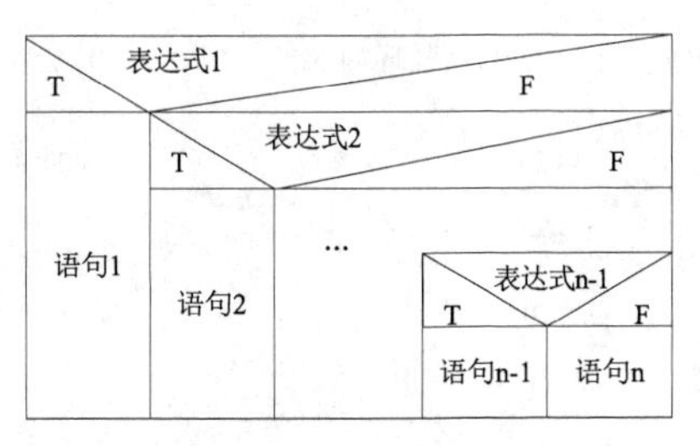

（b）N-S 结构图

图 3-8　多分支语句的算法

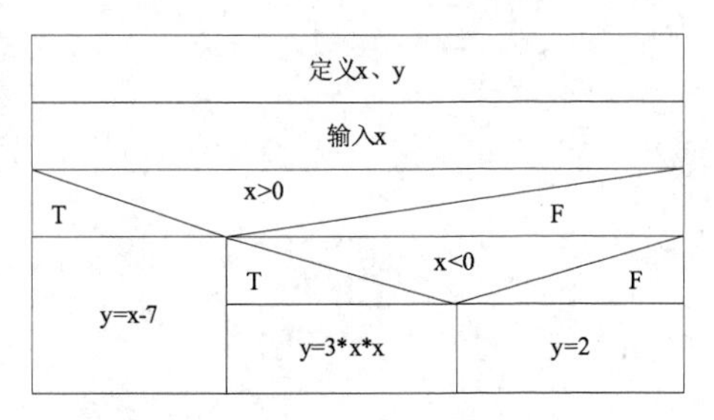

图 3-9　多分支求解分段函数算法

程序代码如下：

```
#include <stdio.h>
void main()
{
    float x,y;
    printf("按格式%%f 输入数据：\n");
    scanf("%f",&x);
    if (x > 0)    y = x-7;
    else if (x<0) y = 3*x*x;
    else y = 2;
    printf("%.2f \n",y);
}
```

程序运行如下：

```
按格式%f 输入数据:
3.8↙
-3.20
```

2. if 语句的几点说明：

（1）在 3 种形式的 if 语句中，条件（表达式）一般为逻辑表达式或关系表达式，程序在执行到该语句处时，先判断该表达式的值，若为“0”，则为“假”，说明条件不成立；若为“1”，则为“真”，说明条件成立；根据条件成立否，再执行指定的语句。

例如：

```
if ( x > 0 ) printf(" x > 0\n");
```

当 x>0 时，输出“x > 0”。

（2）由于 C 语言没有逻辑型数据，通常使用“非 0”的数据代表“真”，数据“0”代表“假”。因此，条件表达式可以是任意的数值类型，如整型、实型、字符型等。

例如：

```
int x;
scanf("%d",&x);
if (x )
      printf("x 不等于 0");
else
      printf("x 等于 0");
```

（3）在 3 种形式的 if 语句中，语句均为内嵌语句，故分号不可省略。同时，内嵌语句可由单个语句组成，也可由多个语句组成。当内嵌语句为多语句时，应将它放入到花括号中，即构成复合语句。

例如，将 a，b 两数中的大数放入 a 中。

```
if (a<b)
      { x= a;a = b;b =x; }
```

（4）在书写程序时，常采用缩进格式进行书写，以突出程序的结构，便于阅读、修改。

（5）用条件表达式完成分支结构程序。

条件表达式的运算过程与双分支的 if 语句执行过程相同，但它不能完全取代双分支的 if 语句。试比较下例：

```
if (a > b)    x = a ;
else          x = b ;
```

等价于：

```
x = a > b ? a:b
```

又如：

```
int x,y;
if (x > y)    printf("%d\n",x);
else          printf("%d\n",x);
```

等价于：

```
printf("%d\n",x > y ? x : y);
```

而下例则不能使用条件表达式。

```
if (a > b)    x = a ;
else          y = b ;
```

3. if 语句的嵌套

在 if 语句中又包含有一个或多个 if 语句，称为 if 语句的嵌套。一般形式：

if(表达式 1) if(表达式 2) 语句 A

该形式为单分支 if 语句的内嵌语句，本身又是一个单分支 if 语句。程序在执行时先判断表达式 1，若条件 1 成立，再判断表达式 2，当条件 2 成立时，才会执行语句 A，否则跳过 if 语句，执行 if 的后续语句。

由一般形式又可引出双分支语句的嵌套形式，例如：

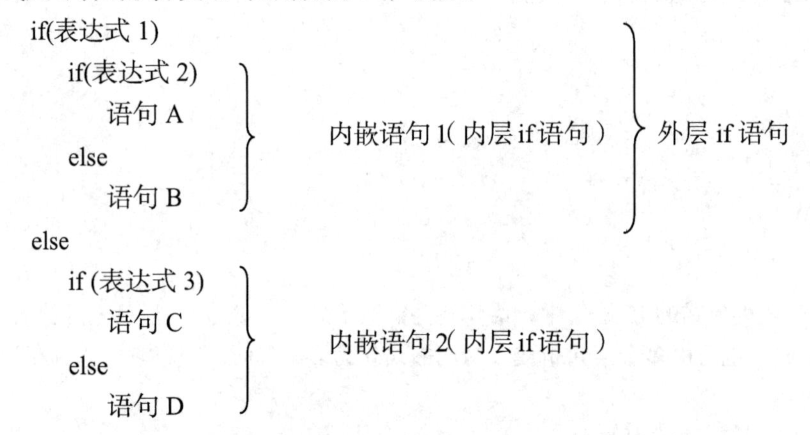

在 if 语句的嵌套中，应当注意：

（1）else 后面的 if 语句可以是各种格式的 if 语句，此时就等价于多分支语句。

（2）if 和 else 之间内嵌的 if 语句可以是一个双重或多重分支 if 语句，此时内嵌的 if 语句可以不用花括号括起。

（3）如果 if 和 else 之间内嵌的 if 语句是一个简单 if 语句，则必须用花括号将其括起来。

例如：

```
if (表达式 1)
    { if (表达式 2) 语句 1 }
else 语句 2
```

若不加花括号，该程序段的结构为：

```
if (表达式 1)
    if (表达式 2)
        语句 1
    else
        语句 2
```

上面两段语句的判断意义完全不同。

在多个 if～else 的嵌套中，如果没有使用花括号，C 语言规定从最内层开始，else 总是与它上面最近的还没有配对的一个 if 配对。

例如：

```
if (表达式 1) if (表达式 2) 语句 A
else 语句 B
else 语句 C
```

等价于

```
if (表达式 1)
    if (表达式 2)
      语句 A
    else
      语句 B
else
    语句 C
```

（4）内层的选择结构必须完整地嵌套在外层的选择结构内，两者不允许交叉。

（5）程序嵌套的层次，不可过多。在一般情况下多使用 if～else～if 语句，少使用 if 语句的嵌套结构，以使程序更便于阅读理解。

【例 3-17】　任意输入 3 个数，按由大到小的顺序输出。

方法一：

思路：设 3 个数分别为 a、b、c，将数两两比较，则得其算法如图 3-10 所示。

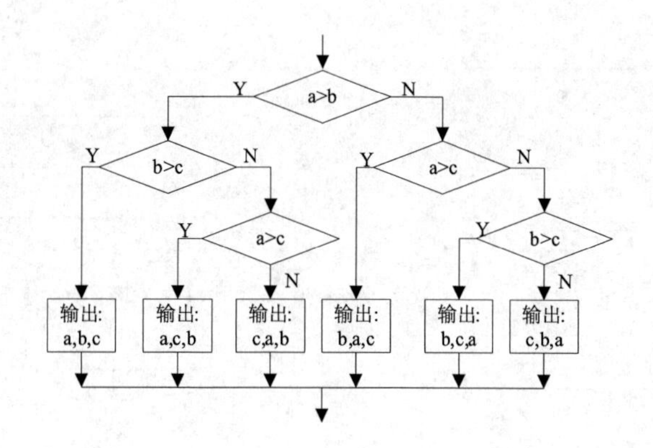

（a）流程图

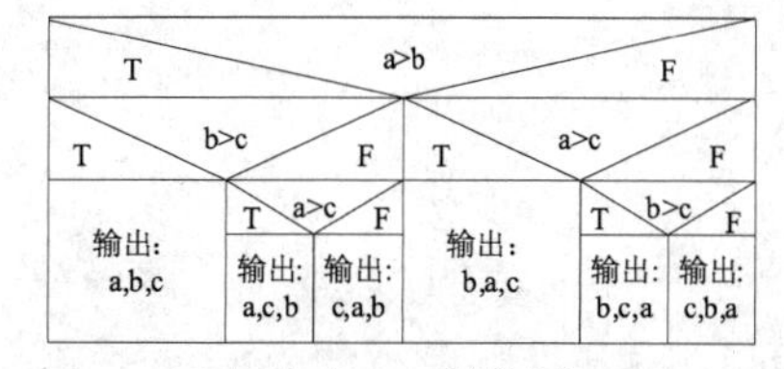

（b）N-S 结构图

图 3-10　三个数排序输出的分支嵌套算法

程序代码如下：

```
#include <stdio.h>
void main()
{
     int a, b, c;
     printf("送数%%d %%d %%d :\n");
     scanf("%d%d%d",&a,&b,&c);
     if (a >b)
          if (b > c )
               printf("%d,%d,%d\n", a, b, c);
          else if (a > c )
               printf("%d,%d,%d\n",a,c,b);
          else
               printf("%d,%d,%d\n",c,a,b);
     else
          if (a > c )
               printf("%d,%d,%d\n",b,a,c);
          else if (b>c)
               printf("%d,%d,%d\n",b,c,a);
          else
               printf("%d,%d,%d\n",c,b,a);
}
```

方法二：

思路：设 3 个数分别为 a、b、c，将 a 与 b 中的大数放入 a，小数为 b；再将 a 与 c 比，使 a 成为最大数；最后 b 与 c 比，使 b 成为次大数。其算法如图 3-11 所示。

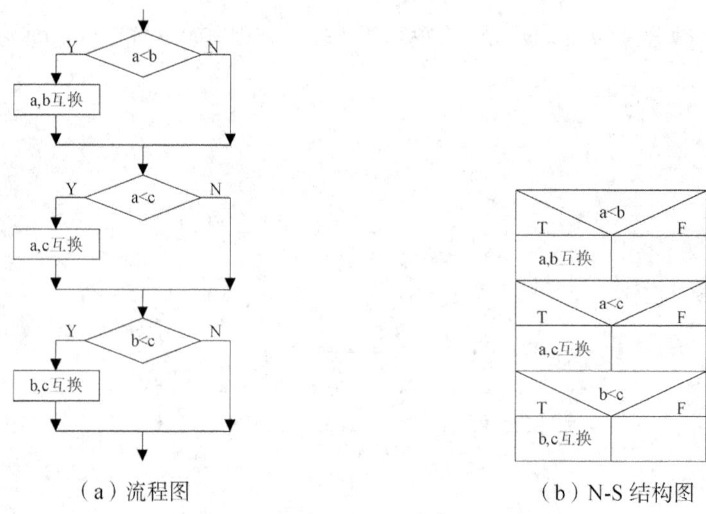

（a）流程图　　（b）N-S 结构图

图 3-11　3 个数排序输出的简单 if 结构算法

程序代码如下：

```
#include <stdio.h>
void main()
{
     int a,b,c,k;
     printf("按格式%%d%%d%%d 送数: \n");
     scanf("%d%d%d",&a,&b,&c);
     if (a <b)
```

```
            {k = a ;a = b ;b = k ;}
        if (a <c)
            {k = a ;a = c ;c = k ;}
        if (b<c)
            {k = b ;b = c ;c = k ;}
        printf("%d, %d, %d\n",a,b,c);
}
```

程序运行如下：

```
按格式%d%d%d 送数：
9 45 14↙
45,14,9
按格式%d%d%d 送数：
-13 12 0↙
12,0,-13
```

3.3.2　switch 多路开关语句

C 语言提供了一个用于多分支的 switch 语句，用它来解决多分支问题更加方便有效。switch 语句也称开关语句，其格式如下：

```
switch(表达式)
{
    case <常量表达式 1> :[语句 1 ;][break ; ]
    case <常量表达式 2> :[语句 2 ;][break ; ]
    …
    case < 常用表达式 n-1 > :[ 语句 n-1 ;][break ; ]
    [default : 语句 n ;]
}
```

式中，switch 为关键字，其后用花括号括起部分称为 switch 的语句体。“表达式”可以是整型表达式，或字符表达式，或枚举表达式。case 常量表达式 1 ～（ n － 1 ）：case 也是关键字。常量表达式应与 switch 后的表达式类型相同，且各常量表达式的值不允许相同。

语句 1 ～ n ：可省略，或为单语句，或为复合语句。

default：关键字，可省略，也可出现在 switch 语句体内的任何位置，但程序依 switch 语句体的顺序执行。

break：退出 switch 语句。break 语句用于结束当前 switch 语句，跳出 switch 语句体，执行后面的语句。当遇到 switch 语句的嵌套时，break 只能跳出当前一层的 switch 语句体，而不能跳出多层 switch 的嵌套语句。

程序在执行到 switch 语句时，首先计算表达式的值，然后将该值与 case 关键字后的常量表达式的值逐个进行比较，一旦找到相同的值，就执行该 case 及其后面的语句，直到遇到 break 语句，才会退出 switch 语句。若未能找到相同的值，就执行 default 语句后，退出 switch 语句。

例如，下面的程序段是根据考试成绩的等级输出百分制分数段。

```
switch(grade)
{
     case 'A' :printf("85 ~ 100\n");
     case 'B' :printf("70 ~ 84\n");
     case 'C' :printf("60 ~ 69\n");
     case 'D' :printf("不及格\n");
     default :printf("输入错误!\n");
}
```

若 grade ='B'，程序在执行到 switch 语句时，按顺序与 switch 的语句体逐个比较。当在 case 中找到与 grade 相匹配的'B'时，由于没有 break 语句，程序将从 case 'B'：开始，向后顺序执行，输出：

```
70 ~ 84
60 ~ 69
不及格
输入错误!
```

而在上面的 switch 语句中加入 break 语句后：

```
switch (grade)
{
    case 'A' :printf("85 ~ 100\n"); break ;
    case 'B' :printf("70 ~ 84\n"); break ;
    case 'C' :printf("60 ~ 69\n"); break ;
    case 'D' :printf("不及格\n"); break ;
    default :printf("输入错误!\n");
}
```

此时若 grade 的值不变，则只输出：

```
70 ~ 84
```

说明：

（1）switch 后面表达式两边有圆括号，switch 下的花括号“{}”不能省略，其作用是将各 case 和 default 子句括在一起，让计算机将多分支结构视为一个整体。

（2）case 和 default 的冒号后面如果有多条语句，则不需要用花括号括住，程序流程会自动按顺序执行 case 后所有的语句；case 和常量表达式之间必须有空格。

（3）表达式的值可以是整型或字符型，如果是实型数据，系统会自动将其转换成整型或字符型。在同一个 switch 语句中，任意两个 case 的常量表达式值不能相同。

（4）switch 语句中若没有 default 分支，则当找不到与表达式相匹配的常量表达式时，不执行任何操作；default 语句可以写在语句体的任何位置，也可以省略不写。

（5）C 语言允许 switch 语句嵌套使用，而内层和外层 switch 语句的 case 中，或者两个并列的内层 switch 语句的 case 中，允许含有相同的常量值。

（6）多个 case 可以共同使用一个语句序列，例如：

```
switch(m)
```

```
{
    case 1 :
    case 3 :
    case 5 :printf("*** \n"); break ;
    case 2 :
    case 4 :
    case 6 :printf("**** \n"); break ;
}
```

在上例中，若 m = 2，与 case 中的 2 匹配，由于该分支中没有语句，因而顺序向下执行直至输出“ **** ”退出。在这里，当 m 的值为 1、3、5 时输出相同为“ *** ”；m 的值为 2、4、6 时输出相同为“ **** ”。

3.4　循环结构程序设计

循环结构也称重复结构，是程序设计 3 种基本结构之一。利用循环结构进行程序设计，一方面降低了问题的复杂性，减少了程序设计的难度；另一方面也充分发挥了计算机自动执行程序、运算速度快的特点。

循环就是重复执行一组指令或程序段。在程序中，需反复执行的程序段称为循环体，用来控制循环进行的变量称为循环变量。在程序设计过程中，要注意程序循环条件的设计和在循环体中对循环变量的修改，以免陷入死循环。在实际应用中根据问题的需要，可选择用单重循环或多重循环来实现循环，并要处理好各循环之间的依赖关系。

C 语言提供的循环语句有 3 种，即 while 语句，do～while 语句和 for 语句。for 循环的使用较为灵活，且不需要在循环体中对循环变量进行修改；而 while 和 do～while 必须在循环体中对循环变量进行修改。

在程序设计时应根据实际需要，合理选择实现循环的语句。

3.4.1　while 语句

while 语句用来实现“当型”循环的结构。其格式如下：

```
while ( < 表达式 > ) 语句
```

其中，表达式的作用是进行条件判断的，为一关系表达式或逻辑表达式。语句是 while 语句的内嵌语句，该语句可能是一个语句，也可能是多个语句构成的复合语句，如果是复合语句，则需要用花括号括起来。

当程序执行到 while 语句时，先判断条件（表达式）的值，若条件为真（非 0），则执行 while 语句的内嵌语句，然后再判断条件……当条件为假（0）时，执行 while 后面的后续语句。while 循环的算法如图 3-12 所示。

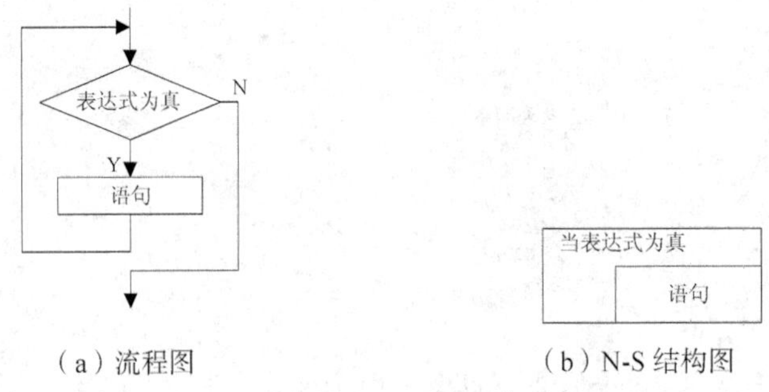

（a）流程图　　　　（b）N-S 结构图

图 3-12　while 循环的算法

例如：

```
t= 10;
while (t>=0)
    t--;
printf("t=%d\n",t);
```

在程序段中，变量 t 的初值为 10。执行 while 语句时，先判断条件 t>=0 成立，则执行内嵌语句 t--，自减后，t 为 9；再判断条件依旧成立，如此循环，直至 t=-1，条件不再成立，则退出循环，输出 t 的值为-1。在这里 t--被反复执行，是循环结构中的循环体，变量 t 用来控制循环是否进行，是循环变量。注意，循环结束时，t 的值是-1，而不是 0。

while 语句的特点是：先判断条件（表达式），再执行循环体（循环体语句）。

说明：

（1）while 语句的作用是当条件成立时，使语句反复执行（即循环体）。为此，在 while 的内嵌语句中应该增加对循环变量进行修改的语句，使循环趋于结束，否则将使程序陷入死循环。

例如：

```
x=10;
while (x>0)
    printf("%d\n",x);
```

应改为：

```
x=10;
while(x-->0)
    printf("%d\n",x);
```

（2）在循环体中，循环变量的值可以被使用，一般不允许对循环变量重新赋值，以免程序陷入死循环。例如：

```
int x,s,t;
x=s=10;
while(x-->0)
     s=x+t; /* 使用 x 的值*/
```

错误的程序：

```
int x,t;
x= t= 10;
while(x-->0)
     x= t; /* 给循环变量 x 重新赋值，程序将陷入死循环*/
```

（3）语句可以为空语句，也可以为单语句，或者是一个复合语句。

例如，为空语句时：

```
while (x) ; /* 分号不能省 */
```

为单语句时：

```
x = 1 ;
while (x<10)
    x++ ;
```

为复合语句时：

```
int s, t, x;
t=x=10;
while ( x>0 )
{
    s=x+t;
    x--;
}
```

（4）若条件表达式只用来表示等于零或不等于零的关系时，条件表达式可以简化成如下形式：

```
while (x!=0) 可写成 while (x)
while (x==0) 可写成 while (!x)
```

3.4.2　do～while 语句

do～while 语句也可用来实现程序的循环，其格式为：

```
do < 语句A >
while (< 表达式 >);
```

其中，语句 A 与表达式的作用同 while 语句。当程序执行到 do～while 语句时，先执行内嵌语句 A（循环体），再判断表达式（条件），当表达式的值为非 0（真）时，返回 do 重新执行内嵌语句，如此循环，直到表达式的值为 0（假）为止，方才退出循环。do～while 循环的算法如图 3-13 所示。

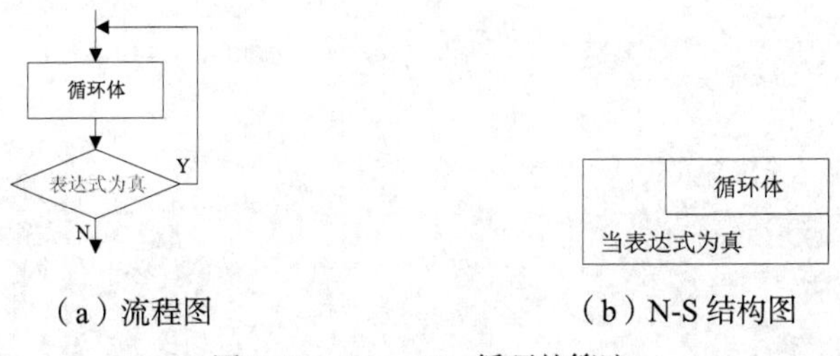

（a）流程图　　（b）N-S 结构图

图 3-13　do～while 循环的算法

例如：

```
i = 10 ;
do i--;
while ( i >= 0 );
printf(" i = %d \n ",i);
```

在程序段中，变量 i 初值为 10。执行 do 语句时，先执行内嵌语句 i--，自减后，i 为 9；再判断条件 i>=0 成立，则继续执行内嵌语句 i--后，条件依旧成立；如此循环，直至 i= −1，条件不再成立为止，退出循环。此时，输出 i 的值为−1。在 do～while 语句中，是先执行循环体，再判断条件的。注意，在 do～while 语句中，while 语句后的条件处有一个分号。

do～while 语句的特点：

（1）先执行语句 A，再判断条件（表达式），确定是否需要循环。

（2）从程序的执行过程看，do～while 循环属于“直到型”，但在程序的执行和书写过程中，应注意比较 do～while 循环与“直到型”循环的区别。图 3-14 是二者比较的方框图。

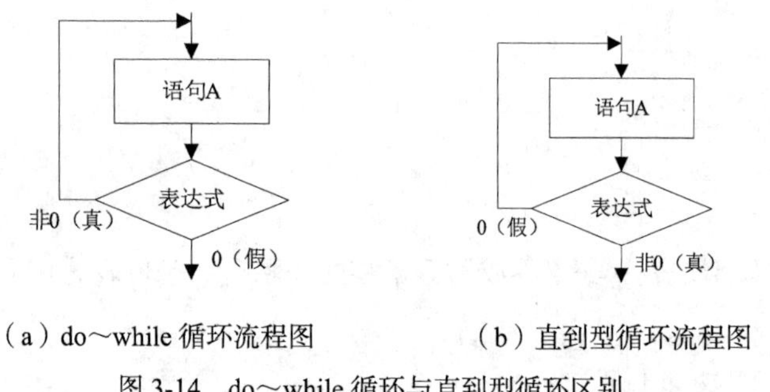

（a）do～while 循环流程图　　（b）直到型循环流程图

图 3-14　do～while 循环与直到型循环区别

和 while 语句一样，用 do～while 语句编程时，应注意对循环变量进行修改；当内嵌语句 A 包含一个以上语句时，应用复合语句表示；do～while 语句是以 do 开始，以 while 条件后的分号结束的。

【例 3-18】 某班有 N 个学生，已知他们参加某次考试的成绩（0～100 间的整数），求全班同学的平均成绩。

分析：平均成绩等于全班成绩的和除以总人数。

程序代码如下：

```
#include <stdio.h>
void main()
{
    int n,i,score,sum;
    float average;
    printf("请输入全班总人数:\n");
    scanf("%d",&n);
    i = sum = 0 ;
    do
    {
```

```
        i++;
        printf( " 请输入第%d 同学的成绩: \n " ,i);
        scanf( " %d " ,&score);
        sum + = score ;
    }
    while (i <= n );
    average =(float)sum / n ;
    printf( " 全班同学的平均成绩为:%.2f。\n " ,average);
}
```

程序运行如下：

```
请输入全班总人数: 5↙
请输入第 1 同学的成绩: 80↙
请输入第 2 同学的成绩: 70↙
请输入第 3 同学的成绩: 50↙
请输入第 4 同学的成绩: 60↙
请输入第 5 同学的成绩: 90↙
全班同学的平均成绩为: 70.00。
```

在一般情况下，使用 while 语句和 do～while 语句处理同一个问题时，若二者的循环体相同，那么结果也相同。但当 while 语句的条件一开始就不成立时，两种循环的结果是不同的。例如：

（1）

```
#include <stdiolh>
void main()
{
    int t,sum=0;
    scanf("%d",&t);
    while (t<=10)
     { sum+=t;
       t++;
     }

     printf("sum=%d\n",sum);
}
```

程序运行如下：

```
1↙
sum=55
```

再运行一次：

```
11↙
sum=0
```

（2）

```
#include <stdiolh>
void main()
{
    int t,sum=0;
    scanf("%d",&t);
    do
     { sum+=t;
       t++;
     } while (t<=10);

     printf("sum=%d\n",sum);
}
```

程序运行如下：

```
1↙
sum=55
```

再运行一次：

```
11↙
sum=11
```

3.4.3　for 语句

for 语句是 C 语言中使用最为灵活的语句，不论循环次数是已知，还是未知，都可以使用 for 语句。for 语句的格式如下：

```
for ( [表达式 1];[表达式 2];[表达式 3] )
```

语句

for 语句的执行过程如下：

step 1：先计算表达式 1 的值；

step 2：再计算表达式 2（条件）的值，若表达式 2 的值为非 0（“真”，条件成立），则执行 for 语句的循环体语句，然后再执行第 3 步。若表达式 2 的值为 0（“假”，条件不成立），则结束 for 循环，直接执行第 5 步。

step 3：计算表达式 3 的值。

step 4：转到 step 2。

step 5：结束 for 语句（循环），执行 for 语句后面的后续语句。

for 语句的算法如图 3-15 所示。

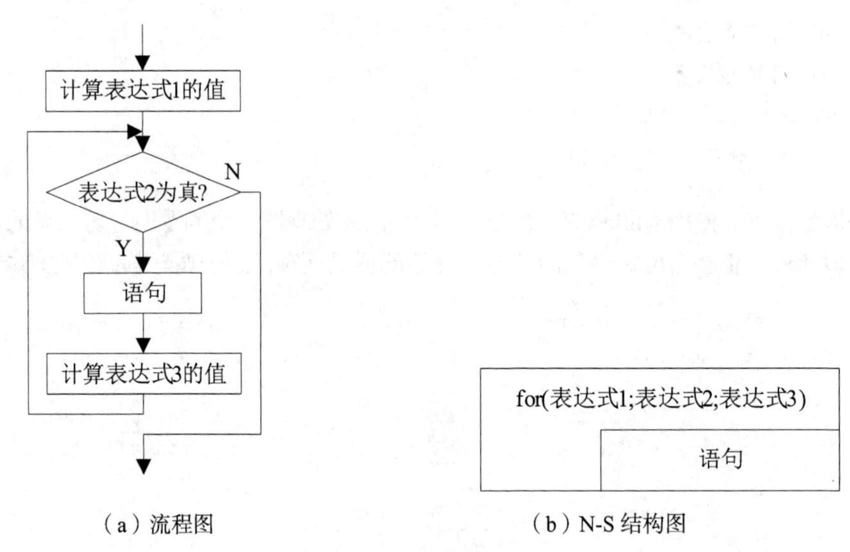

（a）流程图　　（b）N-S 结构图

图 3-15　for 循环的算法

例如：

```
for ( i = 1 ;i <= 100 ;i++ ) sum = sum + i ;
```

是一个简单的 for 循环语句。

说明：

（1）在 for 语句中，表达式 1 通常用来给循环变量赋初值；表达式 2 用来对循环条件进行判断；表达式 3 通常用来对循环变量进行修改。因此，for 语句也可以写成如下形式：

```
for ( 循环变量赋初值;循环条件;循环变量增值 )
      语句
```

（2）表达式 2 省略，则认为表达式 2 始终为真，程序会陷入死循环。因此表达式 2 最好不省略。

例如：

```
for ( i = 0 ; ;i++ )  s += i ;
```

等价于

```
for ( i = 0 ;1 ;i++ )  s += i ;
```

（3）3 个表达式可以全部或部分的省略，但需在适当的位置对循环条件进行设置，对循环变量进行修改，防止程序进入死循环，注意“;”不可省略。例如：

```
for （ ; ;） 语句
```

① 如果省略表达式 1，则应该在 for 语句之前给循环变量赋值。例如：

```
    i=1;                                  /* 对循环变量赋初值 */
    for (  ; i<=100; i++) sum+=i;
```

② 如果省略表达式 2（即不判断循环条件），循环将无终止的进行。为避免死循环，应该在循环体中包含能够改变程序执行流程的语句。例如：

```
     for (i=1;   ; i++)
     { sum+=i;
       if (i>=100) break; /* 设置循环条件 */
     }
```

③ 如果省略表达式 3，则循环体中应有使循环趋于结束的操作。例如：

```
for(i=1; i<=100;   )
{ sum+=i;
  i++;                          /* 修改循环变量 */
}
```

（4）C 语言的 for 语句书写灵活，表达式 1 和表达式 3 可以是一个简单表达式，也可以是一个逗号表达式；它可以与循环变量有关，也可以与循环变量无关。例如：

```
for (x=0,y=0;x+y<=10;x++,y++)    /* 表达式 1，表达式 3 为逗号表达式*/
     s=x+y;
```

又例：

```
i=0;
for (sum=0;i<=10;sum++)
{
     sum += i;
     i++;
}
```

但表达式过多会降低程序的可读性。建议编写程序时，圆括号内仅包含能对循环进行控制的表达式，其他的操作尽量放在循环体内去完成。

3.4.4 3 种循环语句的比较

3 种循环语句都可以对同一个问题进行处理。一般情况下，3 种循环语句可以互换，其中 while（…）语句与 do～while（…）语句基本等价。表 3-4 列出了 3 种循环语句的区别。

表 3-4　　3 种循环语句的区别

	for（表达式 1；表达式 2；表达式 3） 语句	while（表达式） 语句	do {语句 }while（表达式）;
循环类别	当型循环	当型循环	直到型循环
循环变量初值	一般在表达式 1 中	在 while 之前	在 do 之前
循环控制条件	表达式 2 非 0	表达式非 0	表达式非 0
提前结束循环	break	break	break
改变循环条件	一般在表达式 3	循环体中用某条语句	循环体中用某条语句

如用 while 语句编写例 3-18 程序，程序代码如下：

```
#include <stdio.h>
void main()
{
      int n,i,score,sum;
      float average;
      printf("请输入全班总人数:\n");
      scanf("%d",&n);
      i = sum = 0 ;
      while (i <= n )
            { i ++;
              printf("请输入第%d 同学的成绩:\n",i);
              scanf("%d",&score);
              sum + = score ;
            }
      average =(float)sum / n ;
      printf("全班同学的平均成绩为:%.2f。\n",average);
}
```

说明：

（1）3 种循环语句中 for 语句功能最强大，使用最多，任何情况的循环都可以使用 for 语句实现。for 语句可以等价于如下形式的 while 语句：

```
表达式 1;
 while(表达式 2)
      { 语句
      表达式 3;
      }
```

（2）当循环体至少执行一次时，使用 do～while 语句与 while 语句等价。如果循环体可能一次也不执行，则只能使用 while 语句或 for 语句。

3.4.5　循环嵌套

如果在一个循环内完整地包含另一个循环结构，则称为多重循环（或循环嵌套），嵌套的层数可以根据需要而定，嵌套一层称为二重循环，嵌套二层称为三重循环。

上面介绍的几种循环控制结构可以相互嵌套，下面是几种常见的二重嵌套形式。

（1）
```
for(...)
{...
    for(...)
    { ...
     }
}
```

（2）
```
for(... )
{...
    while (... )
    { ...
    }
}
```

（3）
```
while (... )
{ ...
    for(...)
    {...
    }
}
```

（4）
```
while (... )
{ ...
    while (...)
    {...
    }
}
```

（5）
```
do
  { ...
    for(...)
     {...
      }
} while (... );
```

（6）
```
do
   { ...
     do
      {...
         }while (... );
} while (... );
```

【例 3-19】　打印由数字组成的如下所示的金字塔图案。

```
         1
        222
       33333
      4444444
     555555555
    66666666666
   7777777777777
  888888888888888
 99999999999999999
```

编程分析：打印图案一般可由多重循环实现，外循环用来控制打印的行数，内循环控制每行的空格数和字符个数。实现打印此金字塔图案的程序代码如下。

```
#include <stdio.h>
void main()
{
     int i, k, j;
     for(i=1;i<=9;i++)                      /* 外循环控制打印行数 */
          {for（k=1;k<=10-i; k++）           /* 每行起始打印位置 */
                printf(" ");
          for (j= 1 ; j<= 2* i- 1 ; j++)     /* 内循环控制打印个数 */
```

```
            printf("%c",48+i);          /* 打印内容为数字 1,因为数字 1 的ASCII 码为 49 */
        printf("\ n");                  /* 换行 */
            }
}
```

3.5 break 和 continue 语句

3.5.1 break 语句

格式：

```
break;
```

作用：在循环结构中，可从循环体内跳出循环体，提前结束该层循环，继续执行后面的语句，或从 switch 结构中跳出。

例如：

```
for (i=5;i<=10;i++)
{
    printf("i=%d\n",i);
    break;
}
```

break 语句只能在 switch 语句和循环体中使用。当 break 语句在循环体中的某 switch 语句体内时，其作用是跳出该 switch 语句体。当 break 语句在循环体中的 if 语句体内时，其作用是跳出本层循环体。在多层嵌套结构中，break 语句只能跳出一层循环或者一层 switch 语句体，而不能跳出多层循环体或多层 switch 语句体。

试比较下面两个程序段：

程序段一：

```
for (i=1;i<=5;i++)
    switch (i)
       {case 1: printf("*\n");break;
        case 2: printf("**\n");break;
        case 3: printf("***\n");break;
        case 4: printf("****\n");break;
        case 5: printf("*****\n");break;
    }
printf("i=%d\n",i);
```

该程序段的运行如下：

```
*
**
***
****
*****
i=6
```

程序段二：

```
for (i=1;i<=5;i++)
{
    if (i==1) { printf("*\n");break;}
    if (i==2) { printf("**\n");break;}
    if (i==3) { printf("***\n");break;}
    if (i==4) { printf("****\n");break;}
    if (i==5) { printf("*****\n");break;}
}
printf("i=%d\n",i);
```

该程序段的运行如下：

```
*
i=1
```

3.5.2　continue 语句

格式：

```
continue;
```

作用：结束本次循环，不再执行 continue 语句之后的循环体语句，直接使程序回到循环条件，判断是否提前进入下一次循环。

在不同的循环控制语句中使用 continue 时须注意，对 while 及 do～while 循环，是立即判断表达式的值；对 for 循环则是计算表达式 3 后接着判断表达式 2。

【例 3-20】　任意输入 10 个数找出其中的最大数和最小数。

分析：由于最大数、最小数的范围无法确定，因此，设第 1 个数为最大数、最小数，然后将其余 9 个数分别与最大数、最小数进行比较即可。

程序代码如下：

```
#include <stdio.h>
void main()
{
    int max,min,x,n;
    printf("请输入第 1 个数:\n");
    scanf("%d",&x);
    max = min = x ;
    for (n=2;n<=10;n++)
    {   printf("请输入第%d个数;\n", n);
        scanf("%d",&x);
        if (x> max) { max = x ; continue ; }
        if (x< min) min = x ;
    }
    printf("最大数为:%d ;最小数为:%d。\n",max,min);
}
```

程序运行如下：

```
请输入第 1 个数：20↙
请输入第 2 个数：5↙
请输入第 3 个数：12↙
请输入第 4 个数：8↙
请输入第 5 个数：100↙
请输入第 6 个数：6↙
请输入第 7 个数：9↙
请输入第 8 个数：44↙
请输入第 9 个数：30↙
请输入第 10 个数：51↙
最大数为：100 ；最小数为：5 。
```

在例 3-20 中，当 if(x >max)语句为真时，执行 continue 语句后，结束本次循环，即在该次循环中，不执行循环体语句 if (x < min) min = x ，转而直接执行 n++，再判断是否进入下次循环。只有当 if(x >max)语句为假时，才会执行循环体以及语句 if (x < min) min = x 。

注意，continue 语句只结束本次循环，而不是终止整个循环的执行。而 break 语句则是结束整个循环，程序从循环中跳出。若有以下两个循环结构：

```
（1）while （表达式 1）
{ …
if （表达式 2） continue ;
…
}
```

```
（2） while （表达式 1）
{ …
if （表达式 2） break ;
…
}
```

程序（1）的流程图如图 3-16（a）所示，程序（2）的流程图如图 3-16（b）所示。注意程序中，当表达式 2 为真时，continue 语句和 break 语句在流程中的转向。

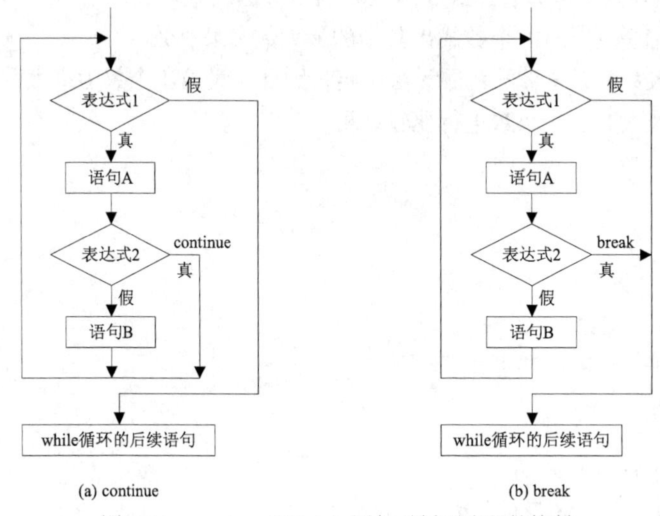

图 3-16　continue 和 break 语句对循环流程的控制

3.6　程序设计举例及案例研究

【例 3-21】　判断一个给定的数 m 是否为素数。如是素数则输出“Yes”，不是则输出“No”。

思路：素数是指除了能被 1 和自身整除外，不能被其他整数整除的自然数。判断一个整数 m 是否为素数的基本方法是：将 m 分别除以 2，3，…，m−1，若都不能整除，则 m 为素数。

设置循环控制变量 j 去除 m，算法如图 3-17 所示。

程序代码如下：

```
#include <stdio.h>
void main()
{
    int j,m,k;
    printf("Enter an integer number: ");
    scanf("%d",&m);
    if (m==0||m==1) printf("No\n");
    else
    {   for (j=2; j<=m-1; j++)
                if (m%j==0) break;
        printf("%d   ",m);
        if (j>=m)
                printf("Yes\n");
        else
                printf("No\n");
    }
}
```

说明：

（1）程序执行时有两种情况退出循环。一种是 m 不能被所有 j 整除，j 从 2 遍历到 m−1，循环正常终止，此时 j 的值为 m；另一种是 m 能被某个 j 整除，执行 break 语句退出循环，此时 j 的值一定是小于等于 m-1。因此循环结束时根据 j 的值就可以判断它是否为素数。

（2）为了提高效率，减少循环次数，可以对算法进行改进，令循环变量 j 的终值为 m/2 或 sqrt(m)。这样退出循环时，判别 j> m/2 或 j>sqrt(m)即可判定 m 是否为素数。

（3）也可以设置一个标志变量 flag，开始时赋初值为 1，在循环中只要 m%j 等于 0，就将 flag 置 0 后退出循环。循环退出后根据 flag 的值是否为 1 判定 m 是否为素数。

如果要输出 100～200 的所有素数，只要将 scanf 语句改成循环语句，使 m 的值从 100 变到 200，对每个 m 都判断是否为素数，如果是则输出该数。

【例 3-22】　哥德巴赫猜想之一是任何一个不小于 6 的偶数都可以表示为两个素数之和。如 6=3+3,8=3+5,10=3+7 等，试编程序验证。

思路：设 n 为大于等于 6 的任一偶数，将其分解为 n1 和 n2 两个数，使得 n1+n2=n，分别判断 n1 和 n2 是否为素数，若都是，则为一组解。若 n1 不是素数就不必再检查 n2 是否为素数。先从 n1=3 开始，直到 n1=n/2 为止。算法如图 3-18 所示，验证了 6～100 的所有偶数。

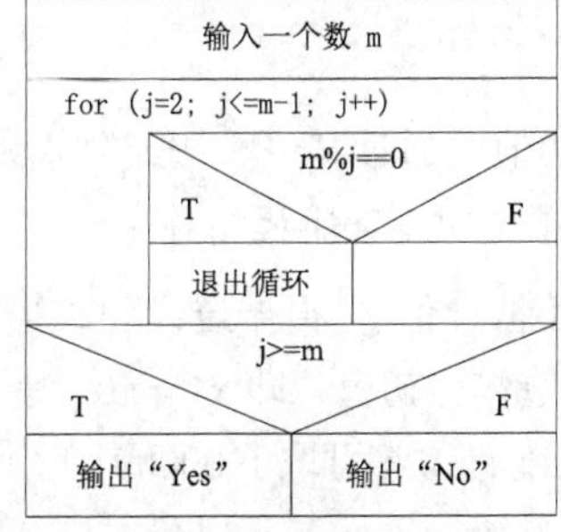

图 3-17　判断 m 是否为素数算法

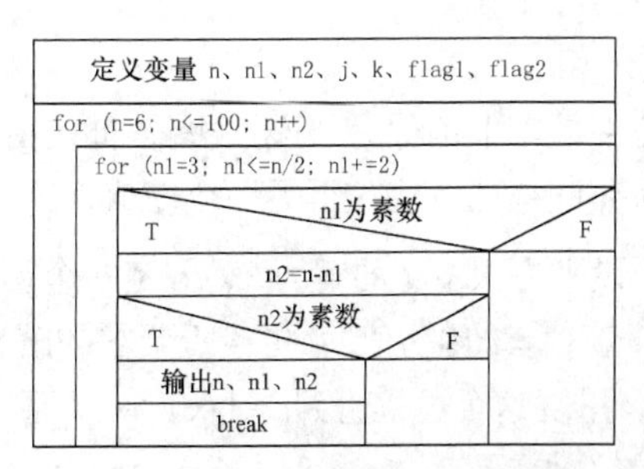

图 3-18　哥德巴赫猜想验证算法

程序代码如下：

```
#include <stdio.h>
#include <math.h>
void main()
{
    int n, n1, n2, j, k, flag1, flag2;
    for (n=6; n<=100; n+=2)
    {
        for (n1=3; n1<=n/2; n1++)
        {  flag1=1;
           k=sqrt(n1);
           for (j=2; j<=k; j++)
           if (n1%j==0) {flag1=0; break;}
           if (!flag1) continue;
           n2=n-n1;
           flag2=1;
           k=sqrt(n2);
           for (j=2; j<=k; j++)
           if (n2%j==0) {flag2=0; break;}
           if (flag2)
           {     printf("%3d=%2d+%2d\t",n,n1,n2);
           break;
        }
        }
    }
    printf("\n");
}
```

程序运行结果如下：

```
  6= 3+ 3      8= 3+  5     10= 3+ 7     12= 5+ 7     14= 3+11
 16= 3+13     18= 5+13      20= 3+17     22= 3+19     24= 5+19
 26= 3+23     28= 5+23      30= 7+23     32= 3+29     34= 3+31
 36= 5+31     38= 7+31      40= 3+37     42= 5+37     44= 3+41
 46= 3+43     48= 5+43      50= 3+47     52= 5+47     54= 7+47
 56= 3+53     58= 5+53      60= 7+53     62= 3+59     64= 3+61
 66= 5+61     68= 7+61      70= 3+67     72= 5+67     74= 3+71
 76= 3+73     78= 5+73      80= 7+73     82= 3+79     84= 5+79
 86= 3+83     88= 5+83      90= 7+83     92= 3+89     94= 5+89
 96= 7+89     98=19+79     100= 3+97
```

【例 3-23】 用迭代法求某个数的平方根。已知求平方根 $\sqrt{a}$ 的迭代公式为：

$$x_1 = \frac{1}{2}(x_0 + \frac{a}{x_0})$$

迭代法在数学上也称为“递推法”，都是由一给定的初值，通过某一算法或公式来获得新值，再由新值按照同样的算法获得另一个新值，这样经过有限次即可求得问题的解。

思路：设平方根 $\sqrt{a}$ 的解为 x，假定一个初值 x0=a/2（估计值），根据迭代公式得到一个新的值 x1，这个新值 x1 比初值 x0 更接近要求的解 x；再以新值作为初值，即 x1→x0，重新按原来的方法求 x1，重复这个过程直到| x1-x0|< ε（某一给定的精度，通常可取 0.000001），此时可将 x1 作为问题的解。

程序代码如下：

```
#include <stdio.h>
#include <math.h>
void main()
{
    float x,x0,x1,a;
    printf("Enter a number a=?\n");
    scanf("%f",&a);
    if (fabs(a)<0.000001)  x=0;
    else if (a<0)  printf("data error\n");
    else
    {    x0=a/2;
         x1 = 0.5 * (x0 + a/x0);
         while (fabs(x1-x0) > 0.000001)
         { x0 = x1;
           x1 = 0.5 * (x0 + a/x0);
         }
         x = x1;
    }
    printf("%f\'s sqrt is : %f\n",a,x);
}
```

本例中，if 语句在处理 a=0 的情况时，为什么不用（a==0）判断，而改用 fabs(a)<0.000001？请读者思考，读者也可以用此程序求得的结果与直接调用 C 语言库函数 sqrt(a)获得的结果进行对比。

【案例】猜数游戏及改进

某娱乐节目的猜价格游戏，要求游戏参加者在规定的时间内猜出某商品的价格，参加者随机给出一个价格，如果比正确值高，则提示高，如果比正确值低，则提示低，如果高很多或低很多，则提示差得远，如果接近了就提示还差一点点了。那么这样的实际问题需要采用哪种控制结构进行程序设计？

由于程序中需根据参加游戏者给出的价格来判断是高、是低或是猜中，因此考虑使用 if～else 语句控制程序流程进行猜数的小游戏。

简单起见，只要求输入 1～100 之间的数，如果不在此范围则提示出错并退出程序；否则判断输入的值与给定的值的关系，输出结果。另外，为安全起见，在开始要求用户输入密码，如果密码输入错误，则退出程序。

简单程序的功能说明和主要源代码如下：

```
#include <stdio.h>

void main( )
{
    int Password, Number, price=58;

    puts("Please input Password:");
    scanf("%d",&Password);
    if (Password != 1234)
    {
        printf("Password Error!\n");
        return;
```

```
    }

    puts("Please input a number between 1 and 100:");
    scanf("%d",&Number);
    if (Number>=1 && Number<=100)
    {
        printf("Your input nubmer is %d\n",Number);
    }
    else
    {
        printf("Input Error!\n");
    }

    if (Number>=90) printf("Too bigger!\n");
    else if (Number>=70 && Number<90) printf("Bigger!\n");
    else if (Number>=1 && Number<=30) printf("Too small!\n");
    else if (Number>30 && Number<=50) printf("Small!\n");
    else
    {
        if (Number==price) printf("OK! Your are right!\n");
        else printf("Sorry, only a little! please again!\n");
    }
}
```

上面的程序只给出了一次价格的结论，而实际的游戏需要参加者不断根据给出的结论修改价格值，并期待最终猜中价格，因此为实现此功能，需在上面的程序主体加上循环控制，直到猜中正确价格，则退出循环；另外，对于密码的输入，考虑到不小心按错键等情况，也需要允许用户多次输入密码进行验证，通常可控制次数为 3 次，该功能同样采用循环结构实现。

改进的程序功能说明和主要源代码如下：

```
#include <stdio.h>

void main( )
{
    int Password=0, Number=0, price=58, i=0;
    while(Password!=1234)
    {
        if (i>=3) return;
        i++;
        puts("Please input Password:");
        scanf("%d",&Password);
    }

    while(Number!=price)
    {
        do{
            puts("Please input a number between 1 and 100:");
            scanf("%d",&Number);
            printf("Your input nubmer is %d\n",Number);
        }while (!(Number>=1 && Number<=100));

        if (Number>=90) printf("Too bigger! Press any key to try again!\n");
```

```
        else if (Number>=70 && Number<90)
             printf("Bigger!Press any key to try again!\n");
        else if (Number>=1 && Number<=30)
             printf("Too small!Press any key to try again!\n");
        else if (Number>30 && Number<=50)
             printf("Small!Press any key to try again!\n");
        else
        {
            if (Number==price) printf("OK! Your are right! Bye Bye!\n");
            else printf("Sorry, Missed! Press any key to try again!\n");
        }
        getchar();
    }
}
```

本章小结

从程序执行的流程来看，程序可分为 3 种最基本的结构，即顺序结构、分支结构以及循环结构。

1. C 语言的输入/输出

C 语言没有提供专门的输入/输出语句，所有的输入/输出都是由调用标准库函数中的输入/输出函数来实现的。

scanf 和 printf 函数能够在标准输入/输出设备上按照格式控制输入/输出数据。系统提供了多种格式说明符，分别用于输入/输出整型、实型和字符型数据。

getchar 和 putchar 函数能够在标准输入/输出设备上输入/输出一个字符。

使用以上函数时必须在程序开头用#include <stdio.h>编译预处理命令将头文件包含到源文件中。

2. C 语言提供多种形式的分支语句以实现分支结构

if 语句有简单分支、双重分支和多重分支 3 种格式。if 的简单分支格式用于实现单向选择结构，if～else 双重分支语句用于实现双向选择结构，if～else if 语句和 switch 语句用于实现多向选择结构。

if 语句嵌套时，内嵌语句如果包含多条语句，则必须用花括号将它们括起来。else 总是和它前面离它最近的还没有与其他 else 配对的 if 配对使用。如果要改变这种配对关系，必须用花括号进行调整。

3. C 语言提供了 3 种循环控制语句

while 语句和 for 语句要先计算判断表达式的值，决定是否执行循环体，因此循环可能一次也不执行；do～while 语句则先执行循环体，再计算判断表达式的值，因此循环体至少被执行一次。一般情况下，3 种循环语句可以相互替换。

循环体中又包含了循环语句被称为循环嵌套。多重循环执行时，外层循环每执行一次，内层循环都需要循环执行多次。

break 和 continue 语句都能实现循环流程的转移控制。其中 continue 语句只能用在循环语句中，break 语句还可以用在 switch 语句中以实现程序的选择控制。

习　题

一、单选题

1. 下面语句中，错误的是（　　）。

A. m=c>a<b;　　B. int x=y=9;　　C. k=x,y>0;　　D. w++==--m?0:1;

2. 以下程序段的输出结果是（　　）。

```
int u=020, v=0x20, w=20;
printf("%d,%d,%d\n",u,v,w);
```

A. 16,32,20　　B. 20,20,20　　C. 16,16,20　　D. 32,16,20

3. 下面的程序在运行时，如果从键盘上输入 98765432156↙（↙表示按回车键），则程序的输出结果是（　　）。

```
#include <stdio.h>
void main()
{  int a;  float b,c;
   scanf("%2d%3f%4f",&a,&b,&c);
   printf("\na=%d,b=%f,c=%f\n",a,b,c);
}
```

A. a=98,b=765,c=4321　　B. a=98,b=765.000000,c=4321.000000

C. a=98,b=765.0,c=4321.56　　D. a=98,b=765.0,c=4321.0

4. 已知 int a=8, b=10, c=16; 执行下面的程序段后 a、b、c 的值是（　　）。

```
if (a>b) c=a; a=b; b=c;
```

A. 8，10，6　　B. 10，10，16

C. 10，16，8　　D. 10，16，16

5. 执行以下程序，输出结果为（　　）。

```
#include <stdio.h>
void main()
{ int a=10,b=0;
  if (a==10)
           a=a+1;b=b+1;
  else
           a=a+4;b=b+4;
  printf("%d,%d\n",a,b);
}
```

A. 11，1　　B. 14，1　　C. 14，4　　D. 有语法错误

6. 以下关于 switch 语句的叙述中，错误的是（　　）。

A. switch 语句允许嵌套使用

B. 语句中必须有 default 部分，才能构成完整的 switch 语句

C. 只有与 break 语句结合使用，switch 语句才能实现程序的选择控制

D. 语句中各 case 与后面的常量表达式之间必须有空格

7. 下面程序段的内循环体一共需要执行（　　）次。

```
for (i=5; i; i--)
          for (j=0; j<4; j++)
                    {…}
```

A. 15　　B. 16　　C. 20　　D. 25

8. 下面叙述中正确的是（　　）。

A. do～while 语句构成的循环不能用其他语句构成的循环代替

B. do～while 语句构成的循环只能用 break 语句退出

C. 用 do～while 语句构成的循环，在 while 语句后的表达式为零时结束循环

D. 用 do～while 语句构成的循环，在 while 语句后的表达式为非零时结束循环

9. 以下程序段中，由 while 构成的循环执行的次数为（　　）。

```
int k=0; while (k=1) k++;
```

A. 执行 1 次　　B. 一次也不执行

C. 无限次　　D. 有语法错，不能执行

10. 对 for(表达式 1; ;表达式 3){…}可以理解为（　　）。

A. for(表达式 1;0;表达式 3){…}

B. for(表达式 1;1;表达式 3){…}

C. for(表达式 1;表达式 1;表达式 3){…}

D. for(表达式 1;表达式 3;表达式 3){…}

11. 以下正确的描述是（　　）。

A. continue 语句的作用是结束整个循环的执行

B. 在 for 循环中，不能使用 break 语句跳出循环

C. 只能在循环体内和 switch 语句体内使用 break 语句

D. 在循环体内使用 break 语句或 continue 语句的作用相同

二、填空题

1. 一个 C 语言语句中至少应包含一个________。

2. 若定义 float a; int b,c;，要使用 scanf("a=%f,%o,%d",&a,&b,&c);语句，令 a 的值是 6.3，b 的值是 10，c 的值是 5，输入数据的形式是________。

3. 执行 printf("%s\n","thisis\"\101x\"\0by"); 语句，输出为________。

4. 能表示“20<x<30 或 x<-100”的 C 语言表达式是________。

5. 已知 m=1，n=5，则执行 if(!m+5>=n) n=1; 后，变量 n 的值是________。

6. 在 C 语言的 switch 语句中，每个“case”和冒号“:”之间只能是________。

7. 已知 a、b、c 的值分别是 1、2、3，则执行下列语句后 a 和 c 的值分别是________。

if (a++<b) {b=a;a=c;c=b;} else a=b=c=0;

8. 若有定义 char ch; 则执行 while ((ch=getchar())!='E') printf("#"); 语句，在输入字符 ABCDEF↙（↙表示按回车键）时，输出为________。

9. 若程序中有 int x=−1；定义语句，则 while(!x) x*=x；语句的循环体将执行________次。

10. 执行 for (m=1;m++<=5;)；语句后，变量 m 的值为________。

三、读程序写结果

1. 程序代码如下：

```
#include <stdio.h>
void main()
{
    int a,b;
    float c;
```

```
    scanf("%2d%*3d%4f%2d",&a,&c,&b);
    printf("a=%d,  b=%d,  c=%f\n",a,b,c);
}
```

上面程序在运行时输入 456789.34567↙，写出输出结果。

2. 程序代码如下：

```
#include <stdio.h>
void main()
{ int k=2;
  if (k++%2==0)
      if (k++%3==0)
          if (k++%5==0)
              printf("%d\n",k);
          else printf("%d\n",++k);
}
```

3. 程序代码如下：

```
#include <stdio.h>
void main()
{ int x=1,y=0,a=0,b=0,c=1;
  switch (a)
  { case 0:    switch (b==3)
               {    case 0: printf("*");break;
                    case 1: printf("%");break;
               }
    case 1:    switch (c)
               {    case 1: printf("&");break;
                    case 2: printf("#");
                    default: printf("$");
               }
  }
}
```

4. 程序代码如下：

```
#include <stdio.h>
void main()
{ int k=0,n;
  do
      {    scanf("%d",&n);
           k+=n;
      }while (n!=-1);
  printf("k=%d, n=%d\n",k,n);
}
```

当运行上面的程序时，从键盘输入 2␣6␣3␣1␣3␣-1↙，写出运行结果。

5. 程序代码如下：

```
#include <stdio.h>
void main()
{ int i,j;
  for (j=10; j<11; j++)
      { for (i=9; i<j; i++)
            if (j%i==0) break;
        if (i>=j-1) printf("%d\n",j);
      }
}
```

6. 程序代码如下：

```
#include <stdio.h>
void main()
{ int a=0,i;
  for (i=1; i<5; i++)
      switch (i)
      {    case 0:
           case 3: a+=1;
           case 1:
           case 2: a+=2;
           default: a+=3;
      }
  printf("%d\n",a);
}
```

四、编程题

1. 输入一个小于 6 位的整数，判断它是几位数，并按照相反的顺序（即逆序）输出各位上的数字，例如输入的整数为 1357，则输出为 7531。

2. 输入某学生的考试成绩，如果在 90 分以上，则输出“A”；80～89 分输出“B”；70～79 分输出“C”；60～69 分输出“D”；60 分以下输出“E”。

3. 输入一行字符，分别统计其中的英文字母、数字、空格和其他字符的个数。

4. 利用随机数产生函数 rand 产生 10 个整数，输出这 10 个数，并输出它们中的最大值、最小值和平均值。

5. 编写程序，输出所有的水仙花数。所谓水仙花数是指一个三位数，其各位数字立方和等于该数字本身。例如，$153=1^3+5^3+3^3$，所以 153 是水仙花数。

6. 计算 π 的近似值，π 的计算公式为：

$$\pi = 2\times\frac{2^2}{1\times3}\times\frac{4^2}{3\times5}\times\frac{6^2}{5\times7}\times\cdots\times\frac{(2n)^2}{(2n-1)\times(2n+1)}$$

要求：精度为 0.000001，并输出 n 的大小。

第4章 函数与编译预处理

【本章内容提要】

C 语言程序设计中，函数是对数据的一组相关的操作过程。一个过程是对一个完整的数据集合的处理过程，基于函数的程序设计就是基于过程的程序设计。从结构或者本质上讲，函数是 C 语言程序结构中的基本单位。不同的函数组织形式形成多样的程序设计方法，在数据结构简单的情况下，多样的函数设计就是基于函数的程序设计。本章介绍函数的基本定义与调用和变量的作用域、存储类别，以及编译预处理命令的功能。

【本章学习重点】

- 掌握函数的引入、定义、原型声明、函数的参数及函数调用。函数是实现算法的基本单位，函数的设计和使用是学习程序设计必须掌握的基本知识。
- 掌握变量的存储类型以及标识符的作用域等概念。

4.1 函 数 概 述

4.1.1 函数简介

通常，在开发和维护大的 C 语言程序时函数显得更为重要。设计中将整个程序分为若干个程序模块，每个模块用来实现一个特定的功能，这就是结构化程序设计或者称为模块化设计的思想。具体来讲，程序设计中的模块化设计是指把一个复杂的问题按功能或按层次分成若干个模块，即将一个大任务分成若干个子任务，对应每一个子任务编制一个子程序。在 C 语言中，子程序是由函数来实现的。C 中的模块以函数的形式实现。函数是具有一定功能又经常使用的相对独立的代码段。无论是面向过程的程序设计还是面向对象的程序设计，函数都是一种实现一定模块功能的重要形式，它是 C 语言程序中功能相对独立的基本单位。每个函数内可包含若干个 C 语句。

设计程序就是设计函数，一个 C 程序可以由一个主函数（main 函数）和若干子函数构成。主函数是程序执行的起点，由主函数调用子函数，子函数还可以再调用其他子函数。从主函数开始到程序运行结束，都是函数在起作用。

通常使用的 C 程序函数是由编程者自己编写的函数，称为自定义函数。自定义函数是编程者在处理具体问题时，根据需要将程序中多处使用的实现一定功能的特定代码段定义成函数。在同一个程序中，一个函数只能定义一次，但在程序中可以多次调用它。

例如，输出如下信息：

```
********************************
       Welcome  to  Beijing
********************************
```

不使用函数，编程如下：

```
#include <stdio.h>
void main()
{
printf("********************************\n ");
printf("      Welcome  to  Beijing \n");
printf("********************************\n ");
}
```

使用函数完成程序：

```
#include <stdio.h>
void print_line()
{  printf("********************************\n");}
void print_text()
 { printf("      Welcome  to  Beijing \n");}
void main()
{print_line();
 print_text();
 print_line();
}
```

print_line()函数在主函数中被调用了两次，如果需要输出更多行的星号（*）线，直接可以调用 print_line()实现，使用函数的优势体现得更明显了。

4.1.2　数学库函数

除了自定义函数之外，C 语言标准库中提供了另外一种函数——库函数。库函数是由系统提供的函数集合，在程序中可以直接调用它们，可以进行常用的数学计算、字符串操作、字符操作、输入/输出、错误检查和许多其他操作。

其中经常使用的是数学库函数，C 语言提供的库函数中有一些是专门完成特定的数学运算的，这些函数能够帮助编程者实现常见的数学计算，如求绝对值、平方根等。调用函数时，需要先写库函数名，然后是一对括号，括号中写上函数参数（或逗号分隔的参数表）。

例如，下列语句的功能是计算和显示 400.0 的平方根。

```
printf("%d\n", sqrt(400.0));
```

执行这个语句时，库函数 sqrt 计算括号中所包含数字（400.0）的平方根（20.0）。数据 400.0 是传给 sqrt 函数的实际参数（函数实际处理的数据）。sqrt 函数的功能是计算输入数据的平方根，只有一个 double 类型的参数，它返回 double 类型结果。

数学函数库中的多数函数都返回 double 类型结果。使用数学库函数，需要在程序中包含 math.h 头文件。

函数参数可取常量、变量或表达式。如果 x=15.0，y=4.0，z=6.0，则下列语句：

```
printf("%f\n", sqrt(x+y+z));
```

计算 15.0+4.0+6.0=25.0 的平方根，即 5.0，并显示 5.000000。

表 4-1 中总结了一些常用的数学库函数。表中变量 x 和 y 为 double 类型。

表 4-1　　常用的数学库函数

函　数	说　明	举　例
cos(X)	x（弧度）的余弦	cos(0.0)=1.0
exp(x)	指数函数 e^x	exp(1.0)=2.71828　exp(2.0)=7.38906
fabs(x)	x 的绝对值	fabs(-10)=10
floor(x)	将 x 取整为不大于 x 的最大整数	floor(10.4)=10　floor(-8.9)=-9
fmod(x,y)	x/y 的浮点数余数	fmod(13.657,2.333)=1.992
log(x)	x 的自然对数（底数为 e）	log(2.718282)=1.0 log(7.389056)=2.0
logl0(x)	x 的对数（底数为 10）	log10(10.0)=1.0　log10(100.0)=2.0
pow(x,y)	x 的 y 次方 x^y	pow(2,7)=128 pow(9,0.5)=3
sin(x)	x（弧度）的正弦	sin(0.0)=0.0
sqrt(x)	x 的平方根	sqrt(400.0)=20.0
tan(x)	x（弧度）的正切	tan(0.0)=0

无论是自定义函数还是库函数的定义，都是为了更方便地使用代码。一般是通过函数调用来使用函数，实现软件的复用。使用现有函数能够完成的功能，不必再重新定义新的代码，将代码打包成函数使该代码可以从程序中的多个位置执行，只要调用函数即可。另外，通过函数编写，将问题划分成小的问题，再分而治之，分别解决，使程序开发更容易完成和管理。这也正是结构化程序设计的优点，请读者在学习过程中注意体会。

4.1.3　案例描述：猜数字游戏

猜数字游戏可以训练人的思维，启迪心智，又能够展现乐趣，丰富文化生活，设计猜数字游戏时尽管没有止境，但应适当体现这些要求。

猜数字游戏的形式多种多样，本猜数字游戏的情节设计为，通过两种提示：数值和位置都猜对（用 A 表示）的数字的数目和数值正确而位置不正确（用 B 表示）的数字的数目，引导用户猜测 4 个数值的数字和顺序。

具体实现过程：首先设计一个随机数生成器，随机生成不相等的，无序的 4 个数字，然后转入用户输入，要求输入 4 个不相等的数字，程序比较这些数字的数值和位置对应关系，给出结果。例如：2A3B，2，表示数值和位置都猜对的数字的个数；A 代表数值和位置都猜对了；3 表示数值猜对，但位置不对的数字的个数；B 代表输入的数字的数值正确，但位置不正确。功能示意如图 4-1 所示。

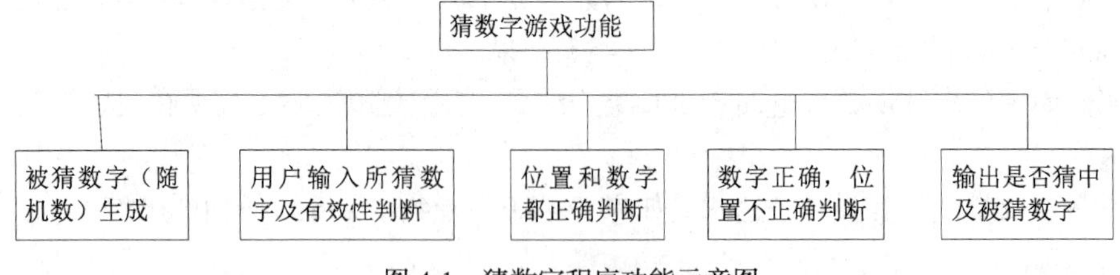

图 4-1　猜数字程序功能示意图

猜数字程序功能的具体实现，将在后续的各小节中结合相关知识的介绍详细描述，并在 4.6 节给出完整的设计和代码。

4.2　函数定义及调用

函数的使用与变量的使用遵循相同的规则，即先定义后使用，本节介绍函数定义的形式，和函数的使用方法，即函数调用。

4.2.1　函数的定义

每一个函数都是一个具有一定功能的语句模块，模块的结果和语句结构在 C 语言中有确定的形式，即函数定义，其一般格式为：

函数类型　函数名（形式参数表）

```
{
   函数体
}
```

下面通过例 4-1 这样一个简单的函数例子，具体说明函数定义的形式。

【例 4-1】　编写一个函数 cube，计算整数的立方。调用函数 cube 计算从 1 到 5 相邻整数的立方差。

思路：将计算整数的立方用 cube 函数完成，计算 1～5 相邻整数的立方差，在主调函数中循环调用函数 cube 完成。

程序代码如下：

```
 #include<stdio.h>
 int cube(int y);  /*函数原型声明*/
 void main()
{
int x,last,nowcb;
last=1;
printf("1～5之间，相邻两数的立方差是：\n");
for(x=2;x<=5;x++)
{
   nowcb=cube(x);
   printf("%d ",nowcb-last);
   last=nowcb;
}
printf("\n");
}
int cube(int y )  /*函数定义*/
{
return y*y*y;
}
```

运行结果：

```
1～5之间，相邻两数的立方差是：
7 19 37 61
```

说明：

（1）cube 函数定义的第 1 行“int cube(int y)”被称为函数的首部。C 语言中，常量、变量以及表达式有类型，函数也有类型，函数的类型决定了函数返回值的类型。当需要函数向主调函数返回一个值时，可以使用 return 语句，将需要返回的值返回给主调函数。需要注意的是，由 return 语句返回值的类型必须与函数返回值类型一致。例如，cube 函数的类型为整型，y*y*y 也是整型的。若省略函数的类型，系统默认其为整型。例如，上面定义可以写成 cube(int y){…}，结果是一样的。函数也可以不返回任何值，这样的函数应将其类型定义为 void 类型（空类型）。由于 void 类型的函数没有返回值，因此，函数调用只能以独立的函数调用语句出现。例如，有函数定义：

```
void converTemperature(float temperature,char temperatureType)
{
…}
```

若有语句：

```
t= converTemperature(temperature, temperatureType);
```

系统会产生编译错误。

（2）函数名是该函数体（独立代码段）的外部标识符，当函数定义之后，编程者即可通过函数名调用函数（执行函数体代码段）。函数名是用户定义的标识符，要符合标识符的命名规则。

（3）函数名后圆括号中的形式参数表（以下简称形参表），函数的形参表具有如下形式：

类型名 1 形式参数 1，类型名 2 形式参数 2，…，类型名 n 形式参数 n

其中，“类型”是各个形式参数的数据类型说明符，“形式参数”为各个形式参数的标识符，也是用户定义的标识符。形式参数表示主调函数和被调函数之间需要交换的信息。形式参数表从参数的类型、个数和排列顺序上规定了主调函数和被调函数之间信息交换的形式。如果函数之间没有需要交换的信息，也可以没有形参，圆括号中可以写 void 或空着，即无参函数，但圆括号不能省略。

（4）用花括号括起来的部分称为函数体。函数体是实现函数功能的代码部分，分为说明性语句和可执行语句两个部分，说明性语句包括变量定义和函数的声明，除形参和全局变量外，所有在函数中用到的变量都要在花括号中先定义再使用。可执行语句用于完成函数功能。从组成结构看，函数体是由程序的 3 种基本控制结构，即顺序、选择、循环结构组合而成的。本例中，函数 cube 的形参 y 被赋成主调函数中 x 的值，然后计算 y*y*y，将结果返回给 main。main 中调用函数 cube 并将结果赋值给变量 nowcb，再计算和上一个数的立方之差。

花括号中也可以为空，但花括号本身不能省略，这种函数称为空函数。例如：

```
float f()
{    }
```

空函数在结构化程序设计中应用较多。结构化程序设计的思想是自顶向下逐步细化。在软件开发初期，先把一个大的任务划分成若干个模块，再将每一个模块用一个或多个函数来实现。无论是主函数还是自己定义的函数都是相对独立的，若某个函数要调用的函数不是自己编程，或该函数还没有编写，可以先把该函数定义为空函数。这样，既不影响整个程序的结构完整，又能单独进行调试。调用空函数实际上什么也不做，待该函数开发完成（函数体中有语句）后调用它才有实际意义。

（5）C 语言规定，不能在函数体内定义函数，即函数不能嵌套定义，函数（包括主函数）都是相对独立的。

（6）程序中语句“int cube(int);”是函数 cube 的原型声明，凡是函数定义在函数调用之后时，都要先作函数原型声明，这部分知识将在 4.2.4 节中介绍。

【例 4-2】　编写一个函数 IsRightPosition，比较两个数字是否相等。调用函数 IsRightPosition 比较 m 组数字是否对应相等，在主调函数中输出其中相等数据的组数。

思路：主函数读入比较的次数，作为循环的终止条件，在每次循环中读入比较的两个数据，传递给 IsRightPosition 函数，该函数判断两个数是否相等，如果相等标志变量 rightPosition 为 1，否则 rightPosition 为 0，由 return 语句返回 main 函数输出。函数调用作为一个表达式出现在 if 语句中。

程序代码如下：

```
#include<stdio.h>
int IsRightPosition(int a,int b)
{
   int  rightPosition=0;
   if(a==b)
   rightPosition++;
   return rightPosition;
}
void main()
{
   int i,x,y,n=0,m;
   printf("请输入共比较多少组数据：\n");
   scanf("%d",&m);
   printf("请输入%d 组数据：\n",m);
   for(i=0;i<m;i++)
   {
      scanf("%d%d",&x,&y);
      if(IsRightPosition(x,y))
         n++;
   }
   printf("共%d 组数字，其中相等数字%d 组\n",m,n);
}
```

运行结果：

```
请输入共比较多少组数据：
3↙
请输入 3 组数据：
3 4↙
1 1↙
6 7↙
共 3 组数字，其中相等数字 1 组
```

4.2.2　函数的调用

定义一个函数，目的是使用其实现一个独立的功能。函数的使用是通过函数调用来实现。一个函数调用另外一个函数，程序就转到另一个函数去执行，称为函数调用。调用其他函数的函数被称为主调函数，被其他函数调用的函数称为被调函数。一个函数既可以是主调函数，又可以是被调函数（main 除外）。

因此，从函数的定义形式看，函数又可以分为有参函数和无参函数两类。有参函数是在主调（用）函数和被调（用）函数之间通过参数进行数据传递，被调函数的运行结果依赖于主调函数传过来的数据。无参函数是指在调用时，主调函数不需要将数据传递给无参函数。无参函数一般用来执行指定的一组操作。

函数调用的一般形式为：

函数名（实际参数表）

例如：

```
sqrt(400.0)
```

在调用函数时，函数名后圆括号中的参数，如 400.0，称为实际参数（以下简称实参）。如果调用无参函数，即被调函数无形参，则实参表也是空的。例如，welcome()。如果有多个实参，则各参数间用逗号隔开。

在 C 语言中，把函数调用也作为一个表达式。因此凡是表达式可以出现的地方都可以出现函数调用。函数的调用通常有 3 种情况：

（1）函数语句。函数调用从形式上就像在使用一条语句，这条语句由 3 部分组成，即被调函数名、实际参数表和分号。在主调函数中不使用被调函数返回的函数值的情况下，程序中会采用函数调用语句。例如，主调函数只要求被调函数完成一些操作，如显示信息 welcome()；不需要被调函数返回任何信息。而如果需要由被调函数返回的信息多于一个，此时需要返回的信息不能通过 retun 语句来获得，而是要通过传递地址参数的形式回带；函数语句中所使用的函数也是可以有返回值的，只是在这个语句中没有使用。

（2）函数表达式。这时函数要使用 retun 语句向主调函数返回一个确定的值，参加它所在的表达式的运算。例如 if(iabs(a)>max) max=iabs(a);，函数 iabs(a)返回整型变量 a 的绝对值，函数类型为 int 型，如果其大于变量 max，则将其赋值给 max，函数 iabs 是表达式 iabs(a)>max 和 max=iabs(a)的一部分。当使用函数表达式时，函数一定要通过 return 语句返回一个与函数类型一致的值。

（3）函数参数。将函数调用作为函数的实际参数。例如，m=max(c，max(a，b))是函数调用 max(a, b)的返回值来作为 max 函数调用的实际参数。这种调用形式相对前面介绍的两种略显复杂。

【例 4-3】 编写函数，判断一个整数是否为素数，如果是素数返回 1，否则返回 0。调用该函数找出任意给定的 n 个整数中的素数。

思路：编写函数 isprime(int a)，函数功能是使用穷举法判断 a 是否为素数，即在循环中连续判断其是否能被小于它的数整除，如果均不能，则是素数。

程序代码如下：

```
#include <stdio.h>
#include <math.h>
int isprime(int a)   /* 素数判断函数定义*/
{int i;
  for(i=2;i<=sqrt(a);i++)
      if(a%i==0) return 0;
  return 1;
}
```

```
void main()
 { int b;
   printf("请输入 n 个整数，输入 0 表示结束：");
   scanf("%d",&b);
   while(b)
   {
       if(isprime(b))
           printf("\n%d 是素数",b);
       else
           printf("\n%d 不是素数",b);
       scanf("%d",&b);
  }
       printf("\n");
}
```

运行结果：

```
请输入 n 个整数，输入 0 表示结束：4 5 101 0↙
4 不是素数
5 是素数
101 是素数
```

【例 4-4】　在 3 个浮点中确定最大值，使用自定义函数 maximum 完成。

思路：3 个浮点数由键盘输入，调用函数 maximum()的结果直接输出。

程序代码如下：

```
#include <stdio.h>
float maximum(float x,float y,float z)  /*maximum 函数定义*/
{float max;
 max=x>=y?x:y;
 max=max>=z?max:z;
 return max;
}
void main()
{float a,b,c;
 printf("输入 3 个实数：");
 scanf("%f%f%f",&a,&b,&c);
 printf("%.2f, %f.2, %.2f 中最大值是：%.2f\n",a,b,c,maximum(a,b,c));
 /*函数调用 a,b,c 为实际参数*/
}
```

运行结果：

```
输入 3 个实数：2.1 3 4.5↙
2.10, 3.00, 4.50 中最大值是：4.50
```

说明：

（1）主调函数将 3 个数传递给 maximum 函数，该函数找出的最大值由 return 语句返回 main 函数输出。

（2）将常用的功能定义成函数可以简化程序结构。

（3）例 4-3 和例 4-4 中，函数都是作为表达式进行调用的。

4.2.3 函数的参数传递与返回值

1. 函数的参数传递（值传递）

函数之间信息交换的一种重要形式是函数的参数传递，即由实际参数向形式参数传递信息。C 语言函数的参数传递方式分为值传递和地址传递。当函数的形参是数组名、指针或引用变量时，函数调用参数传递方式是地址传递方式，在后面章节再介绍。这里我们先介绍值传递。

如果函数的形式参数为普通变量，当函数被调用时，系统为这些形式参数分配内存空间，并用实际参数值初始化对应的形式参数，相当于实际参数的值传递给了形式参数。这就是函数调用时参数的值传递。值传递方式，实际参数和形式参数各自占有自己的内存空间；参数传递方向只能由实际参数到形式参数；不论函数对形式参数作何种修改，对应的实际参数都没有影响。

【例 4-5】 编写一个函数实现摄氏温度与华氏温度转换，在主函数中输入需要转换的温度，调用该函数实现温度转换。

程序代码如下：

```
#include <stdio.h>
void converTemperature(double degree,char type )
{
 if( type == 'F' )
    { degree=(5.0/9.0)*(degree-32.0);type='C';}
 else
    { degree=(9.0/5.0)*degree+32.0;type='F';}
printf("输入的转换后温度为：%.2f%c\n",degree,type);
}
void main()
{
 double temperature;
 char temperatureType;
 printf("\n 输入要转换的温度 (例如 56.0F 或 17.0C)：  ");
 scanf("%lf%c",&temperature,&temperatureType);
 if((temperatureType=='F')||(temperatureType=='C'))
      { converTemperature(temperature, temperatureType);
        printf("输入的转换前温度为：%.2f%c",temperature,temperatureType);
      }
 else
      printf("输入格式错误\n");
 printf("\n");
}
```

程序输出结果：

```
输入要转换的温度 (例如 56.0F 或 17.0C)：26.0C↙
转换后的温度为：78.80F
转换前的温度为：26.00C
```

说明：

在主函数中调用 converTemperature 函数，将实参 temperature 的值 26.0 传递给形参 degree，将实参 temperatureType 的值 C 传递给形参 type；在 converTemperature 函数中将 degree 的值转换为 78.8，type 的值转换为'F'输出，然后返回主函数。由于形参的值不会回传给实参，因此，在主函数中输出转换前的温度 temperature 和 temperatureType 的值仍然为 26.0F。

有关形参和实参的进一步说明如下：

（1）在未出现函数调用时，形参不占用内存中的存储单元。只有在发生函数调用时才给形参分配内存单元。函数调用结束后，形参所占的内存单元被释放。实参与形参在内存中是不同的存储单元，它们的名字可以相同也可以不相同。

（2）实参可以是常量、变量或表达式，但要求它们有确定的值。在调用时将实参的值赋给形参变量。

（3）实参与形参类型要一致，即实参与相对应的形参的类型应相同，但字符型与整型可以兼容。例如，实参是整型或字符型表达式，与它相对应的形参可以是整型变量或字符型变量，但一定要注意字符型和整型的数值范围的不同。在数据传递时，整型数据传递给字符型变量的值必须在 0～255 之间，否则形参的值与实参的值有可能不同（形参变量截取实参的低 8 位数据）。

（4）实参与形参的个数必须相等。在函数调用时，实参的值赋给与之对应的形参。

2. 函数的返回值

假如要计算 16 的平方根，可以调用求平方根的标准函数 sqrt(16)，得到的结果是 4 就是平方根函数 sqrt(16)的函数值，也被称为函数的返回值。函数的返回值是通过 return 语句带回到主调函数的。return 语句使程序执行流程从被调函数返回主调函数，有两种形式。

（1）不返回值的形式：return。

【例 4-6】 使用不返回值 return 语句的例子。从键盘输入三角形的 3 个边长，计算三角形的面积。

思路：程序应该分为 3 部分：输入边长数据、计算三角形面积和输出三角形面积。其中输入数据部分在主函数 void main 中完成，计算三角形的面积和输出面积值在子函数 TriangleAreabySide 完成。使用一个循环在主程序中连续输入边长并调用 TriangleAreabySide，输入字符'n'时结束。计算三角形面积的公式：

$$area = \sqrt{s(s-a)(s-b)(s-c)}\ ,\quad s = \frac{1}{2}(a+b+c)$$

程序代码如下：

```
#include <stdio.h>
#include <math.h>
void TriangleAreabySide(float a,float b,float c)
/* 定义函数，利用边长计算三角形的面积*/
{  float area,s;
if(a+b<=c || a+c<b|| b+c<=a)
      {  printf("不是三角形!\n");
         return;
      }
      else
      {  s=(a+b+c)/2;
         area=sqrt(s*(s-a)*(s-b)*(s-c));
         printf("三角形(%.2f,%.2f,%.2f)的面积：%.2f\n",a,b,c,area);
         return;
      }
 }
 void main()
 {  float a,b,c;
```

```
    printf("输入三角形3条边的边长：");
     scanf("%f%f%f",&a,&b,&c);
    while(getchar()!='n')
         {        TriangleAreabySide(a,b,c);
                  scanf("%f%f%f",&a,&b,&c);
         }
  }
```

运行结果：

```
输入三角形3条边的边长：2 3 5↙
不是三角形
3 4 5↙
三角形(3.00,4.00,5.00)的面积：6.00
n↙
```

说明：

通过函数TriangleAreabySide，首先要判断三角形的边长数据是否合理，如果不合理，即如果边长a、b和c不满足任何两条边的长度之和大于第三条边的边长，则不是三角形，不计算面积，给出错误信息，返回主调函数；如果合理，则计算三角形的面积并显示结果。

（2）返回值的形式：retun 表达式。

【例4-7】 使用返回值的return语句例子。求整数的绝对值。

程序代码如下：

```
#include <stdio.h>
int iabs(int x) /*定义函数，返回 x 的绝对值*/
{x=x>=0?x:-x;
 return x;
}
 void main()
  {int a,c;
   printf("输入一个整数：");
   scanf("%d",&a);
   c=iabs(a);    /*调用 iabs 函数，将函数返回值赋给 c*/
   printf("%d 的绝对值为：%d\n",a,c);
   }
```

运行结果：

```
输入一个整数：-2↙
-2 的绝对值为：2
```

说明：

在主函数中调用iabs函数，函数的返回值通过iabs函数中的return内语句获得。return语句将被调用函数iabs中的x值带回主调函数中去，并在返回主函数后将它赋给变量c。

关于return语句的说明：

（1）return语句中的表达式可以带括号也可以不带括号，若函数没有返回值，return语句可以省略。函数执行到最后一个花括号自动返回主调函数。不返回值的return语句，只能用于void类型函数。

（2）如果使用 return 语句给主调函数返回一个值，则 return 语句必须返回一个与所在函数的函数类型一致的表达式。

【例 4-8】　编写函数实现两组变量的显示。例如，输入字符 a 和整数 1，显示 a1 变量的值。

程序代码如下：

```
#include <stdio.h>
int ArrayOperating(int i,char ch)
{
 int a1=1,a2=0,a3=3,a4=5;
 int b1=2,b2=0,b3=4,b4=3;
 switch(i)
{
case 1:
   switch(ch)
   {case 'a': return a1;
    case 'b': return b1;
   }
case 2:
   switch(ch)
   {case 'a': return a2;
    case 'b': return b2;
   }
case 3:
   switch(ch)
   {case 'a': return a3;
    case 'b': return b3;
   }
case 4:
   switch(ch)
   {case 'a': return a4;
    case 'b': return b4;
   }
}
}
void main()
{
int i;char ch;
printf("输入显示的变量，形式如：a1 或 b4：");
scanf("%c%d",&ch,&i);
printf("%c%d=%d\n",ch,i,ArrayOperating(i,ch));
}
```

运行结果：

```
输入显示的变量，形式如：a1 或 b4：b3↙
b3=4
```

说明：

程序的功能可以模拟一个数组的操作，结合例 4-2 程序思路，使用循环中可以完成两组数字，每组有多个数字，对应相等的判断，提高程序的效率。具体实现方法如例 4-11 所示。

4.2.4　函数的嵌套调用

C 语言不允许函数嵌套定义，即在定义一个函数时，其函数体内不能包含另一个函数的定义。

但 C 语言的函数可以嵌套调用，即被调用的函数又去调用另一个函数来完成所需的功能，如图 4-2 所示。main 函数调用 functionl、function2 和 function3 函数，而 functionl 函数又去调用 function4 和 function5 函数。这种层次结构有利于形成结构化的程序设计。

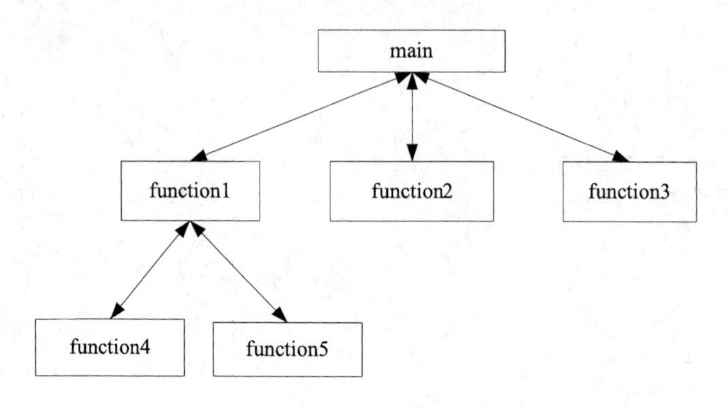

图 4-2　层次化的函数关系

【例 4-9】　函数的嵌套调用。

程序代码如下：

```
#include <stdio.h>
sub2(int n)
{return n+1;}
sub1(int n)
 {int i,a=0;
  for(i=n;i>0;i--)
 { a+=sub2(i);
   printf("sub2(%d)=%d\n",i,sub2(i));
 }
   return a;
     }
void main()
{int n=3;
 printf("\nsubl(%d)=%d\n",n,sub1(n));
}
```

运行结果：

```
sub2(3)=4
sub2(2)=3
sub2(1)=2
sub1(3)=9
```

说明：

例 4-9 中主函数调用 subl 函数，subl 函数又调用 sub2 函数，如图 4-3 所示 subl 函数既是被调函数又是主调函数。当主函数调用 subl 函数后程序流程转到 subl 函数执行；当 subl 函数调用 sub2 函数时，程序流程转到 sub2 函数执行。当 sub2 函数执行到 return 语句时返回到主调函数 subl 的调用点，接着执行 subl 函数；在 subl 函数执行到 return 语句时返回到主函数，接着执行主函数。函数的嵌套调用关系如图 4-3 所示。

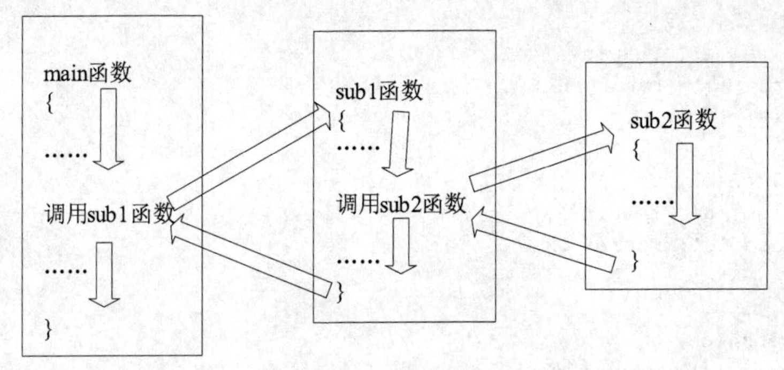

图 4-3　函数的嵌套调用关系图示

再举两个函数嵌套调用的例子。

【例 4-10】　编程求 $n^1+n^2+n^3+n^4+n^5+n^6+n^7+n^8+n^9+n^{10}$,$n$ 为正整数，键盘输入。

程序代码如下：

```
#include <stdio.h>
int fun2(int n,int i) /*定义函数求各项的值*/
{    int m=n;
     while(--i>0)
       m=m*n;
     return m;
}
long fun1(int n) /*定义函数求各项和，即表达式的值*/
{    long sum=0;int i;
     for(i=1;i<=10;++i)
       sum+=fun2(n,i);
     return sum;
}
  void main()
{
     int n;
     printf("输入一个正整数：");
     scanf("%d",&n);
     printf("表达式的值是：%d\n",fun1(n));
}
```

运行结果

```
请输入一个正整数：5↙
表达式的值是：12207030
```

【例 4-11】　在主函数中调用 IsRightDigit 函数，IsRightDigit 函数调用 ArrayOperating 实现对两组数据中相等数字的判断。

程序代码如下：

```
#include <stdio.h>
int ArrayOperating(int i,char ch)
{
    int a1=1,a2=0,a3=3,a4=5;
    int b1=2,b2=0,b3=4,b4=3;
    switch(i)
     {
     case 1:
```

```
        switch(ch)
        {case 'a': return a1;
         case 'b': return b1;
        }
    case 2:
        switch(ch)
        {case 'a': return a2;
         case 'b': return b2;
        }
    case 3:
        switch(ch)
        {case 'a': return a3;
         case 'b': return b3;
        }
    case 4:
        switch(ch)
        {case 'a': return a4;
         case 'b': return b4;
        }
        }
}
int IsRightPosition( );
int IsRightDigit( );
void main()
{
  int rightDigit;
  rightDigit=IsRightDigit( );/*主函数调用 IsRightDigit 函数，返回 rightDigit 的值*/
  printf("共有%d对数字相等\n",rightDigit);
}
/*function  IsRightDigit*/
int IsRightDigit()
{
   int rightDigit=0;
   int j,k;
   for(j=1;j<=4;j++)
   {
       for(k=1;k<=4;k++)
       {
           if(ArrayOperating(j,'b')==ArrayOperating(k,'a'))
           {
             rightDigit=rightDigit+1;
            }
        }
     }
   return rightDigit;
}
```

运行结果为：

```
共有2对数字相等
```

4.2.5 函数原型声明

在程序中使用的变量要先定义后使用，对被调用的函数也要先定义后使用，即被调函数的定义要出现在主调函数的定义之前。如果被调函数在主调函数之后定义，则应在主调函数之前对被调函数原型进行声明。这样编译系统就可以确定被调函数的名称、返回值类型、形参个数、形参类型和形参顺序信息，编译器根据函数原型验证函数调用正确与否。若实参和形参类型不一致或个数不相同，则编译系统会给出错误信息。

函数原型声明的一般形式为：

```
返回值类型 函数名(形式参数表);
```

例如：

```
float maximum(float x,float y,float z);
```

这个函数原型说明 maximum 取 3 个 float 类型参数，返回 float 类型结果。

函数原型声明的位置，在一个函数内对被调函数进行声明，与在函数外对被调函数进行声明是有区别的。如果一个函数只被另一个函数所调用，在主调函数中声明和在函数外声明等价。如果一个函数被多个函数所调用，可以在所有函数的定义之前对被调函数进行声明，这样，在所有主调函数中就不必再对被调函数进行声明了。允许整型函数（且参数也是整型）的定义出现在主调函数之后，而不需要声明。C 程序中必须按照规定进行函数原型的声明，否则就会出现编译错误。

【例 4-12】 计算并输出两个数的和、差、积及商。

程序代码如下：

```
#include <stdio.h>
main( )
{ float calc(float x,float y,char opr);
   float a,b;  char opr;
   printf("\n 输入四则运算表达式:");
   scanf("%f%c%f",&a,&opr,&b);
   if(opr=='+'||opr=='-'||opr=='*'||opr=='/')
       printf("%5.2f%c%5.2f=%6.2f\n",a,opr,b,calc(a,b,opr));
   else
       printf("非法运算符! \n ");
}
float calc(float x,float y,char opr)
{ switch(opr)
   { case '+': return(x+y);
     case  '-':return(x-y);
     case  '*':return(x*y);
     case  '/':return(x/y);
   }
}
```

输出结果：

```
输入四则运算表达式:3+4↙
3.00+ 4.00= 7.00
```

说明：

由于被调函数 calc 的定义出现在主调函数 main 之后，且函数类型为 float，因此，在 main 函数中要对 calc 函数进行声明。

4.3 局部变量和全局变量

C 语言程序变量只能在其起作用的范围内被使用，变量起作用的范围称为变量的作用域。变量的作用域主要分为全局作用域和局部作用域两种。作用域不同的变量又分为局部变量和全局变量。

4.3.1 局部作用域和局部变量

C 语言中将一个函数或复合语句称为一个程序块，块内定义的变量作用域是从变量定义起至本块结束，即只有在定义它的函数或复合语句内才能使用它们，这称为局部变量，有时也称为内部变量，局部作用域也称为块作用域。

例如：

```
#include <stdio.h>
void main()
{int a,b;  /*a 和 b 的作用域在 main 函数中*/
 if(a>b)
 {
 int t;  /*t 的作用域在 if 的内嵌语句块中，在此语句块之外使用 t 会出现错误*/
 t=a;
 a=b;
 b=t;
 }
}
```

局部变量包括在函数体内定义的变量和函数的形式参数，它们只能在本函数内使用，不能被其他函数直接访问。局部变量能够随其所在的函数被调用而被分配内存空间，也随其所在的函数调用结束而消失（释放内存空间），所以使用这种局部变量能够提高内存利用率。同时，由于局部变量只能被其所在的函数访问，所以这种变量的数据安全性也比较好（不能被其他函数直接读写）。局部变量在实际编程中使用频率最高。

【例 4-13】 分析下面程序的运行结果及变量的作用域。

程序代码如下：

```
void sub(int a,int b)
{ int c;  /*c 是局部变量，在 sub 函数内有效*/
  a=a+1;  b=b+2;  c=a+b;
  printf("sub:\ta=%d b=%d c=%d\n",a,b,c);
}
void main()
{ int a=1,b=2,c=3; /*a、b、c 是局部变量，在 main 函数内有效*/
  printf("main:\ta=%d b=%d c=%d\n",a,b,c);
  sub(a,b);
  printf("main:\ta=%d b=%d c=%d\n",a,b,c);
  { int a=2,b=2;  /*a、b 是局部变量，在分程序内有效*/
    c=4;
    printf("comp:\ta=%d b=%d c=%d\n",a,b,c);
```

```
    }
    printf("main:\ta=%d b=%d c=%d\n",a,b,c);
}
```

程序输出结果：

```
main:   a=1 b=2 c=3
sub:    a=2 b=4 c=6
main:   a=1 b=2 c=3
comp:   a=2 b=2 c=4
main:   a=1 b=2 c=4
```

分析此例变量的作用域：

（1）主函数中定义的变量 a、b、c 是局部变量，作用域是主函数内；

（2）在复合语句中定义的变量 a、b 是局部变量，作用域是它所在的复合语句内。这种复合语句称为“分程序”或“程序块”；

（3）在 sub 函数中定义的变量 c 及形参 a、b 是局部变量，作用域是 sub 函数内；

（4）主函数中定义的变量 a、b、c 在主函数中有效，但由于主函数的复合语句中又重新定义了同名变量 a、b，则在复合语句中，外层的同名变量 a、b 暂时不起作用。除了复合语句，外层的同名变量也起作用，而复合语句中的同名变量不起作用。

（5）请读者思考，main 函数第 7 行的变量 c 的作用域，如果改成 int c；结果如何？

（6）由于作用域不同，虽然不同函数中的变量名相同，但它们是不同的变量。

4.3.2 全局作用域和全局变量

全局作用域也即文件作用域，指变量的作用域为文件范围。在源文件所有函数之外声明或定义的变量具有文件作用域。将在函数外部定义的变量称为全局变量，有时也称为外部变量。全局变量具有全局作用域，起作用的范围是从声明或定义点开始，直至其所在文件结束。全局变量能够被位于其定义位置之后的所有函数（属于本源文件的）共用。也就是说全局变量起作用的范围是从它定义的位置开始至源文件结束。全局变量的作用域是整个源文件。

【例 4-14】 分析下面程序的运行结果及变量的作用域。

程序代码如下：

```
#include <stdio.h>
int maximum;
int minimum;
void fun(int x,int y,int z)
{int t;
 t=x>y?x:y;
 maximum=t>z?t:z;
 t=x<y?x:y;
 minimum=t<z?t:z;
}
void main()
{ int a,b,c;
    printf("输入数据 a,b,c: ");
    scanf("%d,%d,%d",&a,&b,&c);
    fun(a,b,c);
```

```
    printf("maximum=%d\n",maximum);
    printf("minimum=%d\n",minimum);
         }
```

程序运行结果：

```
输入数据 a,b,c: 2,3,4↙
maximum=4
minimum=2
```

说明：

（1）程序中的全局变量 maximum 和 minimum，在函数 maha()和 fun()中不需定义即可直接使用。

（2）全局变量在程序执行的整个过程中，始终位于全局数据区内固定的内存单元；如果程序没有初始化全局变量，系统会将其初始化为 0。

（3）在定义全局变量的程序中，全局变量可以被位于其定义之后的所有函数使用（数据共享），这时候会给编程者带来方便，起到在函数之间传递数据的作用。

【例 4-15】 编写函数生成一组 4 个随机数字，并在主函数中调用输出这些数字。

程序代码如下：

```
#include <stdio.h>
#include <time.h>
int a1,a2,a3,a4;
void MakeDigit( );
void main()
{
  srand(time(NULL));
  MakeDigit( );
  printf("%d%d%d%d\n",a1,a2,a3,a4);
}
/*function  MakeDigit*/
void MakeDigit( )
{
int k;
k=rand()%10;a1=k ;
while(a1==k)  k=rand()%10;a2=k;
while(a1==k||a2==k) k=rand()%10; a3=k;
while(a1==k||a2==k||a3==k) k=rand()%10; a4=k;
}
```

运行结果：

```
4256
```

说明：

（1）程序中，main 和 MakeDigit 函数中使用的变量 a1,a2,a3,a4 是同一组全局变量，因此 main 函数可以输出在 MakeDigit 函数中对其赋的值。

（2）rand()是一个专门产生模拟随机数的程序，一般应用于程序的模拟测试或游戏软件的制作。调用函数的语句形式为：x=rand();，可以生成 0～RAND_MAX 范围内的随机数序列，标准 C 语言中规定 RAND_MAX 不得大于 32 767。但是 rand()所产生的随机数实际上是伪随机数，就是说，反复调用 rand()所产生的随机数序列似乎是随机的，但每次产生的序列是完全相同的。如果需要获得不同的随机数序列，需要使用 srand(seed)；生成不同的随机数种子，参数 seed 是一个无符号整数，被称为随机数种子，seed 不同，就会产生不同的随机数序列。一种简单且能随时改变随机数种子的方法是：srand(time(NULL));。这条语句采用将系统时间值 time(NULL)作为随机数种子，系统时间每时每刻发生变化，可以随时返回一个随机的无符号数，函数原型包含在头文件<time.h>中。

实际编程中，在有嵌套的作用域内应该尽量避免使用同名变量，否则，会给自己造成许多不必要的麻烦。关于变量的使用总结如下：

（1）变量应该先声明，后使用。

（2）在同一作用域中，不能声明同名的变量，而不同的作用域中可以有同名变量，因为它们在内存中占据不同的存储单元，它们只在各自所在的作用域中起作用。

（3）对于两个嵌套的作用域，如果某个变量在外层中声明，且在内层中没有同一标识符的声明，则该变量在内层可见，即起作用；如果在内层作用域内声明了与外层作用域中同名的标识符，则外层作用域的变量在内层不可见，即不起作用。

（4）全局变量使用有其灵活性，但也因此带来数据安全性和程序可读性不好的缺点。在实际编程时一般不要随意使用全局变量。

4.4　变量的生存期和存储类别

4.4.1　变量的生存期

变量的生存期是指变量在内存中占据存储空间的时间。在内存中供用户使用的存储空间分为程序代码区、静态存储区和动态存储区。存放于不同存储空间内的变量的生存期不同。分配在静态存储区中的变量，在程序运行期间始终占据内存空间；分配在动态存储区或 CPU 的寄存器中的变量，只在程序运行时的某段时间内占据存储空间。

4.4.2　变量的存储类别

与变量的生存期相联系的一个概念是变量的存储类别。C 语言中每一个变量都有两个属性，即变量的数据类型和变量的存储类别。前面，在定义一个变量或数组时首先定义数据类型，实际上，还应该定义它的存储类别。变量的存储类别决定了变量的生存期及给它分配在哪个存储区。

变量定义语句的一般形式为：

```
存储类别标识符　数据类型说明符变量名 1，变量名 2，…变量名 n;
```

C 语言中共有 4 种存储类别标识符，即 auto（自动的）、static （静态的）、register（寄存器的）以及 extern（外部的）。

1．自动变量

在前面的例子中使用的最多的变量是自动变量。自动变量用关键字 auto 作存储类别的标识符。函数或分程序内定义的变量（包括形参）可以定义为自动变量，可以显式定义也可以隐式定义。如不指定存储类别，即隐式定义为自动变量。

例如，在函数内有如下定义：

```
auto int x,y;
```

等价于：

```
int  x,y;
```

调用函数或执行分程序时，在动态存储区为自动变量分配存储单元，函数或分程序执行结束，所占内存空间即刻释放。定义变量时若没给自动变量赋初值，变量的初值不确定；如果赋初值，则每次函数被调用时执行一次赋值操作。在函数或分程序执行期间，自动变量占据存储单元。函数调用或分程序执行结束，所占存储单元即被释放。自动变量的作用域是它所在的函数内或分程序内。

【例 4-16】 自动变量的使用。

程序代码如下：

```
int  f(a)
{    int s=5;  /*等价于：auto int s=5;*/
     s+=a;
     return s;
}
void main()
{   int i,a=1; /*等价于：auto int i,a=1;*/
     for(i=0;i<3;i++)
    { a+=f(a);
      printf("%d ",a);
    }
}
```

运行结果：

```
7 19 43
```

说明：

在这个程序中，main 函数中的 a 和 i 都是局部变量，省略了存储类别名，系统默认为自动变量。第 1 次调用 f 函数时将实参 a 的值 0 传递给形参 a，因为实参 a 和形参 a 都是局部变量，它们的作用域不同（是各自所在的函数），所以不是同一个变量。f 函数中定义的变量 s 也是自动变量。在调用 f 函数时，系统给 s 在动态存储区中分配存储空间且赋初值 5，函数返回时带回函数值 5+1，即 6 并释放 s 和形参 a 所占的存储空间，主函数中 a 等于 6+1，即 7。主函数第 2 次调用 f 函数时，实参传递给形参的 a 值是 7，系统重新给自动变量 s 分配存储空间和赋初值 5，因而，函数的返回值是 5+7，等于 12。主函数中 a 等于 12+7，即 19。同理，第 3 次调用函数 f 的返回后加 a，a 的值为 43。

2. 静态变量

除形参外，可以将局部变量和全局变量都定义为静态变量，用关键字 static 作存储类别标识符。静态变量包括两种，即一种是局部静态变量（或称内部静态变量），另一种是全局静态变量（或称外部静态变量）。

例如：

```
static int a;                  /*a 是全局静态变量*/
f()
```

```
{static int b=1;            /*b 是局部静态变量*/
}
```

编译时，系统在内存的静态存储区中为静态变量分配存储空间，程序运行结束释放其所占的存储空间。若定义静态变量时未对其赋初值，在编译时，系统自动赋初值为 0；若赋初值，则仅在编译时赋初值一次，程序运行后不再给变量赋初值。对于静态局部变量，其存储单元中保留上次函数调用结束时的值。静态变量的生存期是整个程序的执行期间。因为局部静态变量在程序执行期间始终保存在内存中，所以变量中的数据在函数调用结束后仍然存在。当再一次调用局部静态变量所在的函数时，该变量的值继续有效（为上次函数调用结束时保留的值）。局部静态变量的作用域与自动变量一样，只在它所在的函数或分程序内有效。全局静态变量的作用域是从定义处开始到本源文件结束，它在同一程序的其他源文件中不起作用。

【例 4-17】　静态变量的使用。

```
int  f(a)
{ static int s=5;  /*s 定义为静态变量*/
  s+=a;
  return s;
}
void main()
{ int i,a=1; /*等价于：auto int i,a=1;*/
  for(i=0;i<3;i++)
  {   a+=f(a);
      printf("%d ",a);
  }
}
```

运行结果：

```
7 20 53
```

说明：

本程序是将例 4-16 中的变量 s 改成局部静态变量。编译时系统为 s 在静态存储区分配存储单元，并给 s 赋初值为 5。第 1 次调用 f 函数时，函数的返回值 s 是 1+5，即 6，主函数中的 a 的值 6+1，即 7。第 2 次调用 f 函数时，s 的值是第 1 次函数调用后的值 6，而不是初值 5，其一直保存在内存中，第 2 次调用函数时，s 没有被重新赋初值，调用函数后返回值 s 为 6+7，即 13，主函数中 a 为 7+13，即 20。第 3 次调用 f 函数时，s 的值为 13，调用函数后返回值 s 为 13+20，即 33，主函数中 a 为 20+33，即 53。

【例 4-18】　从键盘输入 4 个数字，要求各不相同，否则输出无效信息。

思路：编写函数 InputGuess 实现输入数字和判断的功能，如果各不相同为有效输入，如果有两个以上的数字相同，即为无效输入。

```
#include <stdio.h>
int InputGuess( );
int b1,b2,b3,b4;
void main()
{
  int count,i;
  int level;
  printf("输入次数：");
```

```
    scanf("%d",&level);
    count=1;
    do{
    printf("\n 请输入 4 个不同的数字(例如,2  3  5  1):\n");
    if(InputGuess( )==0)
        {
          continue;
        }
    printf("第%d 输入有效\n",count);
    count++;
    }
    while(count<=level);
    printf("\n");
}
/*function 2 InputGuess*/
int InputGuess()
{
   int ret=1;
   static InputGuess0_n;    /*局部静态变量*/

   ret=scanf("%d%d%d%d",&b1,&b2,&b3,&b4);
   if(!ret)
     {
        printf("输入数字无效!!!\n");
        fflush(stdin);
        return 0;
     }
        if(b1==b2||b1==b3||b1==b4||b2==b3||b2==b4||b3==b4)
         {
            printf("输入数字要求不同，请重新输入（输入错误%d 次）\n",++InputGuess0_n);
            /*局部静态变量 InputGuess0_n，记录程序运行期间输入错误的次数*/
            return 0;
         }
         else
         {
            return 1;
          }
}
```

运行结果：

```
输入次数：2↙

请输入 4 个不同的数字(例如,2  3  5  1):
2 3 4 5↙
第 1 输入有效

请输入 4 个不同的数字(例如,2  3  5  1):
2 3 4 4↙
输入数字要求不同,请重新输入(输入错误 1 次)

请输入 4 个不同的数字(例如,2  3  5  1):
7 7 4 6↙
```

```
输入数字要求不同,请重新输入(输入错误 2 次)

请输入 4 个不同的数字(例如, 2 3 5 1):
3 4 5 6↙
第 2 输入有效
```

说明：

main 函数调用 InputGuess 函数，InputGuess 函数读入数据，输入数字有两个以上相等，其返回值为 0，同时局部静态变量 InputGuess0_n 加 1，通过在 InputGuess 函数中统计全局静态变量自增次数，即为输入错误的次数，在主函数中显示无效数据的输入次数，并提示下一次输入。如果输入的数字有效，即两两不等，InputGuess 返回值为 1，输出有效输入的次数。

请读者思考，如果定义 InputGuess0_n 为自动变量，程序的运行结果如何？

3. 外部变量

在函数外定义的变量若没有用 static 说明，则是外部变量。外部变量只能隐式定义为 extern 类别，不能显式定义，但在需要时可以用关键字 extern 声明其为外部的存储类别。

编译时，系统把外部变量分配在静态存储区，程序运行结束释放该存储单元。若定义变量时未对外部变量赋初值，在编译时，系统自动赋初值为 0。外部变量的生存期是整个程序的执行期间。外部变量的作用域是从定义处开始到源文件结束。

外部变量声明用关键字 extern，外部变量声明的一般格式为：

```
extern 数据类型说明符 变量名 1…变量名 n;
```

或

```
extern 变量名 1…变量名 n;
```

对外部变量声明时，系统不分配存储空间，只是让编译系统知道该变量是一个已经定义过的外部变量，与函数声明的作用类似。

例如：

```
int a;
f(){…)
float x;
void main(){…}
```

a 和 x 都是外部变量。例 4-18 中的 int b1,b2,b3,b4；也是外部变量。

【例 4-19】　在一个文件内声明外部变量。

```
#include <stdio.h>
 int x=2,y=2;           /*定义外部变量 x,y*/
 float f1( )            /*定义函数 f1*/
 {
   extern char c1,c2;  /*对外部变量 c1, c2 的声明, char 可以省略*/
   scanf("%c%c",&c1,&c2);
  }
 char c1,c2;       /*定义外部变量 c1, c2*/
 void main()
 {int m,n;
```

```
 f1();
 printf("%c+%c=%d\n",c1,c2,x+y);
}
```

运行结果 ：

```
xy↙
x+y=4
```

说明：

程序中，外部变量 c1、c2 是在 f1 函数之后定义的，它可以在其后的 main 函数中引用。若想在 f1 函数中引用它，必须在 f1 函数中对 c1、c2 进行外部变量声明，使 c1、c2 的作用域扩展到 f1 函数。

编写 C 程序处理一个实际问题时，为便于管理和维护，整个程序可能由多个源文件构成，每个源文件完成一定功能，为一个相对独立的程序模块，多个模块的功能完成处理任务，如此形成多文件程序结构。

在多文件程序结构中，如果一个文件中的函数需要使用其他文件里定义的全局变量，也可以用 extern 关键字声明所要用的全局变量

【例 4-20】 在多文件的程序中声明外部变量。

```
/*4_20_1.c文件中程序*/
#include <stdio.h>
int i;
void main()
{void f1(),f2(),f3();
 i=10;
 f1();
 printf("\tmain: i=%d",i);
 f2();
 printf("\tmain: i=%d",i);
 f3();
 printf("\tmain: i=%d\n",i);
}
void f1()
{i++;
 printf("f1: i=%d",i);
}
```

```
/*4_20_2.c文件中程序*/
#include <stdio.h>
extern int i; /*对外部变量i进行声明*/
void f2()
{int i=30;
 printf("\nf2: i=%d",i);
}
void f3()
{i=30;
 printf("\nf3: i=%d",i);
}
```

运行结果：

```
f1: i=11      main: i=11
f2: i=30      main: i=11
f3: i=30      main: i=30
```

说明：

该程序存放在两个文件中。其中，file1.c 文件中定义了一个外部变量 i，它在 main 函数和 f1 函数中有效。而 file2.c 文件的开头有一个对外部变量 i 的声明语句，这使得 file1.c 中定义的外部变量 i 的作用域扩展到 file2.c 中，因而，在 file2.c 中的 f2 函数和 f3 函数都可以引用外

部变量 i。但由于 f2 函数中又定义了同名变量 i，因此，在 f2 函数中所使用的变量 i 是局部变量，外部变量 i 暂时不起作用。在 f3 函数中所使用的变量 i 是外部变量。此例也可以将外部变量声明语句放在 f3 函数体中，这样，外部变量的作用域只扩展到 f3 函数，在 file2.c 的其他函数中无效。

4. 寄存器变量

寄存器变量的值保存在 CPU 的寄存器中。由于 CPU 中寄存器的读/写速度比内存读 / 写速度快，因此，可以将程序中使用频率高的变量（如控制循环次数的变量）定义为寄存器变量，这样可以提高程序的执行速度。

访问寄存器中的变量要比访问内存中的变量速度快，但由于寄存器数量有限，不同类型的计算机寄存器的数目不同，所以，一个程序中可以定义的寄存器变量的数目也不同。当寄存器没有空闲时，系统将寄存器变量当作自动变量处理。因此，寄存器变量的生存期与自动变量相同。因为受寄存器长度的限制，寄存器变量只能是 char、int 和指针类型的变量。

随着计算机硬件性能的提高，寄存器变量使用的比较少了。

4.5　编译预处理

编译预处理是指编译系统对源程序进行编译之前，首先对程序中某些特殊的命令行进行处理，然后将处理的结果和源程序一起进行编译生成目标程序。这些特殊的命令被称为预处理命令。它们不是 C 语言中的语句，可以根据需要出现在程序的任何一行中，行首必须以“#”开头，一行只能有一个预处理命令。因为预处理命令不是 C 语言语句，所以不以分号结尾，与 C 语言中语句的语法无关。常用预处理指令如表 4-2 所示。

表 4-2　　预处理命令表

预处理命令	格　式	功能说明
#include	#include <头文件名> #include " 头文件名 "	将一个头文件嵌入（包含）到当前文件
#define	#define 宏名（标识符）字符串	把字符串命名为标识符（用标识符代表字符串）。标识符可以表示符号常量或宏名，编写源程序时代替“字符串”出现在程序中，编译时又被替换为“字符串”内容
#undef	#undef 标识符	撤销前面用#define 定义的标识符
#ifdef	#ifdef 标识符 　语句 #endif	条件编译。如果已定义了“标识符”，则编译“语句”
#ifndef	#ifndef 标识符 　语句 #endif	如果未定义了“标识符”，则编译“语句”

编译预处理的主要功能包括：宏定义（不带参数的宏定义和带参数的宏定义）、文件包含和条件编译。本节将简单介绍这些功能。

4.5.1 宏定义

1. 不带参数的宏定义

前面介绍的符号常量的定义方法就是不带参数的宏定义。

不带参数的宏定义形式为：

```
#define 宏名␣字符串
```

其中，define 为宏定义命令，宏名为一个标识符，字符串不用双引号括起来，若有双引号，则双引号作为字符串的一部分。宏命令、宏名和字符串之间用空格隔开。例如：

```
#define PI  3.1415926
```

在编译预处理时，把此命令作用域内源程序中出现的所有宏名用宏名后面的字符串替换，将这个替换过程称为“宏替换”或“宏展开”，字符串也称为替换文本。

【例 4-21】 将例 4-13 程序中的输出格式串换成宏名。

程序代码如下：

```
#define  PRINTF  printf("\ta=%d b=%d c=%d\n",a,b,c);
void sub(int a,int b)
{ int c;
  a=a+1;  b=b+2;  c=a+b;
  printf("sub: ");PRINTF
}
void main()
{ int a=1,b=2,c=3;
  printf("main:  ");PRINTF
  sub(a,b);
  printf("main:  ");PRINTF
  { int  a=2,b=2;
    c=4;
    printf("comp: ");PRINTF
  }
   printf("main: ");PRINTF
}
```

在编译预处理阶段，将程序中的宏名 PRINTF 替换为 printf("\ta=%d b=%d c=%d\n",a,b,c);

关于不带参数的宏定义，有以下说明：

（1）宏定义的作用域是从定义处开始到源文件结束，但根据需要可用 undef 命令终止其作用域。其形式为：

```
#undef  宏名
```

预处理程序扫描到“#undef 宏名”时，就会停止对该宏名的替换。

为了使源程序格式清晰、规范，建议最好将所有的宏定义命令放在源文件的开头。

（2）为了增加程序的可读性，建议宏名用大写字母，其他的标识符用小写字母。

（3）不替换双引号中与宏名相同的字符串。

（4）已经定义的宏名可以被后定义的宏名引用。在预处理时将层层进行替换。

【例 4-22】　不带参数的宏定义。在例 4-1 定义使用宏定义。

程序代码如下：

```
#include<stdio.h>
#define N 10
#define PRINTF printf("1～%d之间，相邻两数的立方差是：  \n",N);
    int cube(int y);
    void main()
    {  int x,last,nowcb;
       last=1;
       PRINTF
       for(x=2;x<=N;x++)
    {
           nowcb=cube(x);
           printf("%d ",nowcb-last);
           last=nowcb;
    }
       printf("\n");
    }
    int cube(int y )  /*函数定义*/
    {  return y*y*y;
    }
```

说明：

（1）主函数中的语句：

```
PRINTF
```

在编译预处理时被替换为：

```
printf("1～%d之间，相邻两数的立方差是：  \n",10);
```

然后再进行正常的编译，替换后有无语法错误编译后才可知。

（2）使用宏定义可以增加程序的可读性，而且便于程序的修改和移植。

2. 带参数的宏定义

带参数的宏定义命令的一般形式：

```
#define 宏名(形参表)  字符串
```

例如：

```
#define MAX(X,Y)  ((x)>(Y)?(X) :(Y))
```

在编译预处理时，把源程序中所有带参数的宏名用宏定义中的字符串替换，并且用宏名后圆括号中的实参替换字符串中的形参。

【例 4-23】　带参数的宏定义。

程序代码如下：

```
#define   MAX(x,y)     (x)>(y)?(x):(y)
void main()
{
       int a=5,b=2,c=3,d=3, t;
       t = MAX(a+b, c+d)*10;
```

```
    printf("%d\n", t);
}
```

运行结果：

7

在预处理时，将宏名 MAX(a+b, c+d)替换成字符串(x)>(y)?(x):(y)，并且替换时用实参 a+b 替换形参 x，实参 c+d 替换形参 y，即程序中 t 的赋值语句被展开为：

```
t=(a+b)>(c+d)?(a+b):(c+d)*10;
```

将各个变量的值带入后，t=(5+2)>(3+3)?(5+2):(3+3)*10;结果为 7。

对于不带参数的宏定义的说明也适合于有参宏定义，另外再补充几点：

（1）宏名和括号之间不能有空格，否则预处理程序视其为不带参数的宏定义。

（2）建议在宏定义时，将字符串及字符串中的形参用圆括号括起来。因为在宏展开时，系统仅对实参和形参进行简单的文本替换，不像函数调用要先把实参的值求出来再传递给形参。因此，若宏定义中不加括号，替换后可能会造成错误的结果。例如，由于替换文本中的(x)>(y)?(x):(y)没有用括号括起，所以，替换后也不能用括号括起，看成一个表达式，就是说，如果改成#define MAX(x,y) ((x)<(y)?(x):(y))时，输出结果为 60。

4.5.2 文件包含

#include 命令用来将一个头文件包含到源程序中。< >中的头文件是系统提供的头文件，存放在编译软件文件夹下面的“include”文件夹。如果程序中使用库函数，则要在源程序中包含该库函数原型声明的头文件（例如，math.h）。每个标准库所对应的头文件，包含了该库中各个函数的函数原型，这些函数所需的各种数据类型和常量的定义。表 4-3 列出了程序中常用的 C 语言标准库头文件。

表 4-3 常用的 C 语言标准库头文件

标准库头文件	说　明
<assert.h>	包含增加诊断以帮助程序调试的宏和信息
<math.h>	包含数学库函数的函数原型
<stdio.h>	包含标准输入，输出库函数的函数原型及其使用的信息
<stdlib.h>	包含将数字变为文本、将文本变为数字、内存分配、随机数和各种其他工具函数的函数原型
<string.h>	包含 C 语言方式的字符串处理函数原型
<time.h>	包含操作时间和日期的函数原型和类型

编程中，使用 C 语言的标准库函数，需要在源程序的开始，使用 include 的指令包含相应的头文件。文件包含形式如下：

```
#include <头文件名>
```

例如：

```
#include <stdio.h>
void main()
{…}
```

4.5.3 条件编译

C 语言中有一个编程技巧是通过使用条件编译，在调试程序时，显示一些调试的信息。在调试完毕后，屏蔽掉一些编译条件，调试信息就不显示了。使用的是#ifdef 和#ifndef 命令用于条件编译。形式为：

```
#define debug_mode
#ifdef debug_mode
```

显示调试信息的语句:

```
#endif
```

其中，debug_mode 是任意的标识符。

具体使用的方式是：在调试时，因为指定的标识符已经定义，所以“显示调试信息的语句”可以被编译和执行。等到调试结束后，把定义标识符的命令注释掉，其他语句都不要修改，调试信息就不会显示，而是只显示正常的运行结果。相应的程序变为：

```
/*#define debug_mode*/
#ifdef debug_mode
```

显示调试信息的语句;

```
#endif
```

取消对 debug_mode 标识符的定义，其他都不变。

【例 4-24】　为了调试猜字游戏，显示随机生成的一组数字，用于提示输入的情况。有条件地增加一条输出语句，显示每次要求猜出的正确数字。通过条件编译命令，添加调试信息的显示。

程序代码如下：

```
#include <stdio.h>
#include <time.h>
/*#define debug_mode*/
int a1,a2,a3,a4;
void MakeDigit( );
void main()
{int n;
srand(time(NULL));
MakeDigit( );
#ifdef debug_mode
  printf("%d%d%d%d\n",a1,a2,a3,a4); /*调试中可以加入此语句，来分析结果的含义*/
#endif
 }
/*function 1 MakeDigit*/
void MakeDigit( )
{int k;
k=rand()%10;a1=k ;
while(a1==k)  k=rand()%10;a2=k;
while(a1==k||a2==k) k=rand()%10; a3=k;
while(a1==k||a2==k||a3==k) k=rand()%10; a4=k;
}
```

说明：

程序运行后，没有输出显示，如果将程序第 3 行的命令加入（取消注释），输出：9326，为生成的一组随机数字，用于提示编程人员确定不同的输出以便全面测试。

程序越复杂，显示调试信息就越必要：可以帮助解决程序中的逻辑错误。这些编程技巧的熟练使用，还是要通过编程的实践来体会。

4.6 案例设计及实现：猜数字游戏程序

4.6.1 案例程序设计

猜数字游戏需要实现的功能是，对比两组数字的关系，首先需要产生一组待猜的原始数据，这需要一个函数 MakeDigit 来生成。还需要一组用户从键盘输入的同样数目的一组猜出的数据，也需要一个函数 InputGuess 来读入。程序会根据对比的结果给出提示，包括 A（位置和数值都正确的数字）的数目和 B（数值正确而位置不正确的数字）的数目，所以需要一个判断 A 情况的函数 IsRightPosition 和一个判断 B 情况的函数 IsRightDigit。另外，因为还没有学习数组的使用，本案例设计了一个数组操作的模拟器，对应的函数为 ArrayOperating，能够根据输入的变量名在程序的运行中来选择变量应用于比较中，方便循环的编写。

程序的设计分为数据和函数设计两个部分。

数据设计：因为原始数据和输入的用户输入两组数据是程序中所有函数都要用到的，所以定义两组变量 a1，a2，a3，a4 和 b1，b2，b3，b4 为全局变量。这样相当于在 4 个功能函数和主函数之间可以传递这些数据，4 个功能函数都是无参函数，不需要从主函数获得数据。定义了一个局部静态变量 InputGuess0_n，通过其累加一次运行中输入错误的次数。其他变量都定义为局部自动变量。

函数设计部分如下。

1. 主函数

主函数流程如图 4-4 所示。

2. 自定义函数设计

本案例中共包含 5 个自定义函数。

（1）MakeDigit 函数

原型为：void MakeDigit( )，是无参无返回值的函数。

功能：产生一组 4 个随机的数字，即随机的 4 个一位数（本案例没有设计成数字字符，有兴趣的读者自己设计）。

实现方法：

```
srand(time(NULL));
k=rand()%10;
a1=k ;
```

得到第 1 个数字，然后：

```
while(a1==k)  k=rand()%10;a2=k;
```

得到与第 1 个数字不同的，作为第 2 个数字，依次类推，得到第 3、4 个数字。

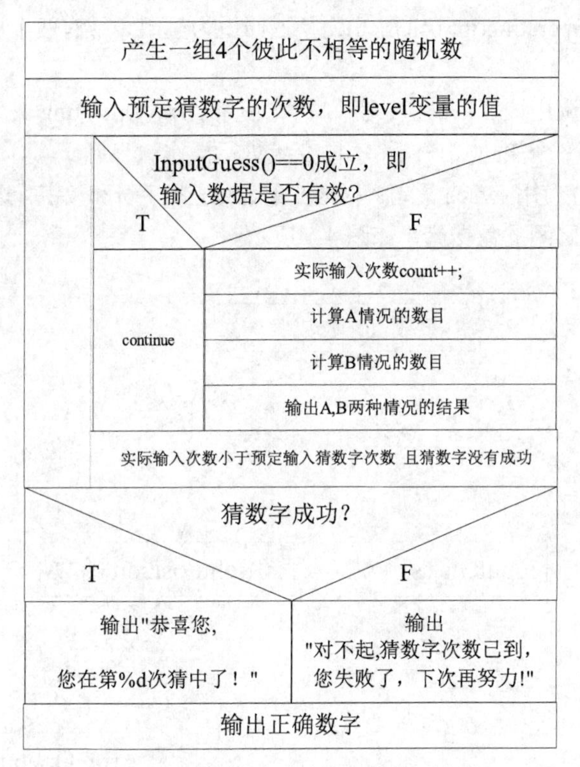

图 4-4　猜数字游戏主函数流程图

（2）InputGuess 函数

原型为：int InputGuess( )，是返回值为整型的无参函数。

功能：读入 4 个彼此不相等的数字。

实现方法：输入的 4 个数字出现系统错误或有两两相等的情况时，返回 0 表示出错，在主函数中重新调用该函数，直至读入符合要求的彼此不相等的 4 个数字，返回 1，即输入有效，结束其调用。

（3）IsRightPosition 函数

原型为：int IsRightPosition( )，是返回值为整型的无参函数。

功能：判断两组数字中属于 A（位置和数值都正确数字）情况的数目。

实现方法：使用一层循环，依次比较是否相等，如果相等变量 rightPosition 加 1，比较结束返回 rightPosition 的值给主函数。

（4）IsRightDigit 函数

原型为：int IsRightDigit( )，是返回值为整型的无参函数。

功能：判断两组数字中属于 B（数字正确而位置不正确的数字）情况的数目。

实现方法：使用两层循环，实现每组 4 个数字和另外一组 4 个数字的轮流比较，如果相等变量 rightDigit 加 1，比较结束返回 rightDigit 的值给主函数，在主函数中：

```
rightDigit = rightDigit -rightPosition;
```

得出 B 情况的数目。

除了 4 个功能函数外，本案例中还设计了一个数组操作模拟器。

（5）ArrayOperating 函数

原型为：int ArrayOperating(int i,char ch)，是返回值为整型，带有两个形式参数，分别是整型和字符型的函数。

功能：根据变量名调用该变量的值，例如 a1，使用 ArrayOperating(1, 'a');返回值为 a1 的值，这样在循环中可以用同一个表达式来调用不同变量进行操作。

实现方法：函数中，使用 switch 语句，根据变量名对应的字符和数字，选择对应变量的返回值。

案例中，各个函数之间的数据流，如图 4-5 所示。

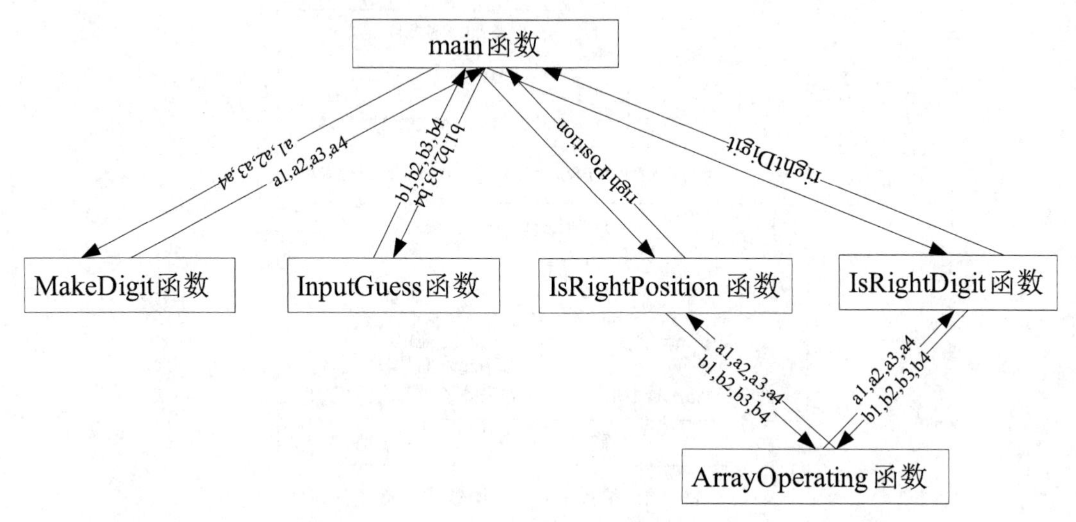

图 4-5　猜数字游戏程序函数之间数据传递示意图

4.6.2　案例程序代码

【例 4-25】　猜数字游戏程序实现程序。

```
#include <stdio.h>
#include <time.h>
#include <stdlib.h>
/*#define debugmode*/
#define A(X) ArrayOperating(X,'a')   /*带参数的宏替换，简化程序中对 ArrayOperating 函数的调用*/
#define B(X) ArrayOperating(X,'b')
#define SWITCH(X,Y) switch(ch){case 'a': return X; case 'b': return Y;}
int a1,a2,a3,a4;
int b1,b2,b3,b4;
/*function 5 ArrayOperating*/
int ArrayOperating(int i,char ch)
{
switch(i)
{
    case 1:
        SWITCH(a1,b1)
    case 2:
        SWITCH(a2,b2)
    case 3:
        SWITCH(a3,b3)
    case 4:
```

```
    SWITCH(a4,b4)
    }
}
void MakeDigit( );
int InputGuess( );
int IsRightPosition( );
int IsRightDigit( );
void main()
{
    int count,i;
    int rightDigit;
    int rightPosition;
    int level;
    MakeDigit( );   /*主函数调用 MakeDigit 函数，无参函数*/
#ifdef debugmode
    printf("正确数字为：%d%d%d%d\n",a1,a2,a3,a4); /*使用编译预处理命令，调试中可以加入此语句，
来分析结果的含义*/
#endif
    printf("输入猜数字的次数：");
    scanf("%d",&level);
    count=1;
    do{
       printf("\n 第%d 次,共%d 次\n",count,level);
       printf("请输入 4 个不同的数字（例如,2 3 5 1）：\n");
       /*input guess*/
       if(InputGuess( )==0) /*主函数调用 InputGuess 函数，返回 InputGuess 的值，判断是否正确
输入所猜的数字，输入不正确要求重新输入*/
       {
          continue;
       }
     count++;
     rightPosition=IsRightPosition( );
     /*主函数调用 IsRightPosition 函数，返回 rightPosition 的值*/
     rightDigit=IsRightDigit( );
     /*主函数调用 IsRightDigit 函数，返回 rightDigit 的值*/
     rightDigit=rightDigit-rightPosition;
     printf("%dA%dB",rightPosition,rightDigit);
     printf("（A 表示位置和数值都正确，B 表示数字正确，位置不正确）\n\n");
      }
  while(count<=level&&rightPosition!=4);
  if(rightPosition==4)
  {
     printf("恭喜您，您在第%d 次猜中了！\n",--count);
  }
  else
  {
     printf("对不起,猜数字次数已到,您失败了,下次再努力!\n");
   }
  printf("正确的数字为：%d%d%d%d\n",a1,a2,a3,a4);
}
/*function 1 MakeDigit*/
void MakeDigit( )
```

```
{
 int k;
 srand(time(NULL)); /*主函数调用srand函数产生随时间不同的随机数*/
 k=rand()%10;a1=k ;
 while(a1==k)  k=rand()%10;a2=k;
 while(a1==k||a2==k) k=rand()%10; a3=k;
 while(a1==k||a2==k||a3==k) k=rand()%10; a4=k;
 }
/*function 2 InputGuess*/
int InputGuess()
{ static InputGuess0_n;   /*局部静态变量定义*/
   int ret=1;
   ret=scanf("%d%d%d%d",&b1,&b2,&b3,&b4);
   if(!ret)
   {
   printf("输入数字无效!!!\n");
   fflush(stdin);
   return 0;
   }
   if(b1==b2||b1==b3||b1==b4||b2==b3||b2==b4||b3==b4)
   { ++InputGuess0_n;
     printf("输入数字要求不同,请重新输入（输入错误%d次）\n",InputGuess0_n);
     /*局部静态变量InputGuess0_n，记录程序运行期间输入错误的次数*/
     return 0;
    }
    else
    {
      return 1;
     }
}
/*function 3 IsRightPosition*/
int IsRightPosition( )
{
  int rightPosition=0;
  int j;
  for(j=1;j<=4;j++)
  {
     if(B(j)==A(j))
     {
       rightPosition=rightPosition+1;
     }
  }
 return rightPosition;
}
/*function 4 IsRightDigit*/
int IsRightDigit()
{
   int rightDigit=0;
   int j,k;
   for(j=1;j<=4;j++)
   {
      for(k=1;k<=4;k++)
      {
          if(B(j)==A(k))
```

```
        {
          rightDigit=rightDigit+1;
         }
      }
    }
   return rightDigit;
}
```

说明：

猜数字程序所使用的函数相关知识包括：函数定义、函数调用、函数声明、函数嵌套调用、全局变量、静态变量以及宏定义和条件编译。

思考：

（1）在本案例的基础上增加代码，记录猜测的中间过程，使程序更加完善。

（2）编程随机生成英文字母，实现猜字母的游戏。

4.6.3　案例功能测试

将编译预处理命令的注释去掉，即恢复定义#define debugmode，进入调试状态。

测试使用 3 组用例：

1. 目的：测试失败提示

方法：（1）输入猜数字的次数为 3；

　　　（2）3 次输入 4 个不同但不正确的数字。

运行结果如图 4-6 所示。

2. 目的：测试成功提示

方法：（1）输入猜数字的次数为 3；

　　　（2）在第 2 次输入正确的数字。

运行结果如图 4-7 所示。

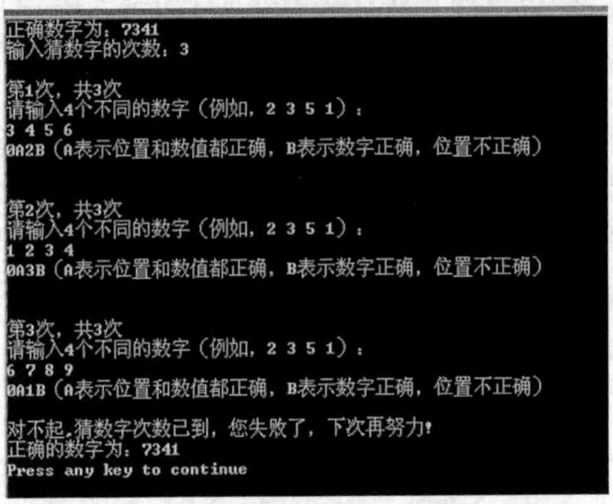

```
正确数字为：7341
输入猜数字的次数：3

第1次，共3次
请输入4个不同的数字（例如，2 3 5 1）：
3 4 5 6
0A2B（A表示位置和数值都正确，B表示数字正确，位置不正确）

第2次，共3次
请输入4个不同的数字（例如，2 3 5 1）：
1 2 3 4
0A3B（A表示位置和数值都正确，B表示数字正确，位置不正确）

第3次，共3次
请输入4个不同的数字（例如，2 3 5 1）：
6 7 8 9
0A1B（A表示位置和数值都正确，B表示数字正确，位置不正确）

对不起,猜数字次数已到，您失败了，下次再努力!
正确的数字为：7341
Press any key to continue
```

图 4-6　猜数字游戏程序测试 1 运行结果

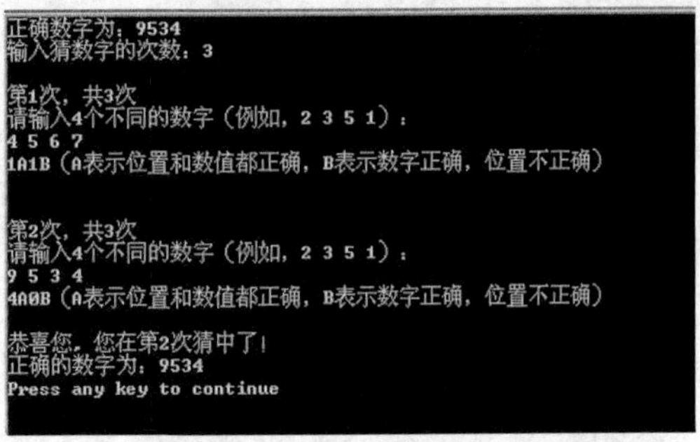

```
正确数字为：9534
输入猜数字的次数：3

第1次，共3次
请输入4个不同的数字（例如，2 3 5 1）：
4 5 6 7
1A1B（A表示位置和数值都正确，B表示数字正确，位置不正确）

第2次，共3次
请输入4个不同的数字（例如，2 3 5 1）：
9 5 3 4
4A0B（A表示位置和数值都正确，B表示数字正确，位置不正确）

恭喜您，您在第2次猜中了!
正确的数字为：9534
Press any key to continue
```

图 4-7　猜数字游戏程序测试 2 运行结果

3. 目的：测试输入错误提示

方法：（1）输入猜数字的次数为 3；

　　　（2）连续输入 2 组数据中，每次至少有 2 个数字相等。

运行结果如图 4-8 所示。

通过上面 3 组测试用例的功能与设计相符，达到要求。

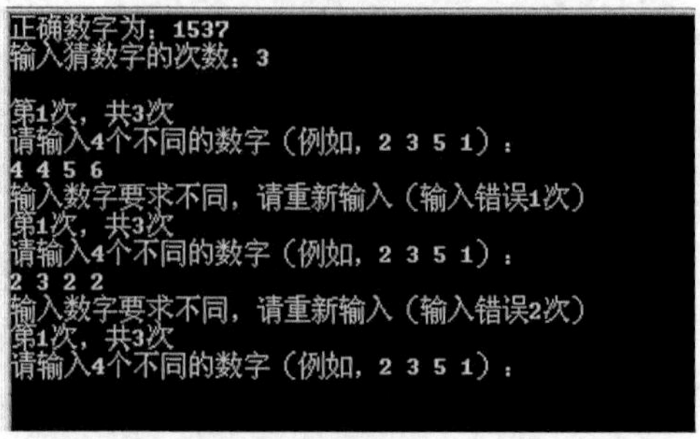

```
正确数字为：1537
输入猜数字的次数：3

第1次，共3次
请输入4个不同的数字（例如，2 3 5 1）：
4 4 5 6
输入数字要求不同，请重新输入（输入错误1次）
第1次，共3次
请输入4个不同的数字（例如，2 3 5 1）：
2 3 2 2
输入数字要求不同，请重新输入（输入错误2次）
第1次，共3次
请输入4个不同的数字（例如，2 3 5 1）：
```

图 4-8　猜数字游戏程序测试 3 运行结果

本章小结

C 语言中，程序从 main 开始执行，以 main 终止，其他函数通过调用后方能执行；函数定义负责定义函数的功能，未经定义的函数不能使用；函数说明负责通知编译系统该函数已经定义过了；函数调用完成执行一个函数。本章详细介绍了关于函数的知识，重点介绍了对函数的定义方法与函数声明、函数的类型和返回值；函数的调用以及嵌套调用；形式参数与实际参数，函数之间的数据传递。函数是实现算法的基本单位，函数的设计和使用是学习程序设计必须掌握的基本知识。

C 语言中变量必须先定义后使用，变量的数据类型决定了计算机为变量预留多少存储空间以及该变量上应具有的一组运算；变量的存储类型确定了一个变量的作用域和生存期。本章讨论了变量的存储类型，介绍了局部变量和全局变量；变量的存储类别（自动、静态、寄存器、外部），变量的作用域和生存期。这些也是必须掌握的基本知识。

编译预处理，就是在 C 编译程序对 C 源程序进行编译前，由编译预处理程序对编译预处理命令行进行处理的过程。正确地使用这一功能，可以更好地体现 C 语言的易读、易修改和易移植的特点。

习　　题

一、单选题

1. 以下函数值的类型是（　　）。

```
fun(float x)
{float y;
   y=3*x-4;
   retun y;
   }
```

A. 不确定　　B. float　　C. void　　D. int

2. 若有以下函数调用语句：fun(a,(x,y),fun(n+k,d,(a,b)));，在此函数调用语句中实参的个数是（　　）。

A. 3　　B. 4　　C. 5　　D. 6

3. 以下对 C 语言函数的有关描述中，正确的是（　　）。
   A. 在 C 语言中，调用函数时，只能把实参的值传送给形参，形参的值不能传送给实参
   B. C 语言中的函数既可以嵌套定义又可以递归调用
   C. 函数必须有返回值，否则不能使用函数
   D. C 语言程序中有调用关系的所有函数必须放在同一个源程序文件中
4. 以下叙述不正确的是（　　）。
   A. 在不同的函数中可以使用相同名字的变量
   B. 函数中的形式参数是局部变量
   C. 在一个函数内定义的变量只在本函数范围内有效
   D. 在一个函数内的复合语句中定义的变量在本函数范围内有效
5. C 语言规定，除 main 函数外，程序中各函数之间（　　）。
   A. 既允许直接递归调用，也允许间接递归调用
   B. 不允许直接递归调用，也不允许间接递归调用
   C. 允许直接递归调用，不允许间接递归调用
   D. 不允许直接递归调用，允许间接递归调用
6. C 语言中形参的默认存储类别是（　　）。
   A. 自动（auto）　　B. 静态（static）
   C. 寄存器（register）　　D. 外部（extern）
7. 以下叙述正确的是（　　）。
   A. 每个 C 语言程序都必须在开头使用预处理命令：#include　<stdio.h>
   B. 预处理命令必须在 C 源程序的首部
   C. 在 C 语言中，预处理命令都以“#”开头
   D. C 语言的预处理命令只能实现宏定义和条件编译功能
8. C 语言的编译系统对宏替换命令是（　　）。
   A. 在程序运行时进行代换
   B. 在程序连接时进行代换
   C. 和源程序中其他 C 语言同时进行编译
   D. 在对源程序中其他部分正式编译之前进行处理
9. 以下关于宏的叙述正确的是（　　）。
   A. 宏名必须用大写字母表示
   B. 宏定义必须位于源程序所有语句之前
   C. 宏替换没有数据类型限制
   D. 宏替换比函数调用耗费时间
10. 函数 fun 的功能是计算 x^n。

```
double fun(double x,int n)
{int i;
  double y=1;
  for(i=1;i<=n;i++) y=y*x;
  return y;
}
```

主函数中已经正确定义 m、a、b 变量并赋值，并调用 fun 函数计算：m=a^4+b^4-(a+b)^3。实

现这一计算的函数调用语句，以下正确的为（　　）。

A. m=fun(a^4)+fun(b^4)−fun((a+b)^3);

B. m=fun(a,b,a+b)

C. m=fun(a,4)+fun(b,4)−fun((a+b),3);

D. m=fun((a,4),(b,4),((a+b),3));

二、读程序写结果

1. 程序代码如下：

```
#include <stdio.h>
int a=3;
int fun(int x)
{if(x==0)   return a;
return fun(x-1)*x;
}
void main()
{int a=10;
 printf("%d\n",fun(5)+a);
}
```

2. 程序代码如下：

```
#include  <stdio.h>
int abc(int x,int y);
void main()
{int a=24,b=16,c;
 c=abc(a,b);
 printf("%d\n",c);}
 abc(int x,int y)
   {int z;
    while(y)
    {z=x%y;x=y;y=z;}
    return x;}
```

3. 程序代码如下：

```
#include  <stdio.h>
func(int a,int b)
{static int m=0,i=2;
 i+=m+1;
 m=i+a+b;
 return m;}
void main()
{int k=4,m=1,n;
 n=func(k,m);printf("%d,",n);
 n=func(k,m);printf("%d\n",n);}
```

4. 程序代码如下：

```
#include  <stdio.h>
#define PT 5.5
#define S(x) PT*x*x
void main()
{int  a=1,b=2;
 printf("%4.2f\n",S(a+b));
    }
```

5. 程序代码如下：

```
#include  <stdio.h>
 int d=0;
 fun(int x)
 {int d=5;
  d+=x++;
  printf("%d",d);}
  void main()
  {int a=1;
  fun(a);
  ++d;a++;
  printf("%d\n",d);}
```

6. 程序代码如下：

```
#include <stdio.h>
f(int a)
{int b=0;static c=3;
 a=b++,c++;
 return a;   }
void main()
{int a=2,i,k;
 for(i=0;i<2;i++)
      k=f(a++);
 printf("%d\n",k);
}
```

7. 程序代码如下：

```
#include <stdio.h>
#define f(x) x*x
void main()
{int a=6,b=2,c;
 c=f(a)/f(b);
 printf("%d\n",c);
}
```

8. 程序代码如下：

```
#include <stdio.h>
int incre();
int x=3;
void main()
{ int i;
  for(i=1;i<x;i++) incre();
  printf("\n");
}
incre()
{  static int x=1;
   x*=x+1;
   printf("%2d",x);
}
```

9. 程序代码如下：

```
#include <stdio.h>
#define X 5
```

```
#define Y X+1
#define Z Y*X/2
void main()
{
 int a; a=Y;
 printf("%d,",Z);
 printf("%d\n",--a);
}
```

10. 程序代码如下：

```
#include <stdio.h>
#define N 2
#define Y(n)((n+1)*n)
 void main()
 {   printf("%d,",2+(N+Y(5)));
     printf("%d\n",2+(N+Y(4+1)));}
```

三、程序填空

1. 编写程序，判断 1000 到 2010 年之间的某年是否为闰年，若是返回 1，否则返回 0。

```
#include <stdio.h>
fun(int m)
{ return (m%4==0)&&(m%100!=0)||(m%400==0);}
void main()
{  int n;
   for (n=__【1】__;n<2009;n++)
      if(__【2】__)
          printf("year:%d is a leap! \n",n);
}
```

2. 编写两个函数，分别求出两个整数的最大公约数和最小公倍数，用主函数调用这两个函数，并输出结果，两个整数由键盘输入。

```
#include <math.h>
#include <stdio.h>
fmax(int m,int n)
{int r;
 r=m%n;
 while (__【1】___)
   {m=n;n=r;r=m%n;}
 return n;
}
fmin(int m,int n)
{ return  __【2】__;}
void main()
{  int a,b;
   scanf("%d%d",&a,&b);
   printf("fmax is:%d\n",fmax(__【3】__));
   printf("fmin is:%d\n",fmin(__【4】__));
}
```

3. 编写函数，根据整型形参 m 的值，计算公式 t=1−1/22−1/32…1/m2 的值。例如，若 m=5，则应输出 0.536389。

```
#include <stdio.h>
#define N  5
float fun(int m)
{float t=1;
 int i;
 for(i=2;i<=__【1】__;i++)
    t=t-1.0/i/i;
 return t;
}
void main()
{
   printf("t(N)=%f\n",__【2】___);
}
```

4. 编写函数，判断某一整数是否为回文数，若是返回 1，否则返回 0。所谓回文数就是该数正读与反读是一样的。例如 12321 就是一个回文数。

```
#include <stdio.h>
#include <math.h>
huiwen(int m)
{int t,n=0;
 t=m;
 while(t)
 {n++;  t= t/10;}                                /*求出 M 是几位的数*/
   t=m;
   while(t)
       {if(t/(int)pow(10,n-1)!=t%10)             /*比较其最高位和最低位*/
        return 0;
        else
        {t=__【1】___;                           /*去掉其最高位*/
        t=__【2】___;                            /*去掉其最低位*/
        n=n-2;                                   /*位数去掉了两位*/
        }
 }
 return 1;
}
void main()
{  int x;
   scanf("%d",&x);
   if (__【3】___)
     printf("%d is a huiwen!\n",x);
   else
     printf("%d is not a huiwen!\n",x);
}
```

5. 编写一个求水仙花数的函数，然后通过主函数调用该函数求 100 到 999 之间的全部水仙花数。所谓水仙花数是指一个三位数，其各位数字的立方和等于该数本身。

例如，153 就是一个水仙花数：153=1*1*1+5*5*5+3*3*3。

```
#include <stdio.h>
#include <math.h>
fun(int m)
```

```
{int a,b,c;
 a=m/100;  b=m/10%10;   c=m%10;
 if(___【1】___)
    return 1;
 else
    __【2】____;
}
void main()
{  int i;
   for(i=100;i<=999;i++)
     if(_【3】__)
         printf("%5d",i);
   printf("\n");
}
```

四、编程题（以下各题均用函数实现）

1. 编写函数，并在主函数中调用，计算组合数：

$$c(n,k)=n!/(k!(n-k)!)$$

2. 编写程序，显示10个随机数，并统计其中小于2 000的数据个数。

3. 利用随机函数，设计一个可以显示10个带一位小数的浮点数程序。提示，可以通过将一个随机数除以10.0的方法获得带一位小数的浮点数。如果程序运行正常，修改程序满足下面要求：

（1）实现每次运行时产生不同的一组数据；

（2）生成数据范围：100.0～999.0之间。

4. 设计一个打印年历的程序。要求，打印每个月的月历的功能有一个独立的函数完成，程序运行时，主程序通过若干次调用该函数完成年历的输出。注意处理闰年问题。

5. 超级素数：一个素数依次从低位去掉一位、两位……若所得的数依然是素数，如239就是超级素数。试求100～9999之内：

（1）超级素数的个数；

（2）所有超级素数之和；

（3）最大的超级素数。

6. 其平方等于某两个正整数平方和的正整数称为弦数。例如，因25=16+9，故5是弦数，求（121，130）之间有多少个弦数，最大和最小的弦数。

7. 有一个8层灯塔，每层所点灯数都等于该层上一层的两倍，一共有765盏灯，求塔底的灯数。

第5章 数组

【本章内容提要】

本章首先通过案例说明为什么使用数组以及数组的概念，然后介绍一维数组、二维数组的定义、引用、初始化和应用；字符数组与字符串的概念，字符数组的定义、初始化和字符数组的引用；字符串处理函数和字符数组的应用。

【本章学习重点】

- 掌握数组的定义及引用方法；
- 掌握数组的输入、输出方法；
- 掌握与数组有关的一些常用算法，如求最大（小）值、排序、将一组数据按逆序存放以及字符串的输入、输出、比较、复制、连接等常用的操作处理。

5.1 数组概述

1．用案例说明为什么使用数组

本章之前程序中使用的变量都是单个定义的，每个变量都有一个名字，每个变量存储一个数据，这种变量称为简单变量。例如，定义整型变量 a，a 只能存放一个整数。如果要对一批数据进行输入、输出或统计等处理，定义多个变量来存储一批数据不如定义数组方便有效，以例 5-1 说明。

【例 5-1】 设计一个程序，将 *n* 个人某门课程的成绩输入计算机，求平均成绩和高于平均成绩的人数。

如果使用简单变量存放数据，以 5 个人的成绩为例，程序代码如下：

```
#include "stdio.h"
void main()
{int n=0;
 float s,ave,a1,a2,a3,a4,a5;
  scanf("%f%f%f%f%f",&a1,&a2,&a3,&a4,&a5);
  s = a1 + a2 + a3 + a4 + a5;
  ave = s / 5;
  if (a1 > ave) n++;
  if (a2 > ave) n++;
  if (a3 > ave) n++;
       if (a4 > ave) n++;
       if (a5 > ave) n++;
       printf("%f  %d\n",ave, n);
}
```

如果要统计 10 个人的平均成绩和高于平均成绩的人数，上述语句的条数就要增加 5 条。可想而知，这样的程序不但代码长且质量差。

如果使用数组来存储 10 个人的数据，此题就可以使用循环结构实现，程序代码如下：

```
#include "stdio.h"
void main()
{int n=0,i;
 float s=0,ave,a[10];
 for(i=0;i<10;i++)
 { scanf("%f",&a[i]);
   s=s+a[i];
 }
 ave=s/10;
 for(i=0;i<10;i++)
   if (a[i]>ave) n++;
 printf("平均成绩为：%.1f\n 高于平均成绩的人数为：%d\n",ave, n);
}
```

程序运行情况如下：

```
56 78 82 98 84 75 91 68 73 82↙
平均成绩为：78.7
高于平均成绩的人数为：5
```

在程序的第 4 行定义了一个数组 a，a 数组中有 10 个元素，这 10 个元素用下标来区分，分别为 a[0]、a[1]、a[2]…a[9]。每个元素就是 1 个单精度类型的数据。如果要处理的数据是 100 个，只要将数组定义中数组的长度 10 改为 100，循环语句中的循环条件改为 i<100 即可，不需要增加语句的条数。显然，使用数组编程，程序代码精炼且容易修改。

2. 数组与数组元素的概念

数组是用一个名字表示的一组相同类型的数据的集合，这个名字就称为数组名。如例 5-1 中的数组 a，a 是数组名。数组中的数据分别存储在用下标区分的变量中，这些变量称为下标变量或数组元素，如 a[0]、a[1]…a[i]。每个下标变量相当于一个简单变量，数组的类型也就是该数组的下标变量的数据类型。

数组属于构造类型。除数组外，结构体类型、共用体类型也属于构造类型。构造类型的数据是由基本类型数据按一定规则构成的。

C 语言中使用的数组包括一维数组和多维数组。本章重点介绍一维数组和二维数组的概念和应用。

5.2 一 维 数 组

5.2.1 一维数组的定义

一维数组中的每个元素用一个下标来区分。例 5-1 中定义的 a 数组就是一维数组。

1. 定义一维数组的一般形式

数据类型说明符 数组名 [常量表达式];

例如：

```
int a[5];
```

定义了一个一维数组 a，int 表示数组 a 中每一个元素都是整型的，数组名为 a，此数组有 5 个元素。

2. 说明

（1）“数据类型说明符”说明数组中每一个元素的类型。

（2）“数组名”是标识符，应该遵循标识符的命名规则。

（3）“常量表达式”表示的是数组中有多少个元素，即数组的长度。它可以是整型常量、整型常量表达式或符号常量，不能出现变量或非整型表达式。

（4）数组下标从 0 开始，因此，上面定义 a 数组的 5 个元素是：a[0]、a[1]、a[2]、a[3]、a[4]。它们在内存中连续存放，数组的首地址就是 a[0] 的地址。

（5）数组名代表数组的首地址，即 a 的值与 a[0] 的地址值（即&a[0]）相同。注意，数组名是一个地址常量，而不是变量。

5.2.2 一维数组元素的引用

在程序中，数组元素的用法与基本类型变量的用法相同，可以出现在表达式中，也可以被赋值。

1. 一维数组元素的表示形式

数组名［下标表达式］

其中“下标表达式”只能是整型常量或整型表达式。例如：

```
…
int fib[10];
fib[0]=1;
fib[1]=1;
fib[2]=fib[0]+fib[1];
…
```

在这个程序段中，fib[0]、fib[1]、fib[2]都是 fib 数组中的下标变量，其下标可以是整型常量或整型表达式。例如：

```
fib[n]=fib[n-1]+fib[n-2];
```

2. 说明

（1）C 语言的数组下标从 0 开始（下界为 0），数组的最大下标（上界）是数组长度减 1。但由于 C 编译系统不做越界检查，因此如果引用的数组元素超出数组范围就会破坏其他变量的值，编程时要特别注意。例如：

```
int a[10];
scanf ("%d",&a[10]);    /* 下标越界 */
```

（2）下标用方括号“[ ]”括起，“[ ]”在 C 语言中是下标运算符。例如，a[0]表示 a 数组中的第 0 号元素。

5.2.3 一维数组的初始化

在定义数组时给数组元素赋初值称为数组的初始化。在一个函数内，如果定义数组时没有给数组赋初值，则数组元素的初值不定。一维数组的初始化有下面两种形式。

1. 在定义数组时，对全部数组元素赋初值

例如：

```
int a[5]={0,1,2,3,4};
```

a[0] 的值为 0，a[1] 的值为 1，…，a[4] 的值为 4。

对全部数组元素赋初值时，可以不指定数组长度，例如：

```
int a[ ]={0,1,2,3,4};
```

系统根据初值的个数定义 a 数组的长度为 5。

2. 在定义数组时，对部分数组元素赋初值

当初值个数少于数组元素的个数时，系统将后面没赋初值的元素自动赋 0 值，例如：

```
int a[5]={0,1,2};
```

a[0] 的值为 0，a[1] 的值为 1，a[2] 的值为 2，其余元素的值为 0。

当初值的个数多于数组元素的个数时，编译系统会给出出错信息。

5.2.4 一维数组应用举例

【例 5-2】 设计一个程序，将 n 个人 C 语言课程的成绩输入计算机后输出最高分和最低分。

思路：首先将 n 个人的成绩输入到一个一维数组中。求若干个数的最大值或最小值常采用打擂台的方法：

首先指定某数为最大值或最小值的擂主（如 max=min=a[0]），然后其他各数依次与擂主进行比较，若某数大于最大值擂主，则该数为新的最大值擂主（max=a[i]），否则再判断该数是否小于最小值擂主，若是，则该数为最小值擂主（min=a[i]）。当所有的数都比较完之后，输出最大值和最小值。

程序代码如下：

```
#include "stdio.h"
#define N 5
void main( )
{ int a[N],max,min,i;
   for(i=0; i<N; i++)
      scanf("%d",&a[i]);
   min=max=a[0];
   for (i=1; i<N; i++)
      if (a[i]<min) min=a[i];              /* min 存放最小值 */
      else if (a[i]>max) max=a[i];         /* max 存放最大值 */
   printf("最高分：%d  最低分：%d",max,min);
   printf("\n");
}
```

程序运行情况如下：

```
78 98 65 82 45↙
最高分：98  最低分：45
```

【例 5-3】 将 5 个数存放到一维数组中，再将这 5 个数按逆序存放在同一数组中并输出。

思路：假设将输入的 5 个数 11、13、15、17、19 依次存放到 a 数组的 a[0] 到 a[4] 中，逆序存放后 a 数组中从 a[0] 到 a[4] 存放的是 19、17、15、13、11，只须将 a[0] 与 a[4] 交换，a[1] 与 a[3] 交换即可。若数组中有 n 个数呢？a[0] 与 a[n−1] 交换，a[1] 与 a[n−1−1] 交换，…，a[i] 与 a[n−1−i] 交换，共交换 n/2 次，如图 5-1（a）所示。

程序代码如下：

```
#define N 5
#include "stdio.h"
void main( )
{ int i,t,a[N];
```

```
    for (i=0; i<N; i++)
       scanf("%d",&a[i]);
    for(i=0; i<N/2; i++)
      { t=a[i];
       a[i]=a[N-1-i];
       a[N-1-i]=t;
      }
    printf("逆序存放后的结果是: \n");
    for(i=0; i<N; i++)
       printf("%5d",a[i]);
    printf("\n");
}
```

程序运行情况如下：

```
11 13 15 17 19↙
```

逆序存放后的结果是：

```
   19   17   15   13   11
```

解此题还可以用另外一种方法：分别用 i 和 j 表示首尾元素的下标，在每次循环中使 a[i]和 a[j]交换。i 的值从第 1 个元素的下标 0 开始，j 的值从最后一个元素的下标 N−1 开始。每次循环时，使 i 的值增加 1，j 的值减 1，当 i>=j 时，不再交换，即循环结束，如图 5-1（b）所示。用这种方法，不用先求出循环次数，避免循环次数不正确时出现多交换或少交换的错误。

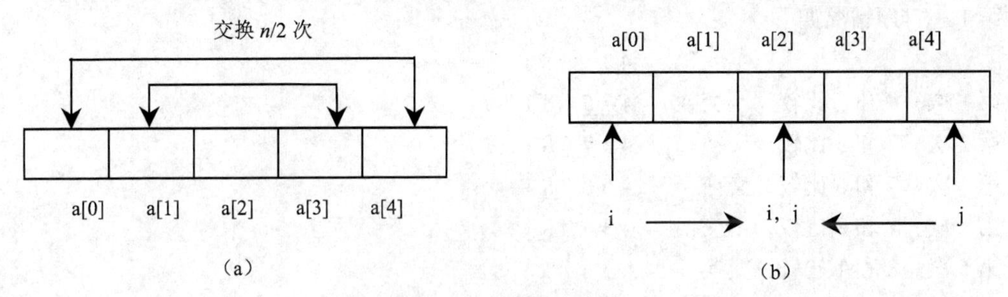

图 5-1　数据逆序存放

程序代码如下：

```
#define N 5
#include "stdio.h"
void main( )
{ int i,j,t,a[N];
  for(i=0; i<N; i++)
     scanf("%d",&a[i]);
  for(i=0,j=N-1; i<j; i++,j--)
  { t=a[i]; a[i]=a[j]; a[j]=t; }
  printf("逆序存放后的结果是: \n");
  for (i=0;i<N;i++)
    printf("%5d",a[i]);
  printf("\n");
}
```

【例 5-4】　用冒泡法（也称起泡法）对输入的一组成绩按从低分到高分的顺序排序并输出。

冒泡法是对数据进行排序的基本算法。其思路是：

从第 1 个数开始，将相邻的两个数进行比较，即第 1 个数和第 2 个数比较，第 2 个数和第 3

个数比较，…。如果是从小到大排序，每次两个数比较后，总是将小的调到前头，大数后移。第 1 趟比较完后，*n* 个数中的最大数就会排在最后（沉底），小数前移。接着进行第 2 趟排序：对前面的 *n*−1 个数进行两两比较（排在最后的数最大，不再参加比较）。如此进行下去，当前面只剩下一个数时，这个数就是最小数了，排序结束。因此，若对 *n* 个数排序，则需要进行 *n*−1 趟排序，每趟都有一个数沉底，而小数像气泡一样逐步上浮，故称这种排序法为冒泡法（起泡法、气泡法）。算法如图 5-2 所示。

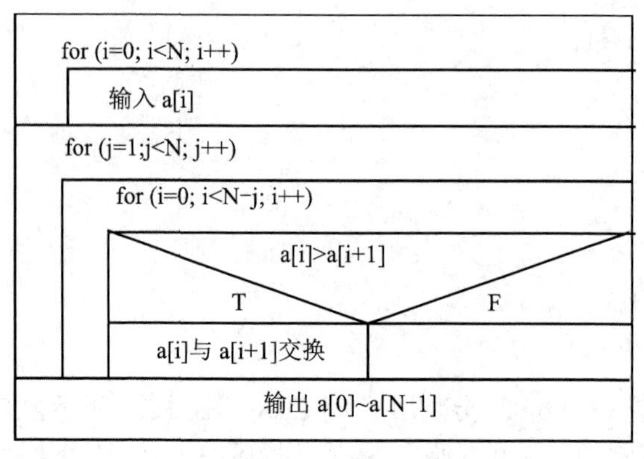

图 5-2　冒泡法排序

例如，将 6 个数：4、7、5、6、8、1 按从小到大顺序用冒泡法排序。

第 1 趟排序情况如下：

　　　　　　　　　　　　4 7 5 6 8 1
第 1 次　4 和 7 比较，不交换　4 7 5 6 8 1
第 2 次　7 和 5 比较，交换　　4 5 7 6 8 1
第 3 次　7 和 6 比较，交换　　4 5 6 7 8 1
第 4 次　7 和 8 比较，不交换　4 5 6 7 8 1
第 5 次　8 和 1 比较，交换　　4 5 6 7 1 8

在第 1 趟排序中，6 个数比较了 5 次，把 6 个数中的最大数 8 排在最后。

第 2 趟排序情况如下：

　　　　　　　　　　　　4 5 6 7 1 8
第 1 次　4 和 5 比较，不交换　4 5 6 7 1 8
第 2 次　5 和 6 比较，不交换　4 5 6 7 1 8
第 3 次　6 和 7 比较，不交换　4 5 6 7 1 8
第 4 次　7 和 1 比较，交换　　4 5 6 1 7 8

在第 2 趟排序中，最大数 8 不用参加比较，其余的 5 个数比较了 4 次，把其中的最大数 7 排在最后，排出 7 8。

以此类推：

第 3 趟比较 4 次，排出 6 7 8

第 4 趟比较 2 次，排出 5 6 7 8

第 5 趟比较 1 次，排出 4 5 6 7 8

最后还剩下 1 个数 1，不需再比较，得到排序结果：1 4 5 6 7 8

从上述排序过程可以看到：*n* 个数要比较 *n*−1 趟，在第 j 趟比较中，要进行 *n*−j 次两两比较。

程序代码如下：

```
#define N 6
#include "stdio.h"
void main( )
{ int a[N];
   int i,j,t;
   printf("请输入%d个成绩，用空格隔开：\n",N);
   for(i=0; i<N; i++)
      scanf("%d",&a[i]);
   for(j=1; j<=N-1; j++)
      for(i=0; i<N-j; i++)
        if(a[i]>a[i+1])
          { t=a[i];a[i]=a[i+1];a[i+1]=t; }
   printf("成绩从低分到高分的顺序是：\n");
   for(i=0; i<N; i++)
      printf("%d   ",a[i]);
   printf("\n");
}
```

程序运行情况如下：

请输入6个成绩，用空格隔开：

67 78 94 56 83 72↙

成绩从低分到高分的顺序是：

56　67　72　78　83　94

【例5-5】　用选择法对输入的一组成绩按从低分到高分的顺序排序并输出。

思路：选择法排序也是一种基本的排序算法，以6个数：4、7、5、6、8、1为例，介绍其排序过程。

第1趟：将第1个数所在位置作为基准与其后的每一个数进行比较，若基准位置上的数大，则将两数对调。经过第1趟比较调整后，将最小值1放在第1个位置。排序过程如下所示。

		4 7 5 6 8 1
第1次	4和7比较，不交换	4 7 5 6 8 1
第2次	4和5比较，不交换	4 7 5 6 8 1
第3次	4和6比较，不交换	4 7 5 6 8 1
第4次	4和8比较，不交换	4 7 5 6 8 1
第5次	4和1比较，交换	1 7 5 6 8 4

第2趟：将第2个数所在位置作为基准与其后的每一个数进行比较，重复上述过程。经过第2趟比较调整后，把除了1以外的5个数中的最小数4排在第2个位置。排序过程如下所示。

		1 7 5 6 8 4
第1次	7和5比较，交换	1 5 7 6 8 4
第2次	5和6比较，不交换	1 5 7 6 8 4
第3次	5和8比较，不交换	1 5 7 6 8 4
第4次	5和4比较，交换	1 4 7 6 8 5

如此进行下去可知：第3趟把5排在第3个位置，第4趟把6排在第4个位置，第5趟把7排在第5个位置，还剩下一个数8不用再比较了，得到排序结果：1 4 5 6 7 8。

算法如图 5-3 所示。

程序代码如下：

```
#define N 6
#include "stdio.h"
void main( )
{int a[N];
 int i,j,t;
 printf("请输入%d 个成绩，用空格隔开：\n",N);
 for(i=0; i<N; i++)
    scanf("%d",&a[i]);
 for(j=0; j<N-1; j++)
    for(i=j+1; i<N; i++)
      if(a[j]>a[i])
        { t=a[j];a[j]=a[i];a[i]=t; }
 printf("成绩从低分到高分的顺序是：\n");
 for(i=0; i<N; i++)
    printf("%d  ",a[i]);
 printf("\n");
}
```

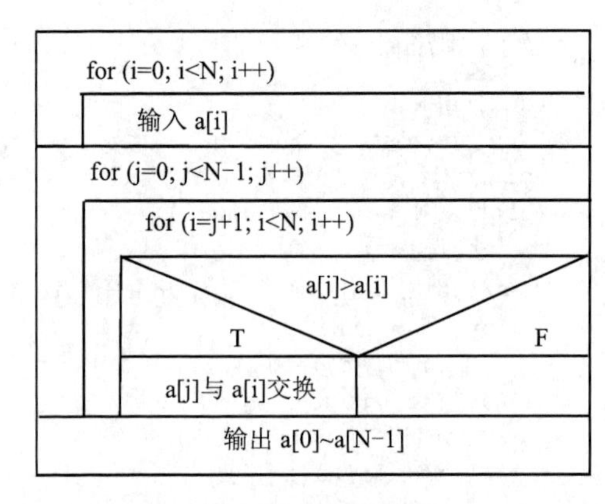

图 5-3　选择法排序

程序运行情况如下：

请输入 6 个成绩，用空格隔开：

```
78 56 96 83 72 88↙
```

成绩从低分到高分的顺序是：

```
56  72  78  83  88  96
```

实际上，选择法排序在每趟比较中用的是打擂台的方法：将每次产生的新擂主与基准位置上的元素交换，一趟比较完后基准位置上的元素就是擂主。使用这种方法，有可能在一趟比较中要进行多次数据交换。如果新产生的擂主不马上与基准位置上的元素交换，而将待比较的元素直接与新擂主比较大小，同时记住新擂主的位置，一趟比较完后，若擂主的位置不是基准位置，则将擂主与基准位置元素交换，否则不交换。这样，在每趟比较中最多只交换一次，节省了程序的运行时间。

程序代码如下：

```
#define N 6
#include "stdio.h"
void main( )
{ int a[N];
 int i,j,k,t;
 printf("请输入%d 个成绩，用空格隔开：\n",N);
 for(i=0; i<N; i++)
    scanf("%d",&a[i]);
 for (j=0; j<N-1; j++)
 { k=j;
    for(i=j+1; i<N; i++)
      if (a[k]>a[i])  k=i;
    if(k!=j)
      { t=a[j]; a[j]=a[k]; a[k]=t; }
  }
  printf("成绩从低分到高分的顺序是：\n");
  for(i=0; i<N; i++)
```

```
    printf("%d  ",a[i]);
  printf("\n");
}
```

说明：

（1）程序中变量 k 为新擂主元素的下标，标记新擂主的位置。一趟比较完后，如果 k 与基准位置不同，则进行数据交换。

（2）外层循环语句 for (j⋯)的循环体中包含赋值语句、for (i⋯)语句及 if 语句，故循环体必须用花括号括起。

5.2.5　一维数组作函数参数

数组作函数参数有两种情况，一种是数组元素作函数参数，另一种是数组名作函数参数。

由于数组元素相当于一个变量，因此数组元素作函数的实参，与变量作实参没有什么区别。这里主要讨论一维数组名作实参的情况。

数组名作函数的实参，传递的是数组的首地址，此时形参也应定义为数组形式，但形参数组的长度可以省略。

例如，在主函数中调用 sort 函数，实现将整型数组 a 中的 10 个数据排序，调用语句如下：

```
sort(a,10);
sort 函数定义如下：
void sort(int b[ ], int n)
{ …}
```

主函数调用 sort 函数时，实参是数组名 a，形参是同类型的数组 b。形参 b 虽然也是数组名，但 C 编译系统将它处理成一个可以接收地址值的特殊变量（即指针变量）。b 接收实参 a 传过来的值，即 a 数组的首地址。由于 a 数组的首地址和 b 数组的首地址相同，因此，a 数组和 b 数组实际上是同一个数组，它们在内存中占据同一段存储空间。

【例 5-6】　用冒泡法将 10 个整数排序后输出，要求排序和输出用函数实现。

程序代码如下：

```
void sort(int b[ ],int n);                    /* 函数声明 */
void printarr(int b[ ]);                      /* 函数声明 */
#include "stdio.h"
void main( )
{ int a[10] = {78,85,63,97,58,80,45, 67,73,95};
   printf("输出排序前的数据：\n");
   printarr(a);                               /* 数组名 a 作函数实参 */
   sort(a,10);                                /* 调用排序函数 */
   printf("输出排序后的数据：\n");
   printarr(a);
}
/* 打印数组内容 */
void printarr(int b[10])                      /* 形参是 b 数组 */
{ int i;
   for(i=0; i<10; i++)
     printf("%5d",b[i]);
   printf("\n");
}
```

```
/* 冒泡法排序 */
void sort(int b[ ], int n)
{ int i,j,t;
   for(i=1; i<n; i++)                         /* 比较 n-1 趟 */
     for(j=0; j<n-i; j++ )                    /* 第 i 趟比较中，两两比较 n-i 次 */
       if(b[j]>b[j+1])                        /* 相邻元素两两比较 */
         { t=b[j];b[j]=b[j+1];b[j+1]=t; }
}
```

程序运行情况如下：

输出排序前的数据：

```
78   85   63   97   58   80   45   67   73   95
```

输出排序后的数据：

```
45   58   63   67   73   78   80   85   95   97
```

这个程序由 3 个函数构成，主函数调用 printarr 函数，输出 a 数组中所有元素的值。主函数调用 sort 函数，将 a 数组中 10 个整数排序。

注意，不是 sort 函数返回主函数后将 b 数组的值返回给了 a 数组，而应理解为 a 和 b 是同一数组，只是在不同的函数中数组名不同。

5.3 二 维 数 组

若一组有规律地按行和列排列的数据是同一类型的，我们可以将这些数据存放在一个二维数组中。二维数组的元素有 2 个下标，一个是行下标，另一个是列下标。

5.3.1 二维数组的定义

1. 二维数组定义的一般形式

数据类型说明符　数组名［常量表达式 1］［常量表达式 2］;

其中，“常量表达式 1”表示二维数组的行数，“常量表达式 2”表示二维数组的列数。例如：

```
float x[2][3];
```

定义 x 为 2 行 3 列数组，共 6 个元素，每个元素都是 float 类型。

2. 说明

（1）二维数组的行、列下标均从 0 开始。

（2）定义一个二维数组，系统就在内存中为其分配一连续的存储空间，元素的排列顺序是按行存放，即：

```
x[0][0]、x[0][1]、x[0][2]、x[1][0]、x[1][1]、x[1][2]
```

（3）数组名代表数组的首地址。

（4）在 C 语言中，可以把二维数组的一行看作是一个一维数组。例子中的 x 数组就可以看做是两个一维数组，x[0]、x[1] 分别是两个一维数组的数组名，每个一维数组有 3 个元素：

```
x[0]---- x[0][0]、x[0][1]、x[0][2]
x[1]---- x[1][0]、x[1][1]、x[1][2]
```

x[0]是二维数组第 1 行的首地址，即 x[0][0] 的地址，x[1] 是二维数组第 2 行的首地址，即 x[1][0] 的地址。

5.3.2　二维数组元素的引用

二维数组元素的表示形式：

数组名［行下标表达式］［列下标表达式］

其中，“行下标表达式”和“列下标表达式”只能是整型常量或整型表达式。

例如：

```
int a[3][4];
a[0][0]=3;
a[0][1]=a[0][0]+10;
a[i][j]=a[i-1][j-1]+a[i-1][j]
```

以下是错误的引用：

```
a[3][4]=3;    /* 下标越界 */
a[1,2]=1;     /* 应写成 a[1][2]=1; */
```

5.3.3　二维数组的初始化

1. 按行赋初值

例如：

```
int a[2][3]={{1,2,3},{4,5,6}};
```

在最外面一对花括号中用逗号分开两个花括号，第1个花括号中的1、2、3分别赋给第1行的元素，即a[0][0]=1，a[0][1]=2，a[0][2]=3。第2个花括号中的4、5、6分别赋给第2行的元素，即a[1][0]=4，a[1][1]=5，a[1][2]=6。

2. 按数组元素在内存中排列的顺序对各元素赋初值

例如：

```
int a[2][3]={1,2,3,4,5,6};
```

将所有的初值写在一对花括号中，按照元素在内存中的排列顺序给数组元素赋初值。即：

```
a[0][0]=1, a[0][1]=2, a[0][2]=3, a[1][0]=4, a[1][1]=5, a[1][2]=6。
```

3. 给部分元素赋初值

例如：

```
int a[2][3]={{1},{4}};
```

它的作用是只对各行第 1 列的元素赋初值，即：a[0][0]=1，a[1][0]=4，其余元素的值自动为0。

再例如：

```
int a[2][3]={1,2};
```

它的作用是使a[0][0]=1，a[0][1]=2，其余元素的值自动为0。

4. 数组初始化时，数组的行长度可以省略，但列长度不能省略

例如：

```
int a[ ][3]={1,2,3,4,5,6};
```

系统根据初值的个数和列长度可以计算出行长度为2。

再例如：

```
int a[ ][3]={{1},{4,5}};
```

在最外面一对花括号中有两个花括号，表明a数组有两行，因此行长度为2。

下面对二维数组的定义都是错误的：

```
int a[ ][ ],b[ ][2],c[3][ ];                 /* 定义数组时若没有赋初值，行长度、列长度都不能省略*/
float x[3][ ]={1.0,2.0,3.0,4.0,5.0,6.0};     /* 列长度不能省略 */
int m[2][4]={1,2,3,4,5,6,7,8,9};             /* 编译出错，初值的个数不能多于数组元素的个数 */
```

5.3.4 二维数组应用举例

【例 5-7】 将表 5-1 中 4 人的学号及 4 门课的成绩输入计算机后再按行输出。

思路：首先将二维表中 4 行 5 列的数据存入一个二维数组中。由于二维数组元素有 2 个下标，若从键盘按行输入数据，则可以使用双重 for 循环，外层循环控制行下标的变化（从 0 到 3），内层循环控制列下标的变化（从 0 到 4）。这是二维数组输入/输出的基本方法。

表 5-1 某宿舍期末考试成绩

学　号	高　数	物　理	英　语	计 算 机
1001	87	75	72	66
1002	98	85	92	83
1003	67	78	53	76
1004	48	60	76	67

程序代码如下：

```
#include "stdio.h"
void main( )
{
  int a[4][5],i,j;
  for(i=0; i<4; i++)
     for(j=0; j<5; j++)
       scanf("%d",&a[i][j]);
  printf("\n");
  printf("学号\t 高数\t 物理\t 英语\t 计算机\n");
  for (i=0; i<4; i++)
  { for(j=0; j<5; j++)
          printf("%d\t",a[i][j]);
    printf("\n");
       }
   printf("\n");
}
```

程序运行情况如下：

```
1001 87 75 72 66↙
1002 98 85 92 83↙
1003 67 78 53 76↙
1004 48 60 76 67↙

学号    高数    物理    英语    计算机
1001    87      75      72      66
1002    98      85      92      83
1003    67      78      53      76
1004    48      60      76      67
```

【例5-8】 某班有 *n* 名学生，期末考试课程有高数、物理、英语和计算机。设计一个程序实现如下功能：

（1）统计每个学生的平均分；

（2）统计每门课程的最高分。

思路：首先将学号及4门课的成绩输入到NUM行5列的数组中，为了调试程序方便，将数组的行数用符号常量NUM定义，并给NUM一个较小的值，程序调试通过后再将NUM的值改为实际值。

程序代码如下。

```
#define NUM 4
#include "stdio.h"
void main( )
{
  int a[NUM][6],i,j,sum,max;
  printf("请按行输入数据，数据之间用空格分开：\n");
  for(i=0;i<NUM;i++)
     for(j=0;j<5;j++)
          scanf("%d",&a[i][j]);
  for(i=0;i<NUM;i++)                         /* 求每人的总分和平均分 */
  {   sum=0;
       for (j=1;j<5;j++)
      sum=sum+a[i][j];                       /* 求某一学生的总成绩 */
    a[i][5]=(int)(sum/4.0+0.5);              /* 将平均成绩四舍五入取整 */
  }
  printf("\n学号\t高数\t物理\t英语\t计算机\t平均分\n");
  for(i=0;i<NUM;i++)
  { for(j=0;j<=5;j++)
          printf("%d\t",a[i][j]);
        printf("\n");
  }
  printf("最高分\t");
  /* 求每门课程的最高分 */
  for (j=1;j<=5;j++)
  { max=a[0][j];
    for(i=1;i<NUM;i++)
      if(a[i][j]>max)
            max=a[i][j];
    printf("%d\t",max);
  }
  printf("\n");
}
```

程序运行情况如下：

请按行输入数据，数据之间用空格分开：

```
1001 87 75 72 66↙
1002 98 85 92 83↙
1003 67 78 53 76↙
1004 48 60 76 67↙

学号    高数    物理    英语    计算机    平均分
1001    87      75      72      66        75
1002    98      85      92      83        90
```

```
1003    67     78     53     76      69
1004    48     60     76     67      63
最高分  98     85     92     83      90
```

5.3.5 二维数组作函数参数

用二维数组名作实参时，与之相对应的形参也应该定义为一个二维数组形式。在被调函数中对形参数组定义时可以指定每一维的大小，也可以省略第一维大小的说明。

例如，定义形参 int array[3][10] 与 int array[ ][10] 等价。而定义形参 int array[ ][ ] 不合法。因为实参传给形参数组名的是实参数组的起始地址。在内存中，数组元素按行顺序存放，而并不区分行和列。如果在形参中不说明列数，则系统无法确定形参数组一行有几个元素。

由于实参数组的首地址和形参数组的首地址相同，因此，实参数组和形参数组实际上是同一个数组，它们在内存中占据同一段存储空间。

【例 5-9】 修改例 5-8 的程序，定义两个函数分别实现如下功能：

（1）统计每个学生的平均分；

（2）统计每门课程的最高分。

思路：在主函数中将表 5-1 中的数据输入到二维数组 a 中，调用求每人平均成绩的函数 aver，将每人的平均成绩存放在 a 数组的最后一列。调用求每门课程最高分的函数 maxa，将各门课程最高分存放在 max 数组中，程序代码如下：

```
#define NUM 4
#include "stdio.h"
void aver(int b[][6]);
void maxa(int b[][6],int max[6]);
void main( )
{
  int a[NUM][6],i,j,max[6];
  printf("请按行输入数据，数据之间用空格分开：\n");
  for(i=0;i<NUM;i++)
     for(j=0;j<5;j++)
           scanf("%d",&a[i][j]);
  aver(a);                                /* 求每人的平均分 */
  printf("\n学号\t高数\t物理\t英语\t计算机\t平均分\n");
  for(i=0;i<NUM;i++)
  { for(j=0;j<=5;j++)
          printf("%d\t",a[i][j]);
       printf("\n");
  }
  maxa(a,max);                            /* 求每门课程的最高分 */
  printf("\n最高分\t");
  for(j=1;j<=5;j++)
       printf("%d\t",max[j]);
  printf("\n");
}
void aver(int b[][6])
{
  int i,j,sum;
  for (i=0;i<NUM;i++)
  { sum=0;
       for (j=1;j<5;j++)
```

```
        sum=sum+b[i][j];                /* 求某一学生的总成绩 */
      b[i][5]=(int)(sum/4.0+0.5);       /* 求某一学生的平均成绩 */
    }
  }
  void maxa(int b[][6],int max[6])
  {
    int i,j;
    for (j=1;j<=5;j++)
    { max[j]=b[0][j];
      for(i=1;i<NUM;i++)
        if(b[i][j]>max[j])
            max[j]=b[i][j];
    }
  }
```

说明：

在调用 aver 函数时，将实参 a 的值传递给形参数组名 b，故 a 数组和 b 数组是同一个数组。在调用 maxa 函数时，分别将实参 a 数组和 max 数组的首地址传给形参 b 和 max，故 a 数组和 b 数组是同一个数组，实参 max 数组和形参 max 数组是同一个数组。

请读者进一步修改程序，添加求每门课的最低分、平均分等功能。

【例 5-10】　编程序，将矩阵转置。设转置前为 a 矩阵，转置后为 b 矩阵，如下所示。

$$a=\begin{bmatrix}1 & 2 & 3 & 4\\5 & 6 & 7 & 8\\9 & 10 & 11 & 12\end{bmatrix}\qquad b=\begin{bmatrix}1 & 5 & 9\\2 & 6 & 10\\3 & 7 & 11\\4 & 8 & 12\end{bmatrix}$$

思路：矩阵转置就是将一个二维数组的行和列元素互换。将 a[0][0]⇒b[0][0]，a[0][1]⇒ b[1][0]，a[0][2]⇒b[2][0]，a[1][0]⇒b[0][1]，…，a[i][j]⇒b[j][i]，…。

程序代码如下：

```
void turn(int arra[ ][4],int arrb[ ][3]);                 /* 函数声明 */
#include "stdio.h"
void main( )
{ int a[3][4]={{1,2,3,4},{5,6,7,8},{9,10,11,12}};
   int i,j,b[4][3];
   printf("转置前的矩阵: \n");
   for (i=0; i<3; i++)                                    /* 输出转置前的矩阵 */
   { for(j=0; j<4; j++)
         printf("%5d", a[i][j]);
     printf("\n");
   }
   turn(a,B. ;                                            /* 调用函数完成转置 */
   printf("转置后的矩阵: \n");
   for (i=0; i<4; i++)                                    /* 输出转置后的矩阵 */
   { for(j=0; j<3; j++)
         printf("%5d",b[i][j]);
     printf("\n");
   }
  printf("\n");
}
/* 矩阵转置函数 */
```

```
    void turn(int arra[ ][4],int arrb[ ][3])          /* arra、arrb 分别接收数组 a、b 的首
地址 */
    { int r, c;
      for(r=0; r<3;r++)                               /* 矩阵转置 */
        for(c=0; c<4; c++)
          arrb[c][r]=arra[r][c];
    }
```

程序输出结果：

```
转置前的矩阵:
    1    2    3    4
    5    6    7    8
    9   10   11   12
转置后的矩阵:
    1    5    9
    2    6   10
    3    7   11
    4    8   12
```

数组作参数归纳如下：

（1）数组作实参只有两种情况：数组元素作实参或者数组名作实参。不可能将整个数组作实参。

（2）数组元素作实参时，向形参传递的是数组中某个元素的值（与变量作形参相同）。数组名作实参时，向形参传递的是数组的首地址。此时，形参不能是基本类型的变量，可以是数组或指针变量（指针变量见第 8 章）。

（3）形参数组的数组名不是常量而是指针变量，它存放实参传过来的实参数组的首地址。

（4）一维形参数组的长度可以省略，但方括号不能省略，因为没有方括号就不是数组的定义形式了。多维数组作形参时，第一维的长度可以省略，第二维及其他高维的长度不能省略。

5.4 字符数组与字符串

前面讨论的主要是整型数组和实型数组，它们存放的是数值型数据。本节将讨论字符数组和字符串。字符数组用来存放字符型数据，数组中的每一个元素存放一个字符。在 C 语言中，没有字符串类型，可以用字符数组存放字符串。

5.4.1 字符数组与字符串的概念

就像整型数组可以存放若干个整型数据一样，一个字符数组中可以存放若干个字符。字符数组的定义和字符数组元素的输入、输出与整型数组、实型数组类似。与整型、实型数组不同的是，字符数组除了可以存放字符型数据外还可以存放字符串，本节着重讨论字符串的处理。

C 语言规定：字符串的末尾必须有 '\0' 字符，即 '\0' 字符为字符串结束标志。'\0' 是一个转义字符，它的 ASCII 码值为 0。例如，字符串常量 "China" 在内存中存放时占用 6 字节，如图 5-4 所示。

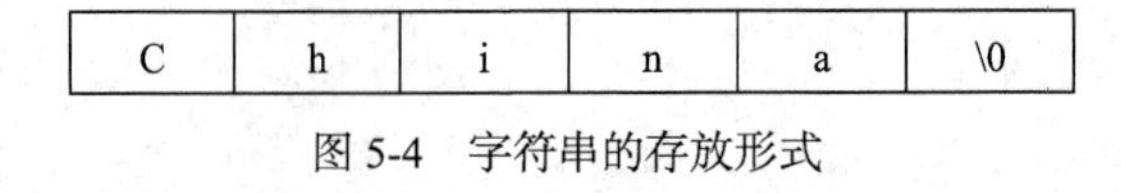

图 5-4 字符串的存放形式

一个字符数组中若某个元素存放的是 '\0'，系统就认为该数组中存放的是一个字符串。若字

符数组中没有存放 '\0'，则系统认为该数组中存放的是若干个字符型数据，只能对其中某个字符进行处理而不能把它当作字符串处理。

5.4.2 字符数组的定义

字符数组的定义格式与整型、实型数组和定义格式相同。

例如：

```
char s[10];
```

s 数组是一维字符数组，它可以存放 10 个字符或一个长度不大于 9 的字符串。

再例如：

```
char a[3][5];
```

a 数组是一个二维的字符数组，可以存放 15 个字符或 3 个长度不大于 4 的字符串。

5.4.3 字符数组的初始化

1. 用字符常量赋初值

例如：

```
char c[5]={'C','h', 'i', 'n', 'a' };
```

则

```
c[0]= 'C', …, c[4]= 'a'
```

c 数组中存放的是 5 个字符型数据，不是字符串。

再例如：

```
char c[6]={'C','h', 'i', 'n', 'a' , '\0'};
```

则

```
c[0]= 'C', …, c[4]= 'a',c[5]= '\0'
```

可以把 c 数组看做是存放了字符串"China"。

如果定义的数组长度大于初值的个数，则其余元素存放 '\0' 字符，例如：

```
char s[7]={ 's', 't', 'r', 'i', 'n', 'g'};
```

则

```
s[6]='\0'
```

s 数组存放的是一个字符串。

2. 用字符串常量赋初值

例如：

```
char str[10]= {"a string"};
```

或

```
char str[10]= "a string";
```

则

```
str[0]= 'a', …, str[7]= 'g', str[8]= '\0', str[9]= '\0'
```

str 数组中存放的是一个字符串。

再例如：

```
char a[3][10]={"basic","pascal","c"};
```

a 数组有 3 行，每行存放一个字符串。

3. 初始化时长度的省略

例如：

```
char b[ ]= "Good morning!";
```

此时 b 数组长度为 14，b[13]= '\0'。b 数组中存放的是一个字符串。

再例如：

```
char s[ ]={ 's', 't', 'r', 'i', 'n', 'g'};
```

此时 s 数组长度为 6，由于此数组没有字符串结束标志，因此不能作为字符串使用。

5.4.4 字符数组的引用

对字符数组，可以引用数组元素也可以引用整个数组。当引用整个数组时，数组中必须存放字符串。

1. 对字符数组元素的引用

【例 5-11】 对字符数组 c1 赋 '0'～'9'，对字符数组 c2 赋 'A'～'Z'，然后输出 c1 和 c2 数组中的数据。

程序代码如下：

```
#include "stdio.h"
void main( )
{ char c1[10],c2[26]; int i;
   for(i=0; i<10; i++)
     c1[i]=i+48;                  /* '0'～'9' 的 ASCII 码值赋给 c1[i] */
   for(i=0; i<26; i++)
     c2[i]=i+'A';                 /* 'A'～'Z' 的 ASCII 码值赋给 c2[i] */
   for(i=0; i<10; i++)
     printf("%c ",c1[i]);
   printf("\n");
   for(i=0; i<26; i++)
     printf("%c ",c2[i]);
   printf("\n");
}
```

程序输出结果：

```
0 1 2 3 4 5 6 7 8 9
A B C D E F G H I J K L M N O P Q R S T U V W X Y Z
```

从这个例子可以看出，对字符数组元素的引用与整型、实型数组元素的引用类似。

2. 对字符数组的整体引用

（1）输出字符串

例如：

```
char c1[ ]= "China";
printf("%s",c);                   /*  c 是数组名，代表数组的首地址 */
```

输出结果为：

```
China
```

（2）输入字符串

例如：

```
char c[10];
scanf("%s",c);
```

输入：

```
beijing↙
```

c 数组中存放字符串 "beijing"。

再例如：

```
char str1[10],str2[10],str3[10];
scanf( "%s%s%s",str1,str2,str3);
```

输入：

```
pascal basic c↙
```

3 个字符串用空格隔开，分别赋给 str1、str2、str3 3 个数组。

注意，用 scanf 函数输入字符串时，格式符%s 和%s 之间如果没有普通字符，输入的字符串用空白符分开，因此，在一个字符串中不能包含有空白符。如果要将字符串"pascal basic c"输入到某数组中，可以用字符串输入函数 gets。此外系统还提供求字符串长度、比较字符串大小、字符串连接及字符串复制等字符串处理函数。

5.4.5　字符串处理函数

字符串处理函数说明如下。

（1）在调用以下字符串处理函数的程序里，在程序的前面要加入#include "stdio.h" 或 #include "string.h"预处理命令。

（2）在字符串处理函数中，凡是用数组名或字符串首地址作参数的地方，都可以用指针变量作参数。指针变量的概念在第 6 章介绍。

1．字符串输出函数 puts( )

调用格式：puts(str)

功能：将一个字符串（以 '\0' 结束的字符序列）输出到显示器上，输出时将 '\0' 置换成 '\n'，因此，输出字符串后自动换行。

说明：str 可以是存放字符串的字符数组名或字符串常量。

例如：

```
char str[ ]= "China\nBeijing";
puts(str);
```

输出结果：

```
China
Beijing
```

2．字符串输入函数 gets( )

调用格式：gets(str)

功能：从键盘读入一个字符串直到 '\n' 为止，存入 str 数组中，存放时系统自动将 '\n' 置换成 '\0'，并且得到一个函数值，该函数值是 str 数组的首地址。

说明：str 是数组名。

例如：

```
#include "stdio.h"
void main( )
{ char c1[20],c2[20];
   gets(c1);  gets(c2);
```

```
  puts(c1); puts(c2);
}
```

程序运行情况如下：

```
How are you? ↙
Fine thank you. ↙
How are you?
Fine thank you.
```

3. 字符串连接函数 strcat( )

调用格式：strcat(str1,str2)

功能：连接两个字符串，把 str2 中的字符串连接到 str1 字符串的后面，结果放在 str1 数组中，函数调用后得到一个函数值，该函数值是 str1 的值。

说明：str1 是数组名，str2 可以是存放字符串的字符数组名或字符串常量。

例如：

```
char str1[21]="beijing and ";
char str2[ ]="shanghai";
strcat(str1,str2)
printf("%s", str1);
```

输出结果：

```
beijing and shanghai
```

连接前的状况如图 5-5（a）所示，连接后的状况如图 5-5（b）所示。

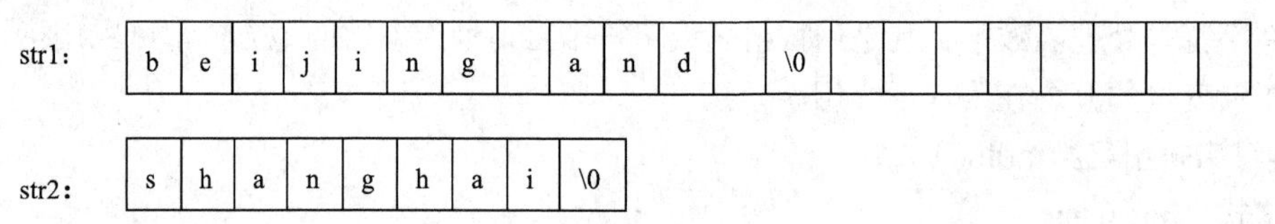

（a） 字符串连接前

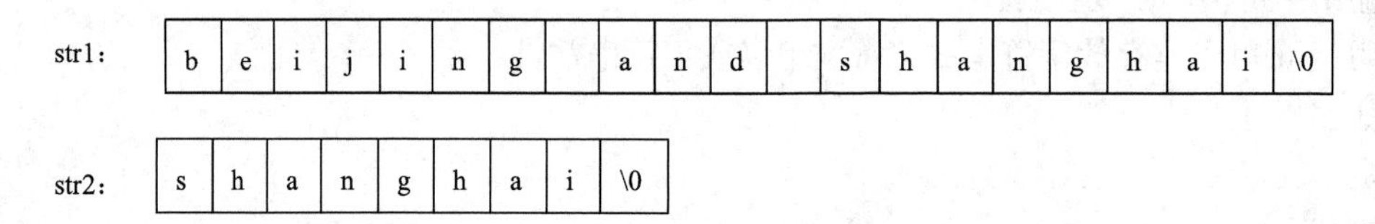

（b） 字符串连接后

图 5-5 字符串连接

注意，字符数组 str1 必须足够大，以便能容纳连接后的新字符串。

4. 字符串复制函数 strcpy( )

调用格式：strcpy(str1,str2)

功能：将 str2 中的字符串复制到 str1 数组中。

说明：str1 是数组名，str2 可以是存放字符串的字符数组名或字符串常量。

例如：

```
char s1[10],s2[ ]= "Beijing";
strcpy(s1,s2);  /* 或 strcpy(s1,"Beijing"); */
```

执行后 s1 数组的状态如图 5-6 所示。

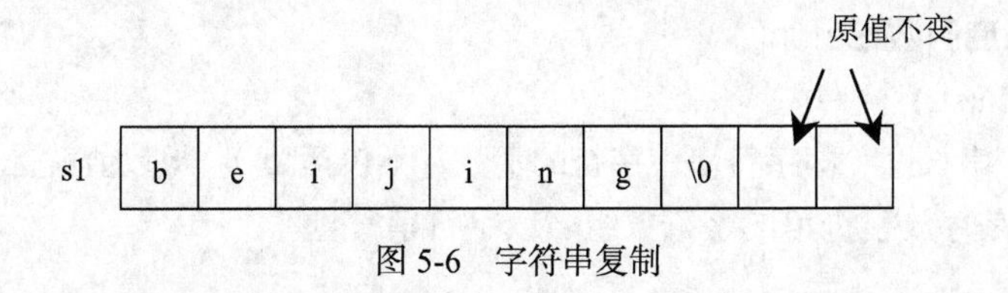

图 5-6　字符串复制

注意：

（1）s1 必须足够大，以便能容纳字符串 "beijing"。

（2）字符串不能直接赋给一个数组，下面赋值是错误的：

```
s1= "Beijing" ;
s1=s2;
```

因为 s1 是数组名，它是地址常量而不是变量，不能被赋值。

5. 字符串比较函数 strcmp( )

调用格式：strcmp(str1,str2)

功能：将 str1 和 str2 中的两个字符串自左向右按照各字符的 ASCII 码值逐对进行比较，直到出现不同的字符或遇到 '\0' 为止。

当 str1 和 str2 中所有字符均相同且个数相等时，认为两字符串相等，函数值为 0。

当出现 str1 中字符与 str2 中字符不同时，若 str1 中字符的 ASCII 码值大于 str2 中对应字符的 ASCII 码值，认为 str1 中的字符串大于 str2 中的字符串，函数值为一正整数。反之，若 str1 中字符的 ASCII 码值小于 str2 中字符的 ASCII 码值时，认为 str1 中的字符串小于 str2 中的字符串，函数值为一负整数。

说明：str1、str2 可以是存放字符串的字符数组名或字符串常量。

例如：比较两个字符串的大小。

```
#include "stdio.h"
#include "string.h"
void main( )
{ char s1[ ]= "aBC",s2[ ]= "abc";
  if (strcmp(s1,s2)==0) printf("s1=s2");
  else if (strcmp(s1,s2)>0) printf("s1>s2");
  else printf("s1<s2");
}
```

程序输出结果：

```
s1<s2
```

在执行 strcmp(s1,s2) 时，首先将 s1 数组中的第 1 个字符 'a' 与 s2 数组中的第 1 个字符'a'比较，两字符相同，接着比较两数组中的下一对字符'B'与'b'，两字符不同，不再继续比较，'B'的 ASCII 码值比'b'的 ASCII 码值小，strcmp(s1,s2) 的值小于 0。

注意，两个字符串的比较只能用字符串比较函数实现，不能直接用关系运算符比较字符串的大小。

例如，把上面的 if 语句改为：

```
if (s1==s2) printf("s1=s2");
```

从语法上看没有错，但是，由于 s1 和 s2 是两个字符串的首地址，因此 if 语句比较的是两个地址值是否相同，而不能比较两个字符串是否相等。

6. 求字符串长度函数 strlen( )

调用格式：strlen(str)

功能：测试字符串长度（即字符串中字符的个数，不包括'\0'）。函数值就是 str 中字符的个数。

说明：str 可以是存放字符串的字符数组名或字符串常量。

例如：

```
char str[10]= "China";
printf("%d",strlen(str));
```

输出结果：

```
5
```

7. 大写字母转换成小写字母函数 strlwr( )

调用格式：strlwr(str)

功能：将 str 字符串中的大写字母转换成小写字母。

说明：str 可以是存放字符串的字符数组名或字符串常量。

例如：

```
printf("%s",strlwr("AbCd"));
```

输出结果：

```
abcd
```

8. 小写字母转换成大写字母函数 strupr( )

调用格式：strupr(str)

功能：将 str 字符串中的小写字母转换成大写字母。

说明：str 可以是存放字符串的字符数组名或字符串常量。

例如：

```
char ch[10]="pascal";
printf("%s",strupr(ch));
```

输出结果：

```
PASCAL
```

5.4.6 字符数组应用举例

【例 5-12】 从标准输入设备上输入一个字符串，分别统计其中数字、空格、字母及其他字符出现的次数。

思路：用 gets( )函数将输入的字符串存放到一维字符数组中，然后判断每一个字符是否是数字、空格、大小写字母或其他字符，用循环实现。

程序代码如下：

```
#include "stdio.h"
void main( )
{ char s[80]; int i,sp=0,oth=0,lett=0;
  int dig=0;
  gets(s);
  for (i=0; s[i]!='\0'; i++)
   if(s[i]>='0'&&s[i]<='9')
      dig++;
   else if (s[i]==' ')
```

```
        sp++;
    else if (s[i]>='A'&&s[i]<='Z'||s[i]>='a'&&s[i]<='z' )
        lett++;
    else oth++;
  printf("数字：%d个  空格：%d个  字母：%d个  其他字符：%d个\n",dig,sp,lett,oth);
}
```

程序运行情况如下：

```
China 1949.10.1~2010.10.1↙
数字：14个  空格：1个  字母：5个  其他字符：5个
```

【例5-13】 输入某月份的整数值1～12，输出该月份的英文名称。

思路：将12个英文月份单词以字符串的形式存放到一个二维字符数组month[13][15]中，一行存放一个字符串，如图5-7所示。

I	l	l	e	g	a	l		m	o	n	t	h	.	\0
J	a	n	u	a	r	y	\0							
…														
D	e	c	e	n	m	b	e	r	\0					

图5-7 二维字符数组的存储

如前所述，可以把month数组看作是由13个一维数组组成的，每个一维数组存放一个字符串，数组名为：month[0]、month[1]、…、month[12]，它们代表各个字符串的首地址。

程序代码如下：

```
#include "stdio.h"
void main( )
{ char month[ ][15]={"Illegal month.", "January", "February", "March","April",
                     "May",             "June",    "July",     "August",
                     "September",       "October", "Novenber", "Decenmber"};
int m;
printf("请输入月份：");
scanf("%d",&m);
printf("%d: %s\n",m,(m<1||m>12)?month[0]:month[m]);
}
```

程序运行情况如下：

```
请输入月份：10↙
10: October
```

【例5-14】 编写函数，实现字符串连接。

程序代码如下：

```
#include "stdio.h"
void main( )
{ void scat(char str1[ ],char str2[ ]);  /* 对scat函数的声明 */
   char s1[50],s2[50];  int i,k;
   printf("请输入第1个字符串：");
   gets(s1);
   printf("请输入第2个字符串：");
   gets(s2);
   scat(s1,s2);
```

```
    printf("字符串连接后的结果是：%s\n",s1);
}
void scat(char str1[ ],char str2[ ])
{ int i=0,k=0;
    while (str1[i]!='\0')  i++;
    while (str2[k]!='\0')
    { str1[i]=str2[k];
        i++;  k++;
    }
    str1[i]='\0';
}
```

程序运行情况如下：

```
请输入第 1 个字符串：China↙
请输入第 2 个字符串： Beijing↙
字符串连接后的结果是：China Beijing
```

scat 函数还可简化为：

```
void scat(char str1[ ],char str2[ ])
{ int i=0,k=0;
    while (str1[i]) i++;
    while (str1[i++]=str2[k++]);
}
```

本 章 小 结

本章介绍数组的基本知识。数组属于构造类型数据结构，它是同类型数据的集合。本章讨论的内容包括数组的定义、数组元素的赋值和引用，并通过实例介绍数组在数据处理中的简单应用。本章学习的重点是：

1. 数组的定义和数组元素的引用

（1）掌握一维数组和二维数组的定义方法。

（2）掌握数组的初始化与数组元素的引用方式。

定义数组时，数组的长度只能是常量表达式，不能是变量，也不能省略。数组长度指出了数组中元素的个数，系统据此为数组元素分配连续的存储空间，其中二维数组元素按行存放。

通过初始化可以在定义数组的同时为数组元素赋值。一维数组初始化时，数组长度可以省略。二维数组初始化时，行长度可以省略，列长度不能省略。

数组元素以下标变量的形式引用，下标代表数组元素在数组中的位置。下标从 0 开始，最大下标是数组长度减 1。注意，引用数组元素时，下标不要越界，系统不做越界检查。

2. 字符数组与字符串

（1）掌握字符数组的定义方法，理解使用字符数组存放字符串的概念。

（2）掌握字符数组的初始化与赋值方式，能够正确使用字符数组实现字符串的输入和输出。

（3）熟悉并掌握系统提供的字符串处理库函数的功能和调用方法。

字符数组除了可以存放字符型数据外还可以存放字符串。当一个字符数组中存有字符串结束标志 '\0' 时，认为数组中存放了一个字符串。注意区别数组的长度、字符串的长度以及字符串常量在内存中所占存储空间的字节数。例如有定义：

```
char str[ ]="C\0program";
```

str 数组默认长度为 10，在内存中占 10 字节（注意，字符串末尾的 '\0' 占 1 字节）。而 strlen(str) 的结果为 1。因为，从第 1 个字符 'C' 开始数，遇 '\0' 结束。字符串常量 "C\0program" 在内存中占存储空间的字节数是 10。与数组的默认长度相同。

3. 数组的应用

（1）掌握使用一维数组和二维数组进行数据处理的常用算法。

（2）能够使用字符串处理函数及字符数组完成一些常用的字符串处理。

本章介绍了许多常用的算法，如用打擂台的方法求最大（小）值、将一组数据按逆序存放、用冒泡法或选择法对数据排序，以及字符串的输入、输出、比较、复制等常用的操作处理。这些算法都是很有用的算法，应该注意学习并掌握。

习　题

一、单项选择题

1. 以下对一维整型数组 a 的正确说明是（　　）。

A. `int a(10);`

B. `int n=10,a[n];`

C. `int a[ ];`

D. `#define SINE 10`
   `int a[SIZE];`

2. 以下对二维数组 a 的正确说明是（　　）。

A. `int a[3][ ] ;`　　B. `float a[ ][4];`

C. `double a[3][4];`　　D. `float a(3)(4);`

3. 若有定义 int a[10];，则对 a 数组元素的正确引用是（　　）。

A. a[10]　　B. a(10)　　C. a[0]　　D. a[10.0]

4. 以下能对二维数组 a 进行正确初始化的语句是（　　）。

A. `int a[2][ ]={{1,0,1},{5,2,3}};`　B. `int a[ ][3]={{1,2,3},{3,2,1}};`

C. `int a[2][4]={1,2,3},{4,5},{6}};`　D. `int a[ ][ ]={1,2,3,4,5,6,7};`

5. 若有定义 int s[ ][3]={1,2,3,4,5,6,7};，则 s 数组第一维的大小是（　　）。

A. 2　　B. 3　　C. 4　　D. 不确定

6. 若有定义 char array[ ]="Child";，则数组 array 的长度为（　　）。

A. 4　　B. 5　　C. 6　　D. 7

7. 以下选项中，不能正确赋值的是（　　）。

A. char s1[10]; s1="China";　　B. char s2[ ]={'C','h','i','n','a'};

C. char s3[10]="China";　　D. char s3[10]={"China"};

8. 若有定义：char x[ ]="abcdefg"; char y[ ]={'a','b','c','d','e','f','g'};，则正确的叙述为（　　）。

A. 数组 x 和数组 y 等价　　B. 数组 x 和数组 y 的长度相同

C. 数组 x 的长度大于数组 y 的长度　　D. 数组 x 的长度小于数组 y 的长度

9. 函数调用：strcat(strcpy(str1,str2),str3)的功能是（　　）。

A. 将串 str1 复制到串 str2 中后再连接到串 str3 之后

B. 将串 str1 连接到串 str2 之后再复制到串 str3 之后

C. 将串 str2 复制到串 str1 中后再将串 str3 连接到串 str1 之后

D. 将串 str2 连接到串 str1 之后再将串 str1 复制到串 str3 中

10. 下列程序的输出结果是（　　）。

```
#include "stdio.h"
#include "string.h"
void main( )
{ char st[20]="\"hello\"";
   printf("%d\n",strlen(st));
}
```

A. 6　　　　B. 7　　　　C. 11　　　　D. 12

二、填空题

1. 若有以下定义：double m[20];，则 m 数组元素的最小下标是________，最大下标是________。

2. 在 C 语言中，二维数组元素在内存中的存放顺序是按________存放的。

3. 若有以下定义：int a[3][5]={{0,1,2,3,4},{3,2,1,0},{0}};，则初始化后 a[1][[2]的值是________，a[2][1]的值是________。

4. 若有以下定义：char s[100],d[100];int j=0,i=0;且 s 中已赋字符串，请填空以实现字符串复制。（注意，不得使用逗号表达式）

```
while (s[i]) { d[j]= _______ ;j++;}
d[j]=0;
```

5. 下列程序的输出结果是________。

```
#include "stdio.h"
void main( )
{ int k,a[2];
  k=a[1]*10;
  printf("%d\n",k);
}
```

A. 0　　　　B. 1　　　　C. 10　　　　D. 不定值

6. 下列程序的输出结果是________。

```
#include "stdio.h"
void main( )
{ int i,a[10];
  for(i=9; i>=0; i--)
    a[i]=10-i;
  printf("%d%d%d\n",a[2],a[5],a[8]);
}
```

A. 258　　　　B. 741　　　　C. 852　　　　D. 369

7. 下面程序的功能是：从键盘上输入若干个学生的成绩，当输入负数时表示输入结束，计算每位学生的平均成绩，并输出低于平均分的学生成绩。请填空。

```
#include "stdio.h"
void main( )
{ float x[1000],sum=0,ave,a;
  int n=0,i;
  printf("Enter mark:\n");
  scanf("%f",&a);
  while (a>=0 && n<=100)
```

```
    {sum+=____【1】____;
     x[n]=____【2】____;
     n++;
     scanf("%f",&a);
    }
  ave=____【3】____;
  printf("Output:\n");
  printf("ave=%f\n",ave);
  for(i=0; i<n; i++)
    if(x[i]<ave )
      printf("%f\n",x[i]);
}
```

8. 输入一个字符串，判断其是否回文，是输出“Yes!”，不是输出“No!”。（所谓回文就是正着读反着读相同。例如，ABCDCBA、madam 是回文；ABCDE、China 不是回文。）

```
#include "stdio.h"
void main( )
{ char s[100];int i,j,k;
   printf("\nPlease enter string:\n");
   gets(____【1】____);
   k=strlen(s)-1;
   for(i=0,j=k;____【2】____; i++,j--)
     if(s[i]____【3】____s[j]) break;
   if (i>=j) printf("Yes!\n");
   else printf("No!\n");
}
```

9. 下面程序的功能是求二维数组周边元素之和，请填空。例如，二维数组中的数据如下所示，输出结果：sum=63

```
1 2 3 4 5
2 3 4 5 6
3 4 5 6 7
4 5 6 7 8

#define M 4
#define N 5
#include "stdio.h"
#include "string.h"
void main( )
{ int a[M][N],i,j,sum=0;
   for(i=0; i<M; i++)
      for(j=0; j<N; j++)
        scanf("%d",____【1】____);
   for(i=0; i<N; i++)
      {sum+=a[0][i];
        sum+=____【2】____;
      }
   for(i=1; i<M-1; i++)
      {sum+=a[i][0];
        sum+=____【3】____;
    }
  printf("sum=%d\n",sum);
}
```

10. 以下程序用来对从键盘上输入的两个字符串进行比较，然后输出两个字符串中第 1 个不相同字符的 ASCII 码值之差。例如，输入的两个字符串分别为 abcdefg 和 abceef，则输出为-1。请填空。

```
#include "stdio.h"
#include "string.h"
void main( )
{ char str1[80], str2[80],c;  int  i=0,s;
   gets (str1);
   gets ( __【1】__ );
   while ((str1[i]==str2[i]) && (str1[i]!=__【2】__))
    i++;
   s=__【3】__;
   printf("%d\n",s);
}
```

三、阅读下面的程序，写出程序输出结果

1. 程序代码如下：

```
#include "stdio.h"
void main( )
{int n[3],i,j,k;
  for (i=0; i<3; i++)  n[i]=0;
  k=2;
  for(i=0; i<k; i++)
     for (j=0; j<k; j++) n[j]=n[i]+1;
  printf("%d\n",n[1]);
}
```

2. 程序代码如下：

```
#include "stdio.h"
void main( )
{int a[2][3],i,j,n=1;
  for(i=0; i<2; i++)
    for(j=0; j<3; j++)
      a[i][j]=n++;
  for(i=0; i<2; i++)
     {for (j=0; j<3; j++)
        printf("%4d",a[i][j]);
      printf("\n");
     }
}
```

3. 程序代码如下：

```
#include "stdio.h"
void main( )
{char ch[7]={"652ab31"};
  int i,s=0;
  for(i=0; ch[i]>='0' && ch[i]<='9'; i+=2)
     s=10*s+ch[i]-'0';
  printf("%d\n",s);
}
```

4. 程序代码如下：

```
#include "stdio.h"
#include "string.h"
void main( )
{char ss[10]="12345";
  strcat(ss,"6789");
  gets(ss); printf("%s\n",ss);
}
```

运行时输入：ABC，写出输出结果。

5.（1）程序的功能是什么？（2）写出程序运行的输出结果。

```
#define N 8
#include "stdio.h"
void main()
{ int i,j,t,min,a[N]={60,67,90,84,40,70,57,78};
for(j=0; j<N-1; j++)
    for(i=j+1; i<N; i++)
        if(a[j]>a[i])
            {t=a[j];a[j]=a[i];a[i]=t; }
    for(i=0;i<N;i++)
        printf("%4d",a[i]);
}
```

四、编程题

1. 编程序求 Fibonacci 数列的前 20 项，Fibonacci 数列的定义为：

$$f_n=\begin{cases}1 & (n=1)\\ 1 & (n=2)\\ f_{n-1}+f_{n-1} & (n>2)\end{cases}$$

要求将数列存放在数组中，并按每行 5 个数的格式输出该数列。

2. 用“冒泡法”将输入的 10 个字符按从小到大顺序排序并输出结果。

3. 已知 a 数组中的数据已按升序排序，要求从键盘输入一个数后将其插入 a 数组中，并使该数组中的数据仍然有序。

思路：

这是一个“插入法排序”问题。若 a 数组中的数已经按由小到大排好序，现在要将输入的数 *n* 按顺序插入到 a 数组中。从 a[0]开始，将 a 数组中的每个数与 *n* 比较大小，当找到第 1 个比 *n* 大的数时，该位置 i 就是 *n* 要插入的位置，然后将 a[i]开始的所有数依次后移一个位置，最后将 *n* 插入到 a[i]中。

方法 1 算法如图 5-8（a）所示，方法 2 算法如图 5-8（b）所示。

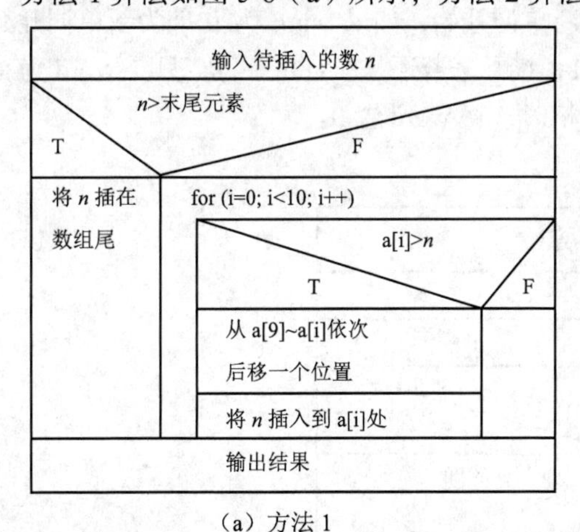

（a）方法 1

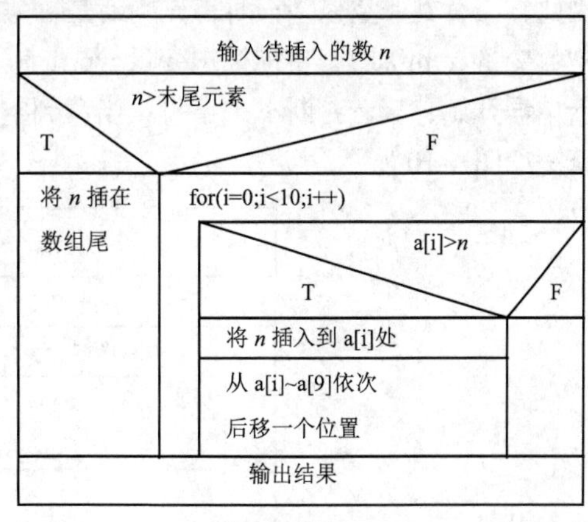

（b）方法 2

图 5-8　插入一个数

4. 分别求 *N* 阶方阵的两条对角线上的元素之和。

思路：

N 阶方阵就是 *N* 行 *N* 列的矩阵，矩阵左对角线上的元素是 a[i][i](i=0～N−1)，右对角线上的元素是 a[i][j]（其中，i=0～N−1，j=N−1−i）。由于 j 的值取决于 i，因此只要一个 for 循环即可。

例如三阶方阵：

$$a=\begin{bmatrix}1&2&3\\1&3&5\\2&4&6\end{bmatrix}$$

左对角线元素之和是：$1+3+6=10$，右对角线上元素之和是：$3+3+2=8$。

5. 打印出以下的杨辉三角形（要求打印出6行）。

```
1
1    1
1    2    1
1    3    3    1
1    4    6    4    1
1    5    10   10   5    1
```

算法如图5-9所示。

使数组第一列和对角线元素值为1
其他各元素：a[i][j]=a[i-1][j-1]+a[i-1][j] （用双重for循环控制i和j的变化）
输出结果

图5-9　杨辉三角形

6. 输入一行英文字母，统计其中有多少个单词，单词之间用空格分隔。

思路：

设：变量word作为标志变量，初值为0；当读到非空格时，word置1，读到空格时，word置0；变量num作为单词记数变量，读到第1个非空格时，num加1。

因此，当读到非空格字符时首先判断是否是新单词开始，如果word为0即为新单词开始，单词记数变量num加1，单词标志变量word置1，接下来若还是非空格字符，只要word为1就不是新单词开始，接着判断下一字符，当读到空格时，将word置0。

算法如图5-10所示。

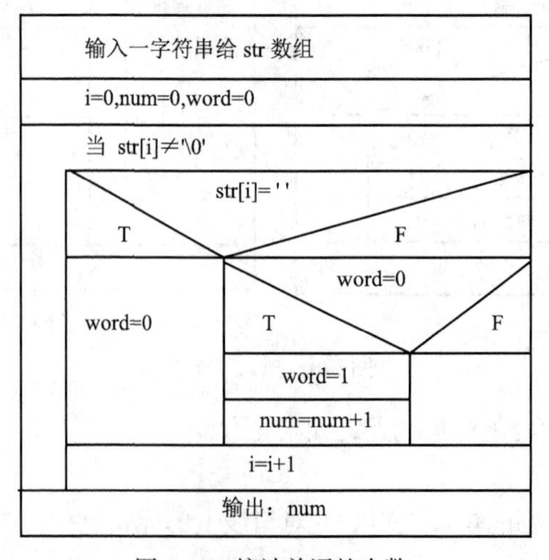

图5-10　统计单词的个数

第6章 指针

【本章内容提要】

本章介绍了C语言中的主要特色应用——指针。主要介绍指针的概念、定义形式和基本运算；然后介绍了指针与数组的关系以及如何运用指针引用数组元素，特别介绍了如何使用指向字符串的指针变量；还介绍了指针和函数的关系，着重介绍了带参数的main函数的使用方式；最后介绍了如何利用指针实现动态内存分配。

【本章学习重点】

- 掌握各种类型指针的定义和使用方法；
- 掌握指针的基本运算；
- 掌握利用指针作函数参数，实现主调函数与被调函数之间的参数传递；
- 掌握数组的指针与指针数组之间的区别；
- 掌握利用字符指针实现对字符串的高效操作。

6.1 指针概述

6.1.1 指针简介

指针极大地丰富了C语言的功能，是C语言的精华之一。指针可以有效地表示许多复杂的数据结构，如队列、栈、链表、树和图等；此外指针能像汇编语言一样处理内存地址，从而实现高效、精练的程序；指针还可实现对数组和字符串的方便使用。因此，能否熟练掌握和正确使用指针是是否掌握C语言的一个标志。同时，指针也是C语言的难点之一，指针使用上的灵活性容易导致指针滥用而可能使程序失控。因此，必须全面正确地掌握C语言指针的概念和使用特点。

指针的概念比较复杂，使用也比较灵活，因此初学者时常会出错，在学习本章内容时请多思考，多比较，多上机，在实践中真正掌握它。

6.1.2 案例描述

在C语言中，指针作为一种基本数据类型，可与数组、函数、结构体等相结合应用于各种场合。关于指针的经典应用有许多，如数据结构链表的实现，即是指针与结构体的结合，我们将在结构体这章详细介绍。在这里我们介绍两个使用指针的C语言程序小例子，帮助大家对指针的意义及特点能有更深的理解。

【案例 1】 有 *n* 个人围成一圈，顺序排号。从第 1 个人开始报数（从 1 到 3 报数），凡报到 3 的人退出圈子，问最后留下的是原来第几号的那位。

此案例可通过指针与数组相结合实现。通过本案例可体会指针对数组元素灵活、有效的访问形式。

【案例 2】 输入一字符串，内有数字和非数字，如：

```
123yao456
```

将其中连续的数字作为一个整数，依次存放在数组 a 中。例如，把 123 存放在 a[0]中，456 存放在 a[1]中，依次类推，统计共有多少个整数，最后输出这些整数。

在本案例中，同样是用指针处理字符串。但与上个案例不同的是我们是用字符指针指向输入的字符串，然后用字符指针扫描整个数组实现字符串中数字的搜寻。

6.2 指针和指针变量

6.2.1 基本概念

要正确理解指针的概念并正确地使用指针，需要搞清楚以下几方面的概念和问题。

1. 变量的地址和变量的内容

在 C 语言中，每个变量都具有两个物理意义，一个是它本身的内容，另一个是变量的地址。在前面的章节中已经介绍：一个变量实质上代表了“内存中的某个存储空间”。那么 C 语言程序是怎样存取这个存储空间内容的呢？

应该知道，计算机的内存是以字节为单位的一片连续的存储空间，为了便于系统对内存进行管理，每一个字节都有一个编号，这个编号就称为内存地址。因为内存的存储空间是连续的，内存中的地址号也是连续的，并且用二进制数来表示，为了直观起见，在这里采用十进制进行描述。

C 编译程序在对程序编译时，根据程序中定义的变量类型，在内存中为其分配相应字节数的存储空间（例如，整型占 4 字节，实型占 4 字节、双精度型占 8 字节，字符型占 1 字节……）。这个存储空间的最小编号或首地址就是变量的内存地址，而变量在内存单元中存放的数据就是变量的内容。例如，若有定义：int a=5,b；float x=35；（如图 6-1 所示），系统为 a 和 b 分配 4 字节的存储单元，为 x 分配 4 字节的存储单元，图 6-1 中的数字只是示意的字节地址。在这里，称 a 的地址为 1001，a 的内容为 5；b 的地址为 1015，b 的内容为任意或随机值，因为没有给 b 的变量进行初始化；x 的地址为 2002，x 的内容为 35.0。

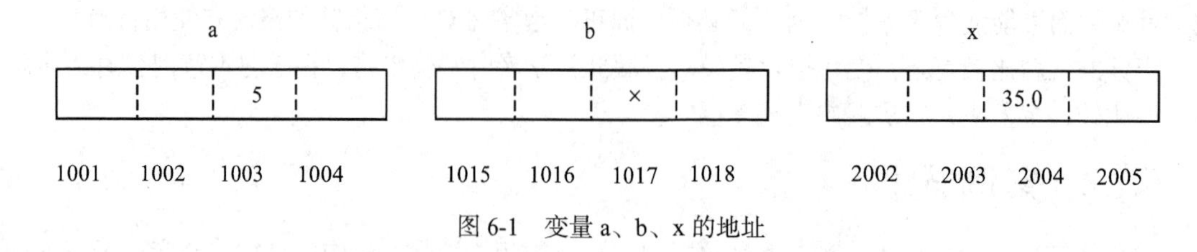

图 6-1 变量 a、b、x 的地址

2. 直接存取和间接存取

程序中对变量进行存取操作，就是对某个地址的若干字节存储单元进行操作。一般情况下，在程序中只需要指出变量名，无须知道每个变量在内存中的具体地址，每个变量与具体地址的联系由 C 编译系统来完成。程序执行时对变量进行存取操作，实际上也就是对某个地址的存储单元进行操作。这种直接按变量的地址存取变量值的方式称为“直接存取”方式。例如，在程序中只需引用变量名 a，系统会自动根据 a 的地址直接访问变量 a 的 4 字节的内容。

在 C 语言中，还可以定义一种特殊的变量，这种变量专门用来存放内存地址，称为指针变量。如图 6-2 所示，假设我们定义了一个这样的变量 pa，它也有自己的地址 2004；若将变量 a 的内存地址(1001)存放到变量 pa 中，这时要访问变量 a 所代表的存储单元，可以先找到 pa 的内存地址(2004)，从中取出 a 的地址(1001)，然后再去访问以 1001 为首地址的存储单元。这种方式通过变量 pa 间接得到变量 a 的地址，然后再存取 a 的值的方式称为“间接存取”方式。这种方式增加了访问变量的灵活性，这也是本章的核心。

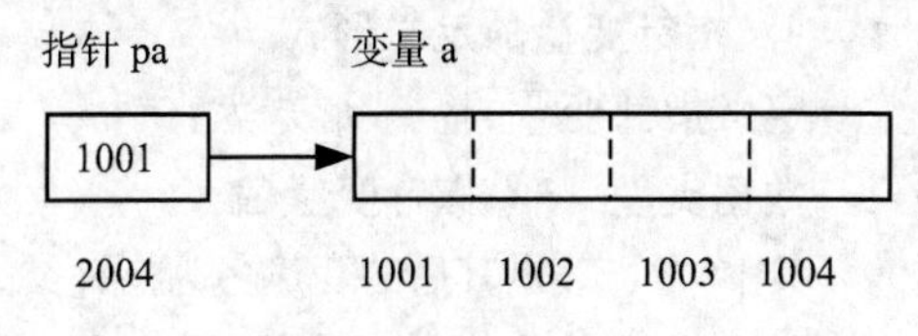

图 6-2　指针 pa 与变量 a 联系示意图

什么是指针？指针就是“地址”，变量的地址称为指针。指针作为一种数据类型，也有指针常量和指针变量之分，其变量也和其他类型变量一样，需先定义后才可以进行某些运算或操作。指针变量的值应是某个变量的地址。如果指针变量中已具有地址值，则可形象地说，指针变量指向某个变量，同时将指针变量所指向的这个变量称为目标变量。例如，指针变量 pa 通过 pa=&a 与变量 a 建立了指向联系，我们称指针变量 pa 指向变量 a，变量 a 是指针变量 pa 的目标变量。

在 stdio.h 头文件中还运用预处理命令定义了一个空指针 NULL。空指针 NULL 是一个值为 0 的特殊的指针常量。如果指针变量的值为 NULL，则表示它不指向任何目标变量，是空指针。

如图 6-3 所示，p1 存放空指针，p2 是指向 x 的指针变量，x 是 p2 的目标变量。在程序运行期间可以改变指针变量的值，即在不同时刻指针变量可以指向不同的目标变量。

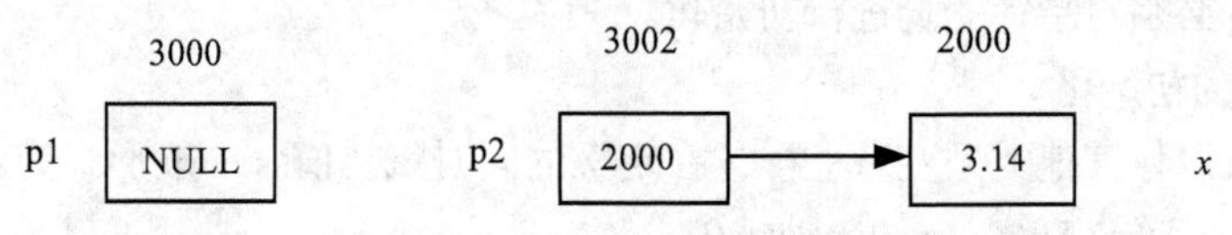

图 6-3　指向目标变量的指针 pa 与变量 a 的指向联系

一般指针和指针变量是两个不同的概念，前者指内存中的地址，后者指专门存放地址的一类特殊变量。例如，可以说变量 a 的指针是 1001，但是不能说变量 a 的指针变量是 1001。在不引起混淆的情况下，有时将指针变量简称指针，如指针 pa、指针 s、变量 a 的指针 pa 等。

3. 指针的类型和指针所指向的类型

指针的类型和指针所指向的类型是两个概念。指针的类型是指针自身的类型，而指针所指向的类型是指针所指向的变量的类型。有许多教材将这两个概念混在一起，使读者对指针概念越看越糊涂。

指针就是“地址”，是某一个变量的地址，是一个变量占有的存储单元的首地址。当通过指针来访问指针所指向的存储单元时，我们需访问多少个存储单元？如上例中，我们通过指针变量 p2 获得变量 x 的地址 2000，则需要访问几个存储单元呢？很明显，变量 x 的类型为 float 型，所以我们知道需访问从 2000 开始的 4 个存储单元，并将其解释为一个单精度实型数据。这里，指针变量 p2 所指向的类型为 float 型，而指针变量 p2 的类型为指向 float 型的指针。

因此，当引用指针对指针所指向的变量进行操作时，需依据指针所指向的类型指导访问多少个存储单元以及应如何翻译存储单元中的内容。而对指针进行赋值和简单算术运算时，需依据指针的类型约束或保证只能在具有相同类型的指针之间进行相关运算。

6.2.2 指针变量的定义

同其他变量一样，指针变量在使用前，必须在定义语句部分中进行定义，也可以在定义的同时进行指针变量的初始化。

1. 指针变量的定义形式

定义指针变量的一般形式为：

数据类型 * 指针变量名

其中“*”表示其后的变量名为指针类型；指针变量名由用户起名，命名规则同 C 语言标识符；“数据类型”是定义指针变量所指向的目标变量的数据类型，也可称为指针变量的基类型。例如：

```
float  x, *p1, *p2;
int  y, *p3;
char  name[20], *cp;
```

这里定义了 4 个指针变量，p1 和 p2 是单精度实型指针变量，p3 是整型指针变量，cp 是字符型指针变量。从中可以看出，指针变量定义除了定义变量的类型为指针类型以外，还同时说明了该指针的目标变量的类型，这就限定了该指针只能指向此类型的目标变量。这种定义指针变量的形式，也说明了指针的操作常常与目标变量有着密切的关系。另外，这 4 个指针变量的目标变量类型虽然不同，但是系统给指针变量分配的存储空间大小是相同的，都是 4 个字节。

需要注意的是，与定义其他类型变量一样，虽然上述定义了 4 个指针变量，但只是为它们在内存分配了存储空间，其中并没有存放目标变量的地址，所以它们指向谁，并未确定。在这种情况下，如果去读它们所指向的内存的内容，得到的只能是不知所谓的内容；更糟糕的是，如果去写它们所指向的内存，则有可能修改内存中原有的重要数据，导致严重的运行错误。因此，在指针变量使用之前，必须对指针变量进行初始化。

2. 指针变量的初始化

指针变量也可以像其他类型变量一样，在定义的同时赋初值。一般形式为：

数据类型 * 指针变量名＝初始地址值；

例如：

```
#include <stdio.h>
void main()
{ float x, *p1=NULL, *p2=&x;
  int y, *p3=&y;
  char name[20], *cp=name;
  …
}
```

通过初始化，使 p1 成为空指针，p2、p3 以及 cp 分别存放了 x 的地址、y 的地址和 name 数组的首地址。因此可以说，p2 指向了 x，p3 指向了 y，cp 指向了 name[0]。换句话说，p2 的目标变量是 x，p3 的目标变量是 y，cp 的目标变量是 name[0]。

说明：

（1）当把一个变量的地址作为初值赋给指针时，该变量必须先定义，且该变量的数据类型必须与指针的数据类型一致。例如：

```
int  n;
int  *p=&n;
```

或者用如下等价定义：

```
int  n, *p=&n;
```

（2）也可把一个已初始化的指针值作为初值赋予另一指针，例如：

```
float  x,*p=&x,*q=p;
```

这样，q 和 p 都具有相同的地址值，都指向同一变量 x。

（3）也可通过初始化定义某种类型的空指针，例如：

```
int  *p=0;                /* 值 0 是唯一能够直接赋给指针变量的整型数*/
```

或者

```
int  *p=NULL;
```

6.2.3　指针的基本运算

指针是一个地址值，虽然从形式上看是一个正整数，但与一般的整数是有区别的，指针有它自己特有的运算规律。例如，指针减指针不是简单的整数差运算；而指针加指针，指针的乘、除运算均无意义。下面将介绍有关指针的基本运算。

1. 取地址运算

&要求运算量是变量或数组元素，它返回其指向变量或数组元素的地址。一般形式为：

&变量名或数组元素名

例如，假定有定义语句

```
int a, *pa;
```

那么语句

```
pa=&a;
```

实现把变量 a 的地址赋值给指针 pa，此时指针 pa 指向整型变量 a，假设变量 a 的地址为 1001，这个赋值可形象地理解为如图 6-2 所示的关系。

2. 间接存取运算

间接存取运算符*通常称为“间接访问运算”，是一个单目运算符；其右操作数必须是一个指针值，返回值是其指定地址的值。一般形式为：

***指针变量或目标变量的地址**

例如，语句

```
b=*pa;
```

其中运算符*访问以 pa 为地址的存储区域，而 pa 中存放的是变量 a 的地址，因此，*pa 访问的是地址为 1001 开始的存储区域，它就是 a 所占用的存储区域，所以上面的赋值表达式等价于 b=a；如图 6-4 所示。

&(*pa)含义为取指针 pa 的目标变量的地址，就是 pa。
*(&a)含义为访问变量 a 的地址指向的目标变量，就是 a。

可见，&运算和*运算互为逆运算。

又如

```
b=a;
```

和

```
pa=&a; b=*pa;
```

从效果上看，二者都实现了将 a 的值赋给 b，但操作过程不一样，前者为直接赋值，后者使用指针间接赋值，操作示意如图 6-4 所示。如果让 pa=&c，则 b=*pa 后，b 得到 c 的值而不是 a 的值。

又如 pa=&a；与*pa=a;，前者使 pa 指向 a，即 a 成为 pa 的目标变量，*pa 也就是 a；而后者使 pa 的目标变量得到 a 的值，a 和*pa 是不同的存储区域，如图 6-5 所示。

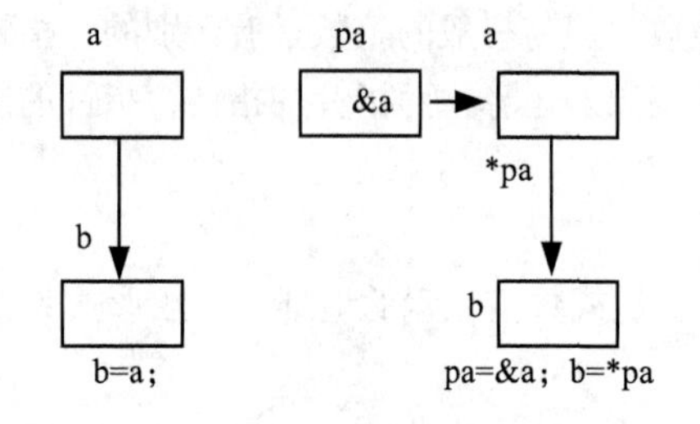

图 6-4　b=a 和 pa=&a；b=*pa 操作示意

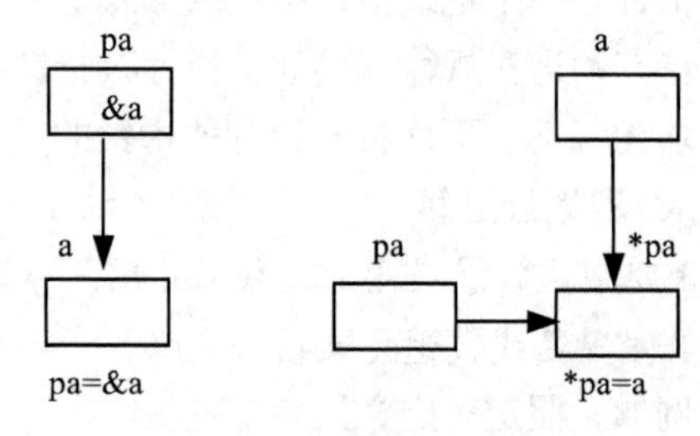

图 6-5　pa=&a 和*pa=a 操作示意

请注意区分下面 3 种表示的不同含义，如图 6-6 所示。

pa ——指针变量，内容是地址量。

*pa ——指针 pa 的目标变量，内容一般是数据。

&pa ——指针变量 pa 占用的存储区域的地址。

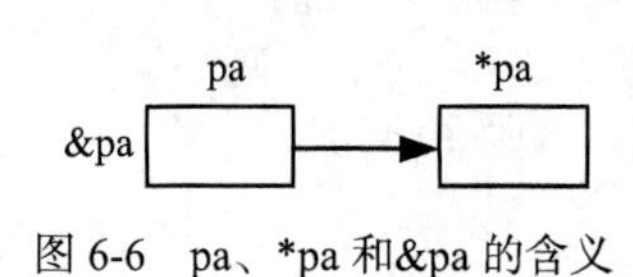

图 6-6　pa、*pa 和&pa 的含义

3. 赋值运算

指针赋值运算有以下几种形式。

（1）把一个变量的地址赋给一个同类型的指针，例如：

```
int  a, *pa;
pa=&a;                          /* 使 pa 指向变量 a */
```

（2）把一个指针的值赋给另一同类型的指针，例如：

```
char  c, *s1=&c, *s2;
s2=s1;                          /* 结果 s1 和 s2 指向同一变量 c */
```

（3）将地址常量（如数组名）赋给同类型的指针，例如：

```
char  *str,ch[80];
str=ch;                         /* 使 str 得到字符数组 ch 的首地址，即 str 指向数组 ch */
```

（4）同类型指针算术运算的结果，如果还是地址量的话，可以赋值给同类型的指针。例如：

```
int *p1,*p2,a[20];
p1=a;  p2=p1+5;  p1=p2-3;  p1+=2;  p2-=10;
```

设

```
int  *c, a=20, *b=&a;
float  *p;
```

则下面对指针的赋值操作是错误的：

```
b=2000;                          /* 不能给指针赋常量 */
p=b;                             /* 不能给指针赋不同类型的指针*/
c=*b;  或  c=a;                  /* 不能给指针赋非地址值 */
```

最后，介绍赋初值与赋值运算的区别。赋初值是定义变量的同时赋给变量一个值，例如：

```
int i, *ip1=&i;
```

其中“*”用于指出ip1是指针变量，不是进行间接存取运算。间接存取运算的结果是一个整型变量，不可以接收地址值。

【例6-1】　输入a、b的两个整数，使用指针变量按大小顺序输出这两个整数。

方法1：目标变量的值不变，用指针变量指向的改变求解。

程序代码如下：

```
#include  <stdio.h>
void main()
{   int a, b, *p1, *p2, *p;
    p1=&a; p2=&b;
    scanf("%d%d", p1, p2);
     if (*p1<*p2)
        { p=p1; p1=p2; p2=p; }
     printf("a=%d, b=%d\n", a, b);
     printf("max=%d, min=%d\n", *p1, *p2);
}
```

运行情况如下：

```
6   8↙
a=6, b=8
max=8, min=6
```

在程序的开始处p1指向a，p2指向b。输入数据后，使得a等于6，b等于8。由于a小于b，即*p1<*p2成立，则交换p1和p2的指向，而a和b并未交换它们的内容，如图6-7所示。此算法通过改变指针变量的指向求解，所以也只有通过间接运算才能得到正确结果。

方法2：利用指针变量直接改变目标变量的值求解。

程序代码如下：

```
#include <stdio.h>
void main()
```

```
{   int a, b, t, *p1, *p2;
    p1=&a; p2=&b;
    scanf("%d%d", p1, p2);
    if(*p1<*p2)
      { t=*p1; *p1=*p2; *p2=t; }
    printf("a=%d, b=%d\n", a, b);
    printf("max=%d, min=%d\n", *p1, *p2);
}
```

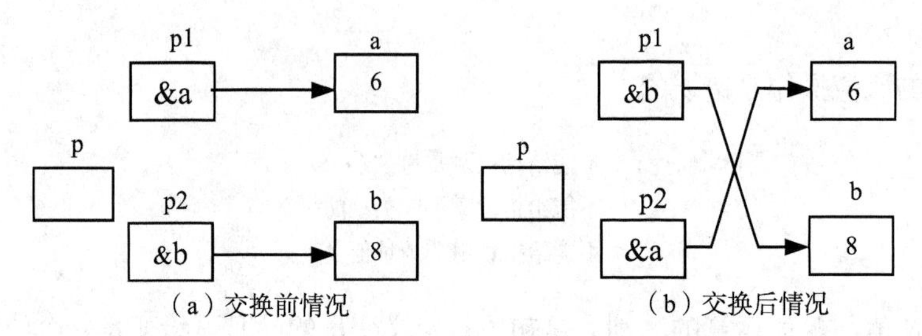

（a）交换前情况　　（b）交换后情况

图 6-7　例 6-1 方法 1 图示

运行情况如下：

```
6   8↙
a=8, b=6
max=8, min=6
```

p1 指向 a，p2 指向 b。输入数据后，使得 a 等于 6，b 等于 8。由于 a 小于 b，条件成立，通过{t=*p1; *p1=*p2; *p2=t;}交换 p1 和 p2 的目标变量*p1 和*p2（即 a 和 b）的值，但 p1 和 p2 的指向并未改变，如图 6-8 所示。

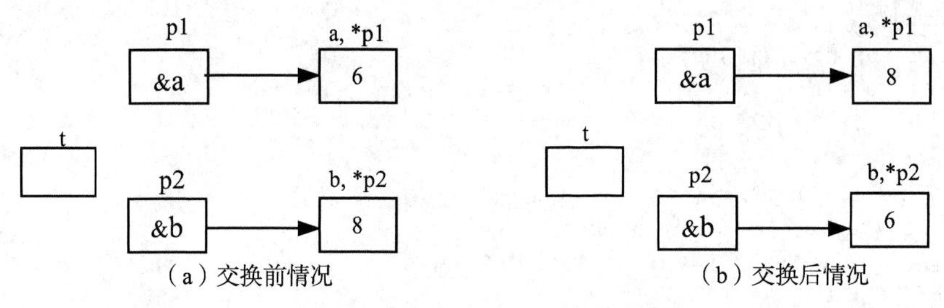

（a）交换前情况　　（b）交换后情况

图 6-8　例 6-1 方法 2 图示

4. 指针的算术运算

在指针的算术运算中，乘除运算是无意义的，并且指针加指针运算也是无意义的。指针的算术运算有以下几种形式。

（1）把一个指针加上或减去一个整数，例如：

```
int  a[10], *pa=a, *pb;
pa+=5;                                  /* pa 指向变量 a[5] */
pb=pa-3;                                /* pb 指向变量 a[2] */
```

（2）两个具有相同类型的指针相减，例如：

```
int  a[10], *pa=&a[1], *pb=&a[8];
int  dist;
```

```
dist=pb-pa;
    /* dist 为 7，表明 pa 与 pb 两个指针所指向的数组元素之间的距离 */
```

下面通过一个例子说明这些运算的意义。

【例 6-2】　指针的算术运算示例。

程序代码如下：

```
#include <stdio.h>
void main()
{    int a[10]={10,20,30,40,50,60,70,80,90,100};
     int i, *ptr, *p1, *p2;
     ptr=a;
     for (i=0;i<20;i++)
     {
         (*ptr)++;
         ptr++;
     }
     p1=p2=a;
     p1+=5;
     p2++;
     printf("a=%u\n", a);
     printf("p1=%u, *p1=%d\n",p1,*p1);
     printf("p2=%u, *p2=%d\n",p2,*p2);
     printf("p1-p2=%d\n",p1-p2);
     printf("*(p1+2)=%d,(*p1)+2=%d\n",*(p1+2),(*p1)+2);
}
```

运行情况如下：

```
a=1245016
p1=1245036, *p1=61
p2=1245020, *p2=21
p1-p2=4
*(p1+2)=81,(*p1+2)=63
```

在上例中，指针 ptr 的类型是 int*，它所指向的类型是 int 且被初始化为指向数组 a。我们都知道数组名即是数组的首地址，因此指针 ptr 指向的是数组元素 a[0]。在接下来的循环中，通过指针变量 ptr 访问数组 a 中的各个元素，每次对数组元素加 1 之后，ptr 被加 1。数组 a 是整型数组，所以一个数组元素占用 4 字节的存储空间。初始时，ptr 赋值为数组 a 的首地址，即 1245016；如 ptr 加 1 只是加数值 1，得到地址值 1245017，则通过此地址值访问到的是一个不完整的整数。因此，ptr++加的不是 1，而是 sizeof(int)，即 ptr 所指向的变量占据的内存单元数。这样，当 ptr++后，ptr 将指向数组元素 a[1]。由此，每次循环通过 ptr++来实现对数组各元素的访问。如图 6-9 所示，指针 ptr 和数组 a 数据类型相同，如果指针 ptr 已指向数组中的一个元素，则 ptr+1 指向同一数组中的下一个元素，ptr-1 指向同一数组中的上一个元素。假定 ptr 指向数组元素 a[i]，则 ptr±n 分别指向相对 a[i]前方或后方第 *n* 个元素。

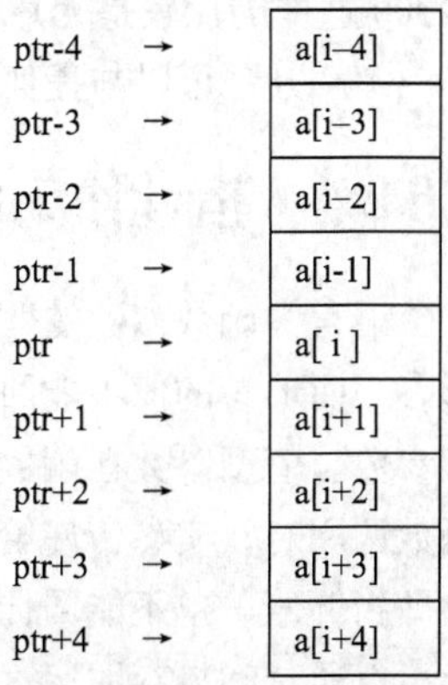

ptr-4	→	a[i–4]
ptr-3	→	a[i–3]
ptr-2	→	a[i–2]
ptr-1	→	a[i-1]
ptr	→	a[i]
ptr+1	→	a[i+1]
ptr+2	→	a[i+2]
ptr+3	→	a[i+3]
ptr+4	→	a[i+4]

图 6-9　指针 ptr±n 指向数组 a 情况

在接下来的运算中，p1 与 p2 两个指针进行了相减的运算。从运行结果来看，p1 与 p2 相减的结果不是地址值的直接相减结果 16；而是 p1 与 p2 所指向的数组元素之间相差的个数，或也可理解为(p1−p2)/sizeof(int)。

综上所述，总结指针加减运算要点如下。

（1）两个指针变量不能做加法运算，所谓指针的加法运算是指一个指针变量或指针常量加上某个整型表达式。

（2）只有当指针变量指向数组时，并且只有当运算结果仍指向同一数组中的元素时，指针的加减运算才有意义。需要特别注意的是，当运算结果超出数组的有效范围时，C 语言并不会报错，而是照常运行。这就会导致不可预期的错误。读者在使用指针变量进行加减运算时，应该对运算结果是否越界保持清醒的认识。

（3）指针的加减运算不是简单的地址值的算术加减运算，而与其目标变量的类型有着密切的关系。指针加减运算的结果不以字节为单位，而是以数据类型的大小（即 sizeof（类型））为单位。例如，整型指针的加减是以 4 字节作为 1 个单位变化的，双精度实型指针的加减是以 8 字节作为 1 个单位变化的。

（4）只有当两个指针变量指向同一数组时，进行指针相减才有实际意义。

（5）*(p1+n)与(*p1)+n 是两个不同的概念，前者是对指针变量 p1 的目标变量后面的第 *n* 个元素进行间接存取，在上例中，*(p1+2)结果是 81；后者是取出指针变量 p1 的目标变量的值再加上 *n*，在上例中(*p1)+2 的值是 63。

5. 指针的关系运算

虽然指针值实际上是描述内存存储单元地址的整数，但是指针之间的关系运算与整数的关系运算是不同的。指针之间进行关系运算需注意以下规则。

（1）指向同一数组的两个指针可以进行关系运算，表明它们所指向元素之间的相互位置关系，用下列运算符：<、<=、>、>=、==、!=进行比较都是有意义的。参考例 6-2 的运行结果，我们可以有如下关系运算：

```
if (p1>p2)
…
```

这里，p1 与 p2 是指向同一数组 a[10]中数组元素的两个指针，因此它们之间可以进行关系比较。p1 指向 a[5]，p2 指向 a[1]，依据其在数组 a 中的位置，可以看出 p1＞p2。

（2）指针与一个整型数据比较是没有意义的，不同类型指针变量之间的比较是非法的。例如，pa>2000 这样的比较是无意义的。

（3）NULL 可以与任何类型指针进行==、!=的运算，用于判断指针是否为空指针。

6.2.4 指针作为函数参数

C 语言中函数参数的数据传送方向是单向传递，只能由主调函数中的实参传送给被调函数中的形参，而形参的值不能回传给实参。但是，根据传送的内容，可将函数参数分为值型参数和指针型参数。值型参数在函数调用时，实参传递给形参的是数据值，一般称为传值；而指针型参数在函数调用时，实参传递给形参的是地址值，一般称为传地址。在这种情况下，虽然指针型形参值（即指针值）也不能回传给实参，但是指针型形参变量得到的是主调函数中某个变量的地址，因此可以通过间接存取运算，操作主调函数中的变量，从而将指针型形参的指向域扩大到主调函数，达到与主调函数双向交换数据的目的。这样，指针型参数的作用完全可以替代全局变量，并且可以弥补全局变量的不足之处。因此提倡使用指针型参数参与主调函数和被调函数之间的数据交换，下面将通过例 6-3 说明传值与传地址的区别。

【例 6-3】　从键盘任意输入两个整数，编程将其交换后再重新输出。

方法 1：

程序代码如下：

```
#include< stdio.h>
void swap(int x,int y);                          /* 声明 swap( ) 函数*/
void  main( )
{    int  x1,x2;
     scanf("%d%d",&x1,&x2);
     printf("1: x1=%d,x2=%d\n",x1,x2);
     swap(x1,x2);                                 /* 调用 swap( )函数 */
     printf("2:x1=%d,x2=%d\n",x1,x2);
}
     void swap(int x,int y)                      /* 定义 swap( ) */
     {int  temp;
      printf("调用中交换前: x=%d,y=%d\n",x,y);
      temp=x; x=y; y=temp;
      printf("调用中交换后: x=%d,y=%d\n",x,y);
     }
```

运行情况如下：

```
20  10↙
1: x1=20,x2=10
调用中交换前: x=20,y=10
调用中交换后: x=10,y=20
2: x1=20,x2=10
```

为什么调用中 x、y 值发生了交换，而主函数中的 x1、x2 依然未变呢？这是因为 x1、x2 和 x、y 分别是函数 main( )和 swap( )的内部变量，它们各自占用自己的空间。函数调用时，x1、x2 的值 20、10 分别传递给了 x、y。在函数 swap( )中 x、y 值进行交换之后，没有把它们的结果返回给实参 x1、x2，所以 main( )中的 x1、x2 并未交换，如图 6-10 所示。

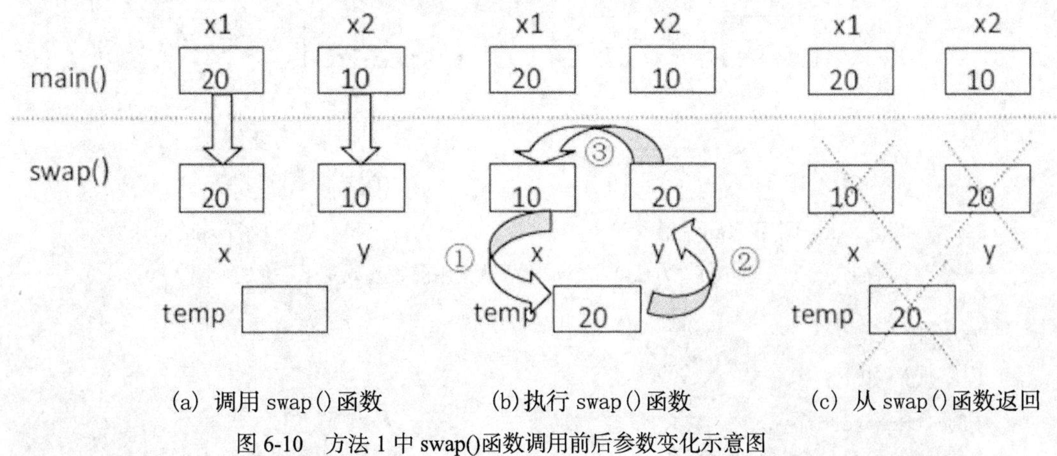

(a) 调用 swap()函数　　(b)执行 swap()函数　　(c) 从 swap()函数返回

图 6-10　方法 1 中 swap()函数调用前后参数变化示意图

方法2：

程序代码如下：

```
#include  <stdio.h>
void swap(int *p1,int *p2);                          /* 声明swap()函数*/
void main( )
{    int  x1,x2;
     scanf("%d%d",&x1,&x2);
     printf("1: x1=%d,x2=%d\n",x1,x2);
     swap(&x1,&x2);                                  /* 调用swap( )函数 */
         printf("2: x1=%d,x2=%d\n",x1,x2);
}
     void swap(int *p1,int *p2)                      /* 形参为指针变量 */
     { int  temp;
       printf("调用中交换前: *p1=%d,*p2=%d\n",*p1,*p2);
       temp=*p1; *p1=*p2; *p2=temp;                  /* 实现*p1和*p2即 x1和x2内容交换 */
       printf("调用中交换后: *p1=%d,*p2=%d\n",*p1,*p2);
     }
```

运行情况如下：

```
20  10↙
1: x1=20,x2=10
调用中交换前: *p1=20,*p2=10
调用中交换后: *p1=10,*p2=20
2: x1=10,x2=20
```

这种方式作为参数传递的不是数据本身，而是数据的地址。在子函数中的数值交换直接更改了主函数中的变量值。上述程序的调用过程，可以用图6-11进一步说明。当指针变量作为函数的传递参数时，形参和实参同时指向同一内存地址，指针p1和变量x1指向同一地址，指针p2和变量x2指向同一地址。在被调函数执行的过程中，如果改变了指针变量所指向的地址中的内容，即改变了变量x1和x2中的数值，在被调函数执行结束后，即使没有进行参数返回，也改变了主调函数中的参数值。可见形实结合传送地址的方式从数据传送的意义上说，尽管地址是单方向传送，但实现了数据的双向互动。

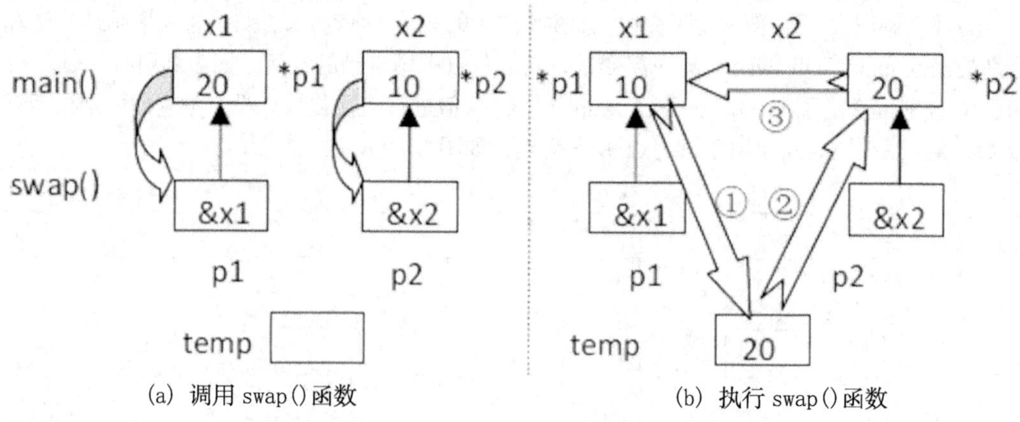

(a) 调用swap()函数　　　　(b) 执行swap()函数

图6-11　方法2中swap()函数调用前后参数变化示意图

方法3：

程序代码如下：

```
#include  <stdio.h>
void swap(int *p1,int *p2);                                  /*声明swap()函数*/
```

```
void main( )
{  int   x1,x2;
   scanf("%d%d",&x1,&x2);
   printf("1: x1=%d,x2=%d\n",x1,x2);
   swap(&x1,&x2);                              /* 调用swap( )函数 */
       printf("2: x1=%d,x2=%d\n",x1,x2);
}
void swap(int *p1,int *p2)                     /* 形参为指针变量 */
   {int  *p;
    printf("调用中交换前: *p1=%d,*p2=%d\n",*p1,*p2);
    p=p1; p1=p2; p2=p;                         /* 实现p1和p2内容交换 */
    printf("调用中交换后: *p1=%d,*p2=%d\n",*p1,*p2);
}
```

运行情况如下：

```
20 10↙
1: x1=20,x2=10
调用中交换前: *p1=20,*p2=10
调用中交换后: *p1=10,*p2=20
2: x1=20,x2=10
```

为什么swap函数的形参定义为指针型变量，调用时得到的同样是主函数的x1和x2的地址，而主函数中的x1、x2依然未变呢？这是因为在swap函数中，虽然交换了形参x1和x2的指向，但是指针型参数也必须遵守单向传递规则，x1和x2的值不会回传给实参p1和p2，所以函数调用结束后实参p1和p2的指向并未改变。p1的目标变量仍是x1，p2的目标变量仍是x2，如图6-12所示。

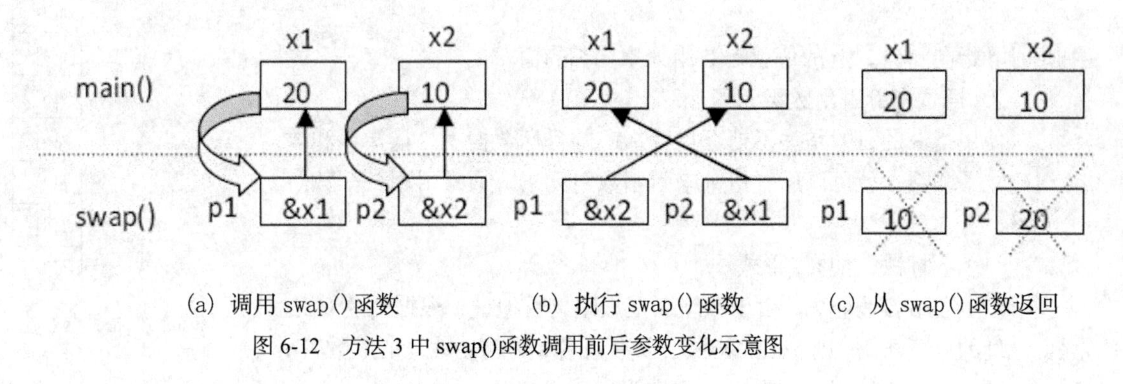

图6-12 方法3中swap()函数调用前后参数变化示意图

6.3 指针与数组

在C语言中，指针与数组的关系极为密切。在6.2节介绍指针运算时，我们已知道只有指向同一数组的指针之间的算术运算和关系运算才有意义。其次，数组名是该数组的指针，是一个指向数组中第1个元素的常量指针（除用做sizeof运算的操作数外）。例如：

```
int a[10], int *p;
```

数组名 a 是数组的首地址，是一个指针常量，它就是元素 a[0]的地址。所以，a≡&a[0]，a+1≡

&a[1]，…，a+i≡&a[i]。

因此，引用数组元素有两种方式，下标法和指针表示法。下标法即通过 a[0]，a[1]，…，a[i]的形式访问数组元素。而指针表示法是通过*(a+0)，*(a+1)，…，*(a+i)的形式访问数组元素。这两种方法在效果上是一样的，用下标法访问元素比较方便、直观，而指针法访问元素的速度比下标法快。

6.3.1　指针与一维数组

1. 建立指针与一维数组的联系

建立一个指向某个一维数组的指针，可先定义，然后对指针赋值。例如：

```
int  a[5], *pa, *p;
pa=a;   或者   pa=&a[0];
```

也可以在定义指针时赋初值：

```
int  a[20], *pa=a;
```

因为数组名 a 是该数组的首地址，也即 a[0]的地址，所以指针 pa 指向该数组首地址。此时*pa 的值就是 a[0]的值。pa+1 则指向下一个元素，如图 6-13 所示。

特别情况下，也可以在指针定义后直接让指针指向某一个数组元素，例如：

```
p=&a[5];
```

此时 p 指向 a[5]，*p 的值就是数组元素 a[5]的值。

pa	→	a[0]
		a[1]
pa+2	→	a[2]
		a[3]
		a[4]
p	→	a[5]
		a[6]
		a[7]
		a[8]
		a[9]

图 6-13　指针与数组

2. 通过指针引用数组元素

使用指针的目的是为了处理指针指向的目标数据。一旦指针和数组建立了联系，就可以通过指针来引用数组元素。通常引用一个数组元素，有 3 种方法。

（1）下标法，如 a[i]形式。

（2）数组名地址法。由于数组名是数组的首地址，根据前述 C 语言地址的计算法则，则 a+i 就表示了以数组名 a 为起始地址的顺数第 i 个元素，即 a[i]的地址，那么*(a+i)即为 a[i]。

（3）指针法，有两种形式。

① 指针地址法。既然有 pa=a，则 pa+i 就表示以 pa 为起始地址的顺数第 i 个元素，即 a[i]的地址，那么*(pa+i)即为 a[i]。

② 指针下标法。由于 pa=a，*(pa+i)相当于 a[i]，所以 C 语言允许直接用 pa[i]的形式来表示以 pa 指示的位置为起点顺数第 i 个同类型的数据。

综上所述，对同一数据类型指针 pa 和数组 a 来说，一旦二者建立了 pa=a 的联系（即指针 pa 指向 a 数组首地址），则下述对数组元素 a[i]的表示就是等价的：

```
a[i]、*(a+i)、*(pa+i)、pa[i]
```

【例 6-4】　用指针变量引用数组元素，完成给数组元素赋值并输出数组元素。

程序代码如下：

```
#include  <stdio.h>
void main( )
{ int  *p,b[5],i;
  p=b;                                          /* 建立指针和数组关联 */
  for (i=0;i<5;i++)
       *p++=i;
  p=b;                                          /* 注意要把指针重新指向数组首元素 */
  for (i=0;i<5;i++)
       printf("b[%d]=%d\t",i,*p++);
  printf("\n");
}
```

运行情况如下：

```
    b[0]=0    b[1]=1    b[2]=2    b[3]=3    b[4]=4
```

使用指针法访问数组元素需注意以下几个问题。

（1）指针变量的值可以改变，但作为数组名的指针常量值是不可以改变的。如 a 是数组名，p 是指针，b 是变量，则表达式

```
a=p、a=&b、a++、a--、++a、--a、a+=n
```

等试图改变 a 的值都是错误的，而指针是地址变量，其值可以改变。

（2）由于变量的值可以改变，因此指针变量当前值成为关注的重点。

① 利用指针变量访问数组元素，要考虑数组越界问题。

如例 6-4 中所示，在第 1 个循环中通过 p++使 p 指向不同的元素，从而使每个元素都从键盘取得了数据。此操作结束时，p 的指向已超出数组的范围，如图 6-14(a)所示。

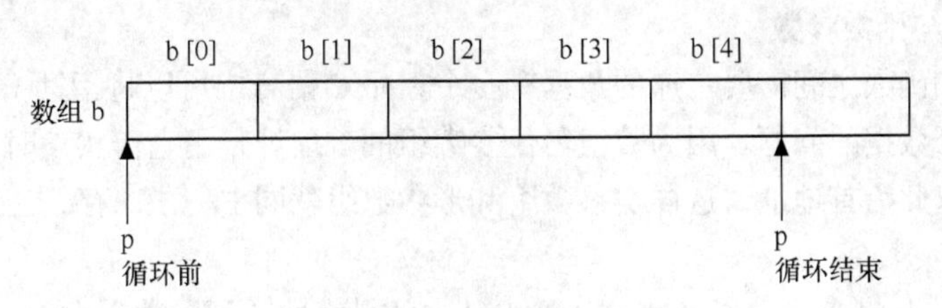

（a）指针变量指向数组的越界问题

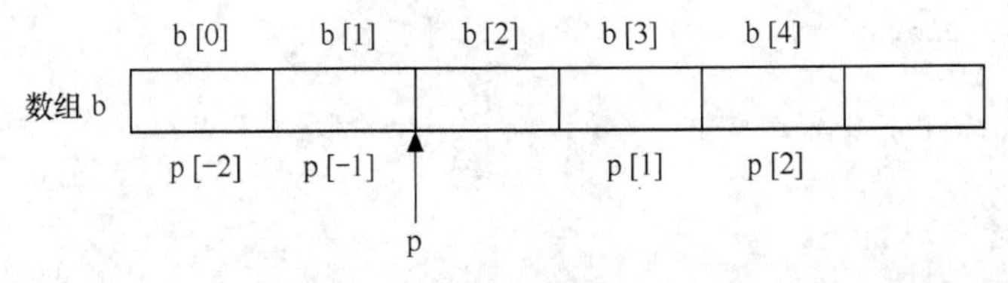

（b）指针变量的下标表示法中下标值

图 6-14　有关指针的当前值

在第 2 个循环中需要继续利用 p 指针输出每个元素的值时，一定要重新给 p 变量赋值，即 p=b。

② 在数组元素的下标表示法中如果采用指针变量，其下标可以出现负值。

由于指针变量可指向数组的任意元素，所以它的下标可以出现负值。如图 6-14(b)所示，当 p=&b[2]时，b[1]元素如果用指针变量 p 的下标表示法为 p[-1]，指针法表示为*(p-1)。

（3）在指针变量运算中需要特别注意单目运算符的右结合性。下面列出常用到的 4 种形式进行分析，如图 6-14(b)所示。

```
y=*p++;
```

由于单目运算具有较高的优先级，其结合规则是从右向左，故上式相当于：

```
y=*(p++)
```

该表达式的运算顺序为，先把 p 当前所指元素 b[2]的值赋予变量 y，然后 p 加 1 指向下一个元素 b[3]。

```
y=*++p;
```

该表达式相当于 y=*(++p)，其运算顺序为，先将 p 自身加 1 指向下一个元素 b[3]，然后把 p 当前指向的元素 b[3]的值赋予变量 y。

```
y=(*p)++;
```

表示把 p 所指向的元素 b[2]值赋予变量 y 后，p 所指的元素 b[2]的值加 1。即(*p)++相当于 b[2]++，若 b[2]=3，则赋予变量 y 的值是 3，然后 b[2]自身加 1 得值为 4。

```
y=++*p;
```

该表达式相当于 y=++(*p)，其运算顺序为，先访问 p 当前所指元素 b[2]，将元素 b[2]的值加 1 后再赋值给变量 y。如果 b[2]=3，则相当于 b[2]加 1 得值为 4，再执行 y=b[2]，最后 y 的值为 4。

3. 数组名与函数参数

有时函数和函数之间需要传递的数据有多个，而 C 语言中可以将指针（地址）作为函数参数来解决传递多个数据的问题。因为数组名代表数组的首地址，用它作实参时，就把首地址传给形参，形参数组以此为首地址，这样实参数组和形参数组就同占一段内存，达到了传递多个数据的目的。

【例 6-5】 从键盘输入 5 个整数，找出其中的最大数（用函数实现），并输出。

程序代码如下：

```
#include  <stdio.h>
#define  N  10
int max1(int p[], int n)                          /*形参为数组名*/
{
  int  i,max;
  max=p[0];
  for(i=1; i<n; i++)                              /* 求最大值 */
      if(max<p[i])max=p[i];
  return(max);                                    /* 返回最大值 */
}
int max2(int *p, int n)                           /* 形参为指针 */
{   int  i,max,*q;
```

```
    q=p;
    max=*q;
    for(; q<p+n;q++)                            /* 求最大值 */
        if(max<*q)max=*q;
    return(max);                                /* 返回最大值 */
}
void  main( )
{   int  i,a[N];
    int  max;                                   /* mean( )函数定义在前，可不予声明 */
    for(i=0; i<N; i++)                          /* 输入数组各个元素的值 */
          scanf("%d",&a[i]);
     max=max1(a,N);                             /* 调用形参为数组名的max1()函数*/
     /*   max=max2(a,N);  */                    /* 调用形参为指针的max2()函数*/
     printf("Max: %d\n",max);                   /* 输出结果 */
}
```

运行情况如下：

```
    12 45 56 23 89 75 64 62 31 10↙
Max: 89
```

本例用传地址的方式将数组名 a 作为实参传递给形参 p，使指针变量 p 指向数组 a 的首地址（见图 6-15），这样，被调函数中*p 的操作实际上就是对调用函数中的 a 数组元素操作。通常数组含有众多元素，不可能将它们一并作为数据传送给被调函数。只有采取传送数组首地址的方式，使得被调函数和调用函数都能对同一数组数据空间操作，这样就解决了大批量数据在函数调用时的相互传递问题。本例中，调用函数还可以用变量地址&a[0]或者用指向 a 数组首地址的指针变量来作为实参(参见 max2 函数)。

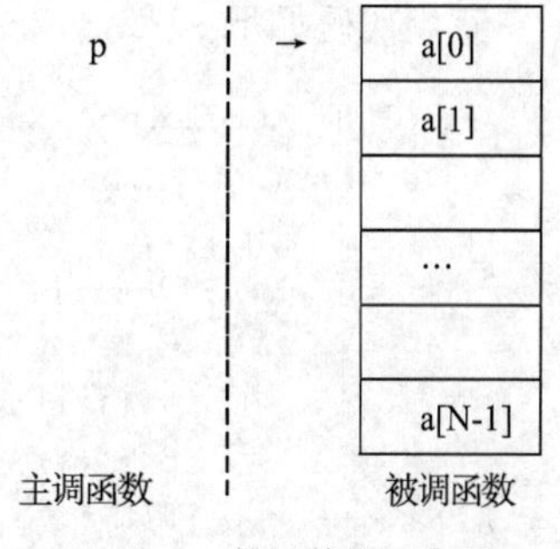

图 6-15　数组传送示意图

【例 6-6】　求已知数组中的最小值元素，并将它和该数组最前面的元素交换。

程序代码如下：

```
#include <stdio.h>
#define  N 10
int min(int a[ ], int n);
void swap(int *a, int m);
void main( )
{   int  i,a[N],m;
    for(i=0; i<N;i++)                    /* 输入数组元素值 */
         scanf("%d",&a[i]);
    m= min(a,N);                         /* 调用min( )函数，得到最小值元素下标 */
    swap(a,m);                           /* 调用swap()函数，完成要求的交换 */
    for(i=0;i<N; i++)                    /* 输出交换后的数组元素值 */
         printf("%d  ",a[i]);
    printf("\n");
 }
int min(int a[ ], int n)                 /*定义求最小值元素下标值函数，形参a[ ]为虚数组首指针 */
{  int  i,m=0;
```

```
    for(i=1;i<n; i++)                  /* 求最小值元素下标 */
        if (a[m]>a[i])  m=i;           /* 记下比 a[m]小的元素下标 */
    return (m);                        /* 返回最小值元素下标值*/
}
void swap(int *a, int m)               /* 定义完成最小值元素与数组最前面的元素交换位置的函数，形
参 a 为指针，准备接收数组首地址 */
{  int  i,t;
   t=a[m];                             /* t 暂存最小值元素值 */
   a[m]= a[0];
   a[0]=t;                             /* 最小值元素放最前面 */
}
```

运行情况如下：

```
55  5  12  4  1  45  8  89  62  54↙
1  5  12  4  55  45  8  89  62  54
```

【例 6-7】 使用选择排序法对 10 个整数从大到小排序。

分析：此题算法选用选择法排序，并用指针的方法实现。当每次选择最小值时，并不急于在比较的过程中交换两个元素的位置，而是用一个整型变量 k 先记下当前最小值的下标值，循环比较一遍后，再将最小值放到它应处的位置。

程序代码如下：

```
#include <stdio.h>
void sort(int *x,int n)                     /* 定义选择排序法的函数 */
{    int i,j,k,t;
     for (i=0;i<n-1;i++)
         {    k=i;
              for(j=i+1;j<n;j++)
              if (*(x+j)>*(x+k))  k=j;
              if(k!=i)
              {    t=*(x+i); *(x+i)=*(x+k);*(x+k)=t;    }
     }
}
void main( )
{    int i,*p,a[10]={3,7,9,11,0,6,7,5,4,2};
     p=a;                                   /* 指针 p 与数组 a 关联 */
     sort(p,10);                            /* 调用 sort 函数，传递数组地址 */
     while(p<a+10)                          /* 输出排序后的数组元素值 */
         printf("%d   ",*p++);
     printf("\n");
}
```

运行情况如下：

```
11   9   7   7   6   5   4   3   2   0
```

可见，访问数组元素的方法有多种，如何根据需要来分别使用它们呢？一般来说，如果程序希望严格按照递增或递减顺序访问数组，则用指针移动的方法来顺序处理显得快捷方便；但若对数组的访问是随机方式，比如只访问其中的一个或几个元素，则以下标定位更简洁明了。

4. 指针运算的副作用

由于 C 语言对数组的越界不作检查，在指针指向超出数组范围时，C 编译并不能发现错误，如下述程序：

```
#include <stdio.h>
void main( )
{ long  y=2364064;                        /* 即 y=0x2412a0 */
  int  x=3191;                            /* 即 x=0xc77 */
  char  str[]={'A','B','C','D'},*pc=str ;
  printf("pc[%d]=%c\n", 3, *(pc+3));
  printf("pc[%d]=%c\n", 4, *(pc+4));
  printf("pc[%d]=%c\n", 8, *(pc+8));
}
```

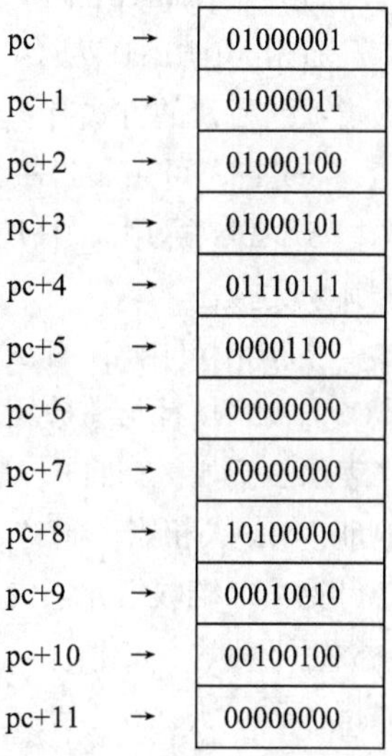

假定内存存放数据如图 6-16 所示，其中 str 是字符数组，4 个元素，接下来是 x 变量（两个字节的 short 型数据）和 y 变量（4 字节的 long 型数据），存放数据均以二进制代码表示。

运行情况如下：

```
pc[3]=D
pc[4]=w
pc[8]=$
```

可见指针一旦有了具体的指向，指针运算或者指针移动将按照指向的数据类型长度为计量单位来操作，指针的目标也按照指针的数据类型来理解，而不论指向是否是同类型数据或超出数组范围。因此，指针指向的数据是否合理，需要由编程者来把握，否则如果滥用指针，可能会产生意想不到的情况。

pc	→	01000001
pc+1	→	01000011
pc+2	→	01000100
pc+3	→	01000101
pc+4	→	01110111
pc+5	→	00001100
pc+6	→	00000000
pc+7	→	00000000
pc+8	→	10100000
pc+9	→	00010010
pc+10	→	00100100
pc+11	→	00000000

图 6-16　指针越界情况

6.3.2　指针与二维数组

在 C 语言中，可将二维数组理解为数组元素为一维数组的一维数组。设有一个二维数组：

```
int a[3][4];
```

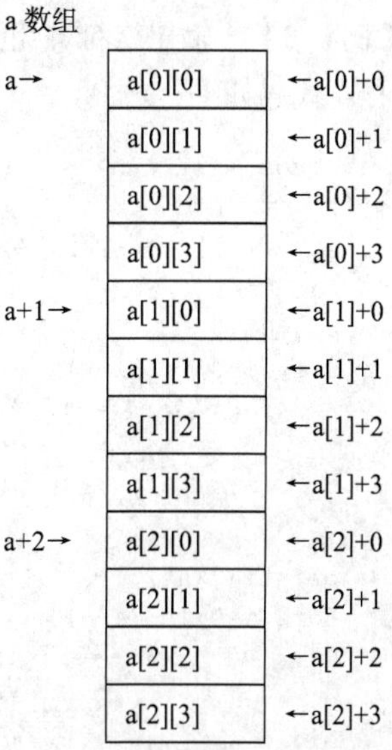

首先，我们可将其看成是由 a[0]、a[1]和 a[2]3 个行元素组成的一维数组，a 是该一维数组的数组名，代表了该一维数组的首地址。即第 1 个行元素 a[0]的地址（&a[0]）。根据一维数组与指针的关系可知，表达式 a+1 表示的是首地址所指元素后第 1 个元素的地址，即行元素 a[1]的地址（&a[1]）。因此，可以通过这些地址引用各行元素的值，如 *(a+0)或*a，即为行元素 a[0]。

其次，行元素 a[0]、a[1]和 a[2]不是一个简单的数据，而是由 4 个元素组成的一维数组。例如，行元素 a[0]是由元素 a[0][0]、a[0][1]、a[0][2]和 a[0][3]组成的一维数组，并且 a[0]是这个一维数组的数组名，代表了这个一维数组的首地址，即第 1 个元素 a[0][0]的地址（&a[0][0]），如图 6-17 所示。

a 数组

a→	a[0][0]	←a[0]+0
	a[0][1]	←a[0]+1
	a[0][2]	←a[0]+2
	a[0][3]	←a[0]+3
a+1→	a[1][0]	←a[1]+0
	a[1][1]	←a[1]+1
	a[1][2]	←a[1]+2
	a[1][3]	←a[1]+3
a+2→	a[2][0]	←a[2]+0
	a[2][1]	←a[2]+1
	a[2][2]	←a[2]+2
	a[2][3]	←a[2]+3

图 6-17　a 数组存储顺序和各元素地址

根据以上的原理，可引出以下概念。

（1）二维数组 a 的首地址可以用 a、&a[0]或者 a[0]、&a[0][0]表示，但四者有区别。其中，a 是行元素数组的首地址，又可称之为行地址，相当于&a[0]。a[0]是元素数组 a[0]的首地址，又可称之为列地址，相当于&a[0][0]。

（2）3 个一维列元素数组的首地址分别为 a[0]、a[1]、a[2]，即列地址 a[0]相当于&a[0][0]，a[1]相当于&a[1][0]，a[2]相当于&a[2][0]。按照数组名地址法，每个一维数组的元素地址可用“数组名+元素在一维数组中的下标”表示，即：

指示行元素的方式有：

a[0]可用*(a+0)即*a 表示；

a[i]可用*(a+i)表示；

指示列元素的方式有：

&a[1][3]可用 a[1]+3 或者*(a+1)+3 表示；

&a[2][1]可用 a[2]+1 或者*(a+2)+1 表示；

其余类推，

&a[i][j]可用 a[i]+j 或者*(a+i)+j 表示；

（3）按照指针与整数相加的含义，各个元素（列元素）的地址也可以用它与数组首地址的距离来表示。例如，&a[1][1]等价于 a[0]+5 或者&a[0][0]+5，但是不等价于 a+5，因为后者指示的是行地址，*(a+5)相当于 a[5]，本例中并不存在这样的行元素。

可见，二维数组元素的表示法有以下几种：

数组下标法：a[i][j]

指针表示法：*(*(a+i)+j)

行数组下标法：*(a[i]+j)

列数组下标法：*(a+i))[j]

注意在二维数组中，不要把 a[i]、*(a+i)理解为一个数组元素或变量，它只是行地址的一种表示形式。

【例 6-8】 输出二维数组元素。

程序代码如下：

```
#include <stdio.h>
void main( )
 { int a[3][4]={1,2,3,4,11,12,13,14,21,22,23,24};
   int *p,i,j;
   p=a[0];
   for (i=0;i<3;i++)
         {  for(j=0;j<4;j++)
              printf("%4d",*(*(a+i)+j));          /* 指针表示法输出元素 a[i][j] */
            printf("\n");
         }
   printf("\n");
   for (i=0;i<3;i++)
         {  for(j=0;j<4;j++)
                printf("%4d",*(a[i]+j));          /* 行数组表示法输出元素 a[i][j] */
            printf("\n");
         }
   printf("\n");
```

```
    for (i=0;i<3;i++)
    {   for(j=0;j<4;j++)
            printf("%4d",(*(a+i))[j]);        /* 列数组表示法输出元素 a[i][j] */
    printf("\n");
    }
    printf("\n");
    for (i=0;i<3;i++)
    {  for(j=0;j<4;j++)
           printf("%4d",*p++);                /* 指针直接表示法输出元素 a[i][j] */
    printf("\n");
    }
}
```

运行情况如下（一共输出 4 个矩阵）：

```
1   2   3   4
11  12  13  14
21  22  23  24

1   2   3   4
11  12  13  14
21  22  23  24

1   2   3   4
11  12  13  14
21  22  23  24

1   2   3   4
11  12  13  14
21  22  23  24
```

一般，为了清楚地表明二维数组行列排列的特点，多采用*(a[i]+j)或者*(*(a+i)+j)的形式来表示元素 a[i][j]。

上述结论可推广到三维及以上的数组。例如，定义了一个数组 t[3][4][5]，它可看成由 t[0]、t[1]、t[2]3 个二维数组组成，每个二维数组又是由 4 个一维数组组成，而每个一维数组含有 5 个元素；其中，t[0]数组分别由 t[0][0]、t[0][1]、t[0][2]、t[0][3]4 个一维数组组成，其他类推。由于 t[i][j]可用*(t[i]+j)表示，则元素 t[i][j][k]可用*(*(t[i]+j)+k)或者*(*(*(t+i)+j)+k)表示，这里 i=0,1,2；j=0,1,2,3；k=0,1,2,3,4。

6.3.3　指向字符串的指针变量

在 C 语言中，可以用两种方法实现字符串的操作。

（1）用字符数组实现。例如：

```
char string[]="Welcome to Beijing! ";
```

（2）用字符指针实现。

在定义了字符指针变量后，可以通过赋值语句，使其指向字符串的首地址。在本节中，我们重点介绍第 2 种方法。

1．用字符指针指向字符串

指向字符串的指针变量实际上就是字符指针变量，用于存放字符串的首地址。其初始化就是在定义字符指针变量的同时赋予一个字符串的首地址。对字符指针变量的赋值有以下 3 种形式：

（1）在定义字符指针时，直接对其进行赋值，例如：

```
char *cp="C Language";
```

（2）在定义字符指针后，对其进行赋值，例如：

```
char *cp;
cp=" C Language";
```

（3）将字符数组首地址赋值给字符指针，使该字符指针指向该字符串的首地址，例如：

```
char str[]="C Language", *cp;
cp=str;
```

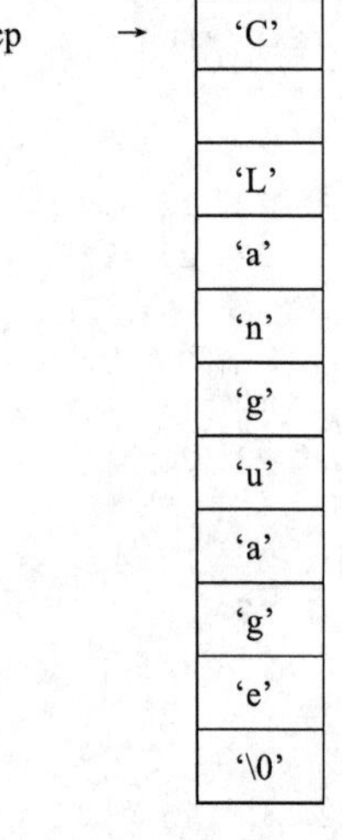

图 6-18　字符指针的指向示意图

上述 3 种操作都使指针 cp 指向了字符串"C Language"的首地址，如图 6-18 所示。需要注意的是，上述的赋值操作中，并不是把字符串"C language"赋给指针 cp，而仅仅是使字符指针 cp 指向了字符串的首地址。

需要注意的是，字符串数组的名字 str 代表了字符串的首地址，是一个常量，不能对常量进行赋值以及自加等运算，例如"str++"是错误的。而字符指针则可以进行此类操作。

【例 6-9】　简单的字符串加密就是将原字符所对应的 ASCII 码值加或减一个整数，形成一个新的字符。

程序代码如下：

```
#include <stdio.h>
void main( )
 {  char s[20];
    char *cp;
    int k;
    cp=s;                                    /* cp 指向 s 数组的首地址 */
    printf("Please input character string \n");
    gets(s);
    for(k=0;*(cp+k)!='\0';k++)
        *(cp+k)+=3;                          /* 把 ASCII 码值加 3*/
    printf("%s\n",cp);
 }
```

运行情况如下：

```
Please input character string
language↙
odqjxdjh
```

在用%s 格式输出时是这样执行的：从给定的地址开始逐个字符输出，直到遇到'\0'为止。也可以用%c 格式逐个输出字符：

```
for (cp=s;*cp!='\0';cp++)
   printf("%c",*cp);
```

这种方法在输出整个字符串时不如用%s 格式。在用%s 格式输出时，需注意传递给%s 输出的字符数组一定要有一个'\0'的字符串结束标记，否则字符串输出无法正常结束。

2. 用字符串指针处理字符串

【例 6-10】 在输入的字符串中查找有无'u'字符。

程序代码如下：

```
#include <stdio.h>
void main( )
 {  char  *cp,ps[20];
    printf("Please input a string:");
    scanf("%s",ps);                  /* 输入字符串 */
    cp=ps;                           /* 循环前让 cp 指向字符串 */
    while( *cp!= '\0')               /* 当 cp 未移向串尾且未找到时继续循环查找 */
      {   if (*cp=='u')
              {  printf("The character %c is %d-th\n",'u', cp-ps+1);   /* 位置从 1 算起 */
                 break;
              }
                 cp++;               /* 顺序移动指针 cp */
      }
   if (*cp=='\0')                    /* 循环结束后如未找到，此时 cp 应指向字符串尾标志'\0' */
        printf("The character %c is not found!\n", 'u' );
 }
```

第一次运行情况如下：

```
Please input  a string:Language↙
The character u is 5-th
```

第二次运行情况如下：

```
Enter a character: program↙
The character u is not found!
```

【例 6-11】 将字符串逆序排列后输出。

分析：循环前让 p 指向串首，q 指向串尾'\0'字符前一个字符，每一次循环中，交换 p 和 q 指向的目标内容，顺向移动指针 p，逆向移动指针 q，直至 p>=q 为止，如图 6-19 所示。

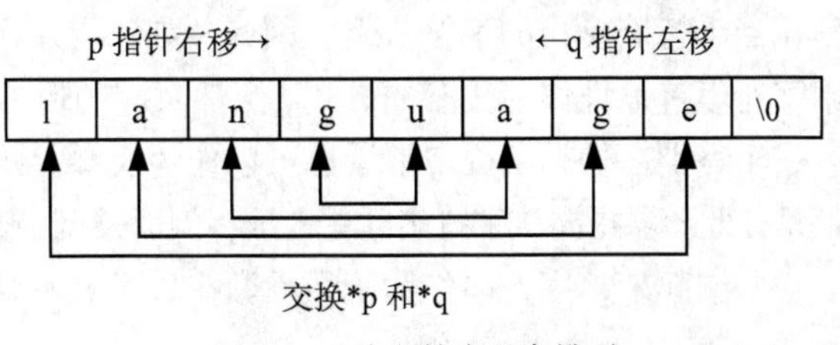

图 6-19　将字符串逆序排列

程序代码如下：

```
#include  <stdio.h>
#include  <string.h>
void main( )
 {  char  str[80],*p,*q, t;
    printf("Enter a string:");
    scanf("%s",str);
                   /* 输入要处理的字符串 */
    for(p=str,q=p+strlen(str)-1;p<q;p++,q--)
                   /* 双向移动指针并交换相应元素 */
       {        t=*p;
                *p=*q;
```

```
        *q=t;
    }
   printf("The reversed string is: %s\n",str);        /* 输出逆序后的字符串 */
}
```

运行情况如下：

```
Enter a string: language↙
The reversed string is: egaugnal
```

3. 字符指针作为函数参数

将一个字符串从一个函数传递到另一个函数，可以用字符数组作为参数或用字符指针作为参数。

【例 6-12】 形参用字符指针实现字符串间的拷贝。

程序代码如下：

```
#include <stdio.h>
void strcopy( char *s1, char *s2) ;
void main( )
 { char  *str1="C program", str2[20];
   strcopy(str1,str2);                         /* 分别以字符指针和字符数组名为实参 */
   printf("The first stringis: %s\n",str2);
   strcopy("FORTRAN language",str2);           /* 分别以串常量为实参和数组名为实参 */
   printf("The second string is : %s\n",str2);
 }
void strcopy( char *s1, char *s2)              /* 自定义求字符串拷贝函数 strcopy() */
 {   for(;*s1!='\0';s1++,s2++)
          *s2=*s1;
     *s2='\0';
  }
```

运行情况如下：

```
The first string is: C program
The second string is: FORTRAN language
```

本程序中两次调用函数 strcopy()，第一次以串首指针为实参，第二次以串常量为实参。字符串相当于特殊形式的字符数组。因此，如果要从调用函数传送字符串给被调函数处理，同样可采用字符串首地址作为实参的方式，当然对应的形参必须是 char 型指针或 char 型虚数组首指针。还有一个特别之处，字符串常量也可以作为实参。此时，表面上接收它的形参是 char 地址量，实际上是让此形参指向该字符串的首地址；因而被调函数同样可对这个字符串常量所占据的空间操作。

归纳起来，字符串作为函数参数有以下几种情况：

实　参	形　参
一维数组名	一维数组名
一维数组名	字符指针
字符指针	字符指针
字符指针	一维数组名

6.3.4 指针数组

1. 指针数组的概念

一个数组，如果其每个元素的类型都是整型的，那么这个数组称为整型数组；如果每个元素都是指针类型的，则它就是指针数组。也就是说，指针数组是用来存放一批地址的。指针数组的定义形式如下：

数据类型 * 指针数组名[元素个数]；

在这个定义中，由于“[ ]”比“*”的优先级高，所以数组名先与“[元素个数]”结合，形成数组的定义形式，“*”表示数组中每个元素是指针类型，“数据类型”说明指针所指向的数据类型。

和普通数组一样，编译系统在处理指针数组定义时，按照指定的存储类型为它在内存中分配一定的存储空间，这时指针数组名就表示该指针数组的存储首地址。如定义一个指针数组 p，它有 3 个元素，每一个元素都是指向 int 型数据的指针：

```
int  *p[3];
```

2．指针数组初始化

指针数组也同其他类型的数组一样，可以在定义的同时赋初值。例如：

```
char c[][8]={"Fortran", "Cobol", "Basic", "Pascal"};
char *cp[]={c[0], c[1], c[2], c[3]};
int a, b, c, x[2][3];
int *ip[3]={&a, &b, &c}, *p[2]={x[0], x[1]};
```

经过赋初值，cp[0]指向了“Fortran”，cp[1]指向了“Cobol”…这样二维字符数组 c 就可以用一维字符指针数组 cp 来表示了。同样整型指针数组 p 的两个元素中存放了 x 数组两个元素指针 x[0]和 x[1]，可以用它们表示 x 数组元素，例如，*(p[0]+0)为 x[0][0]、*(p[1]+2)为 x[1][2]。这样通过指针数组 p 就能处理二维数组 x 的数据了。

【例 6-13】 指针数组与二维数组之间的关系。

程序代码如下：

```
#include <stdio.h>
void main( )
  { int  a[3][3]={{1,2,3},{4,5,6},{7,8,9}},*pa[3],i,j;
    for(i=0;i<3;i++)
        pa[i]=a[i];                      /* 让指针数组元素分别指向 3 个一维数组 */
    for(i=0;i<3;i++)                     /* 按行输出二维数组元素 */
      {  for(j=0;j<3;j++)
              printf("a[%d][%d]=%d    ",i,j,*(pa[i]+j));
      printf("\n");
      }
  }
```

运行情况如下：

```
a[0][0]=1    a[0][1]=2    a[0][2]=3
a[1][0]=4    a[1][1]=5    a[1][2]=6
a[2][0]=7    a[2][1]=8    a[2][2]=9
```

可知，若指针数组名 pa=a，则 a[i][j]、*(a[i]+j)、*(pa[i]+j)、pa[i][j]都是具有等价意义的不同表示形式。

3. **字符型指针数组和多个字符串的处理**

一般情况下，在程序中运用指针的最终目的是操作目标变量，提高程序运行效率，所以指针数组的应用多数是用字符指针数组来处理多个字符串。尤其是当这些字符串长短不一样时，使用指针数组比使用字符数组更为方便、灵活，而且能节省存储空间。例如，5 门课程名，可用二维数组来存放：

```
char name[5][20]={"C language","Basic","Pascal","Visual C++","FORTRAN"};
```

也可以用指针数组来指向，如图 6-20 所示。

```
char  *p[5]={"C language",
             "Basic",
             "Pascal",
             "Visual C++",
             "FORTRAN"};
```

p→			
	p[0]	→	C language
	p[1]	→	Basic
	p[2]	→	Pascal
	p[3]	→	Visual C++
	p[4]	→	FORTRAN

图 6-20　用指针数组指向多个字符串

若用二维数组存放字符串，每行的长度相同，可能存在未用到的内存空间，也限制了字符串的长度。而用指针数组时，并未定义行的长度，只是分别在内存中存放了长度不同的字符串，让各个数组元素分别指向它们，没有浪费存储空间。例如，想对课程名排序，程序中必然有多次交换课程名字符串的操作。若直接将课程名字符串交换位置，则速度慢；而采用交换地址的方法操作速度要快得多。

【例 6-14】　从键盘输入一个字符串，查找该字符串是否在已存在的字符串数组中。

程序代码如下：

```
#include  <stdio.h>
#include  <string.h>
void main( )
{    int  i,flag;
     char  *p[5]={ "C language","Basic","Pascal","Visual C++","FORTRAN"};
     char str[20];
     printf("Enter a string:");              /* 输入要查找的字符串 */
     gets(str);
     for(i=0;i<5;i++)                        /* 逐个查找 */
     if (strcmp(p[i],str)==0)                /* 若找到则令 flag=-1,退出循环 */
          {    flag=-1;
               break;
          }
     if (flag==-1)                     /* 找到后 flag 应为-1*/
               printf("%s is founded.\n",str);
     else
               printf("%s is not founded.\n",str);
}
```

第一次运行情况如下：

```
Enter a string: Visual c++↙
Visual c++ is not founded.
```

第二次运行情况如下：

```
Enter a name: FORTRAN↙
FORTRAN is founded.
```

【例 6-15】　编写从多个字符串中找出最大字符串的函数。

分析：假定从调用函数中传递一个字符指针数组给该函数，则函数的返回值为最大字符串的指针。

程序代码如下：

```
#include  <string.h>                          /* strcmp( )库函数的要求 */
char  *maxstr(char *ps[ ],int  n)
                    /* 定义字符指针型函数 maxstr( ),形参 ps 是字符型指针数组*/
{    char  *max;
     int  i;
     max=ps[0];
     for(i=1;i<n;i++)                         /* 使 max 指向最大字符串 */
         if (strcmp(max,ps[i])<0)
             max=ps[i];
     return (max);                            /* 返回指针 max 值 */
 }
#include  <stdio.h>
char *maxstr(char *ps[],int n);               /* 声明本函数要调用字符指针型函数 maxstr（ ） */
void main( )
{  char *s[5]={"PASCAL","FORTRAN","C program","Visual C++","Visual Basic"},*p;
   p=maxstr(s,5);                             /* 调用 maxstr（ ），得到最大字符串的指针 */
   printf("The max string is :%s\n",p); /* 输出结果 */
}
```

运行情况如下：

```
The max string is: Visual C++
```

6.3.5　多级指针

一个指针可以指向一个整型数据，或一个实型数据，或一个字符型数据，也可以指向一个指针型数据。如果一个指针指向另一个指针型变量，则此指针为指向指针的指针变量，又称为多级指针变量，如图 6-21 所示。

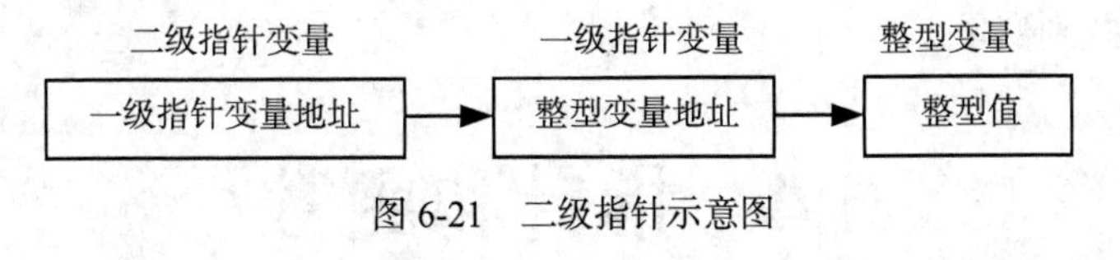

图 6-21　二级指针示意图

这里只讨论二级指针，因为二级以上的指针在使用上容易出错，且不易于阅读和理解，程序可读性差，在此不再讨论。

1. 二级指针变量定义形式

二级指针定义的一般形式如下：

数据类型　**　指针变量名；

其中，“**指针变量名”相当于*（*指针变量名），在括号中定义了一个指针变量，括号外的“*”，说明指针变量（即二级指针）的目标变量是一个指针类型数据，“数据类型”是最终目标变量（即一级指针）所指向数据的类型。

2. **二级指针变量初始化**

二级指针变量在定义时也同样可以赋初值。例如：

```
int  a,*pa,**ppa;
char  *pname[3],**ppname=pname;
```

如图 6-22 所示，指针 pa 指向数据变量 a，而指针 ppa 指向指针 pa，因此 ppa 是指向指针的指针，又称二级指针。其中，*ppa 即为指针 pa，而**ppa=*(*ppa)= *pa 即为变量 a。

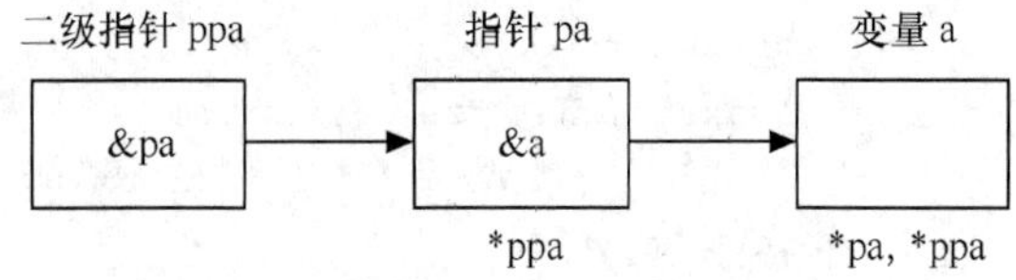

图 6-22　二级指针 ppa 与变量 a 的指向联系

同样，在图 6-20 中，字符指针数组 p 的数组名就是一个二级指针，因为*p 就是一级指针 p[0]，而*p[0]或者**p 就是 p[0]指向的字符串的首字符'C'。

3. **二级指针应用举例**

【例 6-16】　二级指针的应用。

程序代码如下：

```
#include <stdio.h>
void  main( )
 { float  x=6.6;
   float  **pp,*p;
   p=&x;
   pp=&p;
   printf("x=%6.2f=%6.2f=%6.2f\n",x,*p,**pp);
 }
```

运行情况如下：

```
x=   6.60=   6.60=   6.60
```

…
2200　6.6　x
…
2800　2200　p
…
5000　2800　pp
…

图 6-23　变量存储关系示意图

从结果中可以看到，3 种形式都输出了相同的结果。3 个变量的存储关系如图 6-23 所示。一级指针 p 中存放的是变量 x 的地址“2200”。二级指针 pp 中存放的是一级指针 p 的地址“2800”。因此当对二级指针进行“**pp”操作时，首先通过地址“2800”找到一级指针 p，再由一级指针 p 中的地址“2200”找到变量 x。

6.4　指针和函数

6.4.1　指针型函数

在 C 语言中，一个函数可以返回一个整型值、字符值、实型值等，也可以返回指针型的数据，即地址。指针型函数就是指函数返回值是指针型数据的函数。

1. 指针型函数定义形式

指针型函数定义的一般形式为：

函数数据类型 * 函数名（形式参数表）;

其中函数名前的“*”表示函数的返回值是一个指针类型，“函数数据类型”是指针所指向的目标变量的类型。在指针型函数中，使用 return 语句返回的可以是变量的地址、数组的首地址或指针变量，还可以是第 8 章介绍的结构体、共用体等构造数据类型的首地址等。例如：

```
int  *fun(int a,char ch);
```

上面这个函数即是一个指针型函数，返回值为 int 型指针或地址。在此函数的实现中必须有 return（&变量名）或 return（指针变量）。

【例 6-17】 运用指针型函数来找出两个数中的最大值。

程序代码如下：

```
#include  <stdio.h>
int *max ( int *i , int *j )                /* 定义指针型函数，其形参为两个指针变量 */
{ if ( *i>*j )
          return ( i );
  else
          return ( j );
}
void main( )
{  int a,b,*p;
    printf("Enter two integer numbers:");
    scanf("%d%d",&a,&b);
    p=max ( &a,&b );                        /* 调用指针型函数，返回值为指针 */
    printf("max=%d\n",*p);
}
```

运行情况如下：

```
Enter two integer numbers:12  2↙
max=12
```

2. 指针型函数定义时应注意的问题

（1）指针函数中 return 的返回值必须是与函数类型一致的指针。上例中接收返回值的变量为 p，是 int 类型；函数类型也是 int 类型。

（2）返回值必须是函数外部或静态存储类别的变量地址或数组地址，以保证主调函数能正确使用数据。因为在函数调用结束时，auto 存储类型的变量或数组所占据的存储单元已被释放，所以操作系统有可能重新分配使用这些存储单元。上例中，返回值即是函数外部的变量地址。

6.4.2 用函数指针调用函数

1. 函数指针的定义和赋值

前面提到的指针都是指向数据存储区中的某种数据类型的数据，在 C 语言中，还可以让指针指向函数。一个函数包括一系列的指令，在内存中占据一片存储单元，它必然有一个指向函数第 1 条指令的地址，即函数的入口地址。如同数组名可表示数组的首地址一样，C 语言同样用函数名表示函数的入口地址，而且是地址常量。通过这个地址可以找到函数，这个地址就称为函数的指针。因此，要让指针指向函数，只需把函数名赋予指针变量，即该指针变量的内容就是函数的入口地址，这种指针称为函数指针。函数指针的定义形式如下：

数据类型 （* 函数指针变量名）（）;

其中“*函数指针变量名”必须用圆括号括起来，否则就变成声明一个指针型函数了。在定义中“(*函数指针变量名)”右侧的括号“( )”表示指针变量所指向的目标是一个函数，不能省略；“数据类型”用于定义指针变量所指向的函数的类型。例如：

```
int  (*pf)( );                  /* 定义 int 型函数指针 pf */
int  fun(int x );               /* 声明 int 型函数 fun( ) */
pf=fun;                         /* 给函数指针赋值，使 pf 指向 int 型函数 fun( ) */
```

说明：

（1）由于优先级的关系，“*函数指针变量名”要用圆括号括起来。

（2）“int (*pf)( );”表示定义一个指向函数的指针 pf，它不是固定只指向某一个函数，而是表示定义了一个类型的变量，它专门用来存放函数的入口地址。在程序中把哪一个函数的地址赋给它，它就指向哪一个函数。在一个程序中，通过改变指针变量的内容，一个指针变量可以先后指向同类型的不同函数，实现对不同函数的调用。

（3）和数据指针一样，程序中不能使用指向不定的函数指针。使用前，必须对它赋值，且只能赋以同类型的函数名或其他有确切指向的同类型函数指针值。

（4）在给函数指针赋值时，只须给出函数名而不必给出参数，例如：

```
pf=fun;
```

因为是将入口地址赋给 pf，而不牵涉实参与形参的结合问题。如果写成

```
pf= fun(x);
```

fun(x)是将调用 fun 函数所得到的函数值赋给 pf，而不是将函数入口地址赋给 pf。这样做有可能出现错误，除非函数返回的是同类型的指针值。

2. 函数指针的使用

函数指针与一般变量指针的共同之处是都可以间接访问，但是变量指针指向内存的数据存储区，通过间接存取运算访问目标变量；而函数指针指向内存的程序代码存储区，通过间接存取运算使程序流程转移到指针所指向的函数入口，取出函数的机器指令执行函数，完成函数的调用。

用函数指针变量调用函数的一般形式为：

（* 函数指针变量名） （实参表）;

其中“*函数指针变量名”必须用圆括号括起来，表示间接调用指针变量所指向的函数；右侧括号中为传递到被调用函数的实参。例如，若有函数 int f1(int x,int y) 和 int f2(char ch)，并定义了同类型函数指针 fs：int (*fs)( )；及相关变量。

```
fs=f1;                   /* fs 指向函数 f1( ) */
x=(*fs)(a,b);            /* 相当于 x=f1(a,b);  */
fs=f2;                   /* 改变 fs 内容，使 fs 指向函数 f2( ) */
y=(*fs)(str);            /* 相当于 y=f2(str);  */
```

可见，用函数名调用函数，只能调用所指定的一个函数；而通过改变函数指针的内容，就能实现对不同函数的调用。函数指针可以很灵活地进行函数调用，可以根据不同情况调用不同的函数。

运用函数指针变量调用函数时应注意的问题：

（1）函数指针变量中应存有被调函数的首地址；

（2）调用时“*函数指针变量名”必须用圆括号括起来，表示对函数指针做间接存取运算。它的作用等价于用函数名调用函数，此外实参表也应与函数的形参表一一对应。

【例6-18】 用指向函数的指针调用函数以求二维数组中全部元素之和。

程序代码如下：

```
#include <stdio.h>
void main( )
{   int arr_add(int arr[],int n);
    int a[3][4]={1,3,5,7,9,11,13,15,17,19,21,23};
    int *p,total1,total2;
    int (*pt)(int,int);                          /*定义一个指向函数的指针*/
    pt=arr_add;
    p=a[0];
    total1=arr_add(p,12);              /*用原函数名调用函数*/
    total2=(*pt)(p,12);                /*用指向函数的指针调用函数，将函数入口地址赋给指针*/
    printf("total=%d\ntotal2=%d\n",total1,total2);
}

arr_add(I nt arr[ ],int n )
{   int i,sum=0;
    for(i=0;i<n;i++)
         sum=sum+arr[i];
    return(sum);
}
```

运行情况如下：

```
total1=144
total2=144
```

与数组元素具有下标访问与指针访问两种形式类似，函数的调用也可用两种方法实现，一是使用函数名进行调用，二是使用函数指针调用。任何二个函数的函数名同时又是指向该函数的入口地址的指针。例如，上例中也可通过（*arr_add）(p,12)或pt(p,12)的形式实现对函数的调用。

6.4.3 用指向函数的指针作函数参数

函数指针主要用于函数之间传递函数，把函数的入口地址传递给形参，这样就能够在被调用的函数中使用实参函数。即：

调用函数：实参为函数名——→被调函数：形参为函数指针

【例6-19】 编写程序，如输入1，程序就求数组元素的最大值，输入2就求数组元素的最小值，输入3就求数组元素值之和。

程序代码如下：

```
#include <stdio.h>
#define N 5
void  process(int *x,int n,int (*fun)( ))     /* 形参 fun 为函数指针 */
 {  int  result;
    result=(*fun)(x,n);                        /* 以函数指针 fun 实现同类型相关函数的调用 */
    printf("%d\n",result);
 }
arr_max(int x[ ],int n)
 {  int  max=x[0],k;
    for(k=1;k<n;k++)
       if (max<x[k])
          max=x[k];
    return (max);
 }
arr_min(int x[ ],int n)
 {  int  min=x[0],k;
    for(k=1;k<n;k++)
        if (min>x[k])
              min=x[k];
    return (min);
 }
arr_sum(int x[ ],int n)
 {  int  sum=0,k;
    for(k=0;k<n;k++)
       sum+=x[k];
    return (sum);
 }
void main( )
 {   int  a[N]={ 10,25,33,15,27},choice;
     printf("Please input your choice:");
     scanf ("%d",&choice);
     switch(choice)
     { case 1:printf("max=");
               process (a,N,arr_max); break;
         /* 调用process ( )求 a 数组中的最大值，以函数名 arr_max 为实参 */
       case 2:  printf("min=");
                process (a,N,arr_min); break;
     /* 调用process ( )求 a 数组中的最小值，以函数名 arr_min 为实参 */
       case 3:  printf("sum=");
                process (a,N,arr_sum); break;
        /* 调用process ( )求 a 数组中元素值和，以函数名 arr_sum 为实参 */
     }
}
```

运行情况如下：

```
Please input your choice:1↙
max=33
```

再次运行：

```
Please input your choice:2↙
min=10
```

再次运行：

```
Please input your choice:3↙
sum=110
```

用函数指针（函数地址）作为调用函数时实参的好处在于，能在调用一个函数过程中执行不同的函数，这就增加了处理问题的灵活性。在处理不同的函数时，process 函数本身并不改变，而只是改变了调用它时的实参。如果想将另一个指定的函数传给 process，只需改变一下实参值（函数的地址）即可。实参也可以不用函数名而用指向函数的指针变量。

6.4.4 带参数的 main 函数

在操作系统状态下输入的命令及其参数，一般称为命令行。

例如，DOS 命令：

```
copy  from  to
```

其中 copy 就是文件拷贝命令，from 和 to 是命令行参数。

直到现在，我们用到的 main 函数都是不带参数的，由这种无参主函数所生成的可执行文件，在执行时只能输入可执行文件名（从操作系统角度看，该文件名就是命令名），而不能输入参数。而在实际的应用中，经常希望在执行程序（或命令）时，能够由命令行向其提供所需的参数。

带参数的命令一般具有如下形式：

命令名　参数 1　参数 2　…　参数 *n*

其中命令名和参数、参数和参数之间都是由空格隔开的。

例如，在 DOS 系统下，用 edit 编辑文件时，可按下面的形式输入命令及参数：

```
C:\edit file.c
```

其中，edit 称为命令，而 file.c 称为参数。由于 edit 要对 file.c 文件进行处理，所以在 edit 程序中必须要能够引用字符串“file.c”。要想在其中引用字符串“file.c”，就必须在 edit 程序中设置带参数的 main 函数。

main 函数中可以写两个形参，一般形式如下：

```
main(int  argc, char  *argv[ ])
```

其中形参 argc 是整型变量，存放命令行中命令与参数的总个数。因为程序名也计算在内，因此 argc 的值至少为 1。形参 argv 是字符指针数组，数组中的每个元素都是一个字符串指针，指向命令行中的一个命令行参数，每个命令行参数都是一个字符串。

需要注意的是，由命令行向程序中传递参数都是以字符串的形式出现的，要想获得其他类型的参数，比如数值参数，就必须在程序中进行相应的转换。

main 函数中两个形式参数的初始化过程由系统在执行程序时自动完成。这两个参数的名字，用户也可以取其他名称，但习惯上使用 argc 和 argv。若改用别的名字，其数据类型不能改变，即一个必须为 int 型，另一个必须为 char 型指针数组。

【例 6-20】　举例说明命令行参数与 main()函数中两个参数之间的关系。

程序代码如下：

```
#include  <stdio.h>
```

```
void  main(int  argc,  char  *argv[])
{    if(argc==1)
              printf("The content in argv[0] is :%s",argv[0]);
     if(argc==2)
     {   printf("The command include %d parameter:",argc-1);
         printf("%s",argv[1]);
         printf("\nThe content in argv[0] is :%s",argv[0]);
     }
     if(argc==3)
     {   printf("\nThe command include %d parameter:",argc-1);
         printf("%s%s",argv[1],argv[2]);
     }
if(argc>3)
      printf("Bad command!");
}
```

程序编译通过后存盘，文件名为 cprog.c，连接产生可执行文件 cprog.exe。

在命令窗口中，分别输入不同的参数对该程序执行 3 次。

运行情况如下：

```
C:\cpp\VC\Debug> cprog↙
The content in argv[0] is : cprog
C:\cpp\VC\Debug> cprog one↙
The command include 1 parameter:one
The content in argv[0] is: cprog
C:\cpp\VC\Debug> cprog a b c↙
Bad command!
```

从上例中可以清楚地看出，对于不同的输入参数，argc 和 argv[]的变化。无论外界输入多少个参数，argv[0]中始终存放着可执行文件名。

利用 main()函数中的参数，可以使程序根据不同的输入参数执行不同的程序，增加了程序设计的灵活性。

6.5　动态存储分配

6.5.1　什么是内存的动态分配

前面介绍过全局变量和局部变量，全局变量占据内存中的静态存储区，非静态的局部变量（包括形参）占据内存中的一个称为栈（stack）的动态存储区。除此以外，C 语言还允许建立内存动态分配区域，以存放一些临时使用的数据。这些数据不必在程序的声明部分定义，也不必等到函数结束时才释放，而是在需要时随时开辟，不需要时随时释放。这些数据临时存放在一个称为堆（heap）区的特别的自由存储区。可以根据需求，向系统申请所需大小的空间。由于未在声明部分将这些数据声明为变量，因此不能通过变量名引用这些数据，而只能通过指针来引用。动态内存的生存期由程序员自己决定，使用非常灵活，但也最容易出现问题。我们在使用过程中应牢记："有借有还" 的原则，即对申请的动态内存（借）不用的时候一定要将其释放，归还系统（还）。

6.5.2　动态内存分配函数

对内存的动态分配是通过系统提供的库函数来实现的，主要有 malloc、calloc、free、realloc 这 4 个函数，它们的原型说明在“stdlib.h”和“alloc.h”头文件中。使用这些函数时，要用#include 命令选择其中一个头文件包含进来。

1. malloc 函数

函数原型：void *malloc(unsigned size);

调用格式：malloc(size)

功能：malloc 函数用于分配若干字节的内存空间，返回一个指向该存储区地址的 void 型指针。若系统不能提供足够的内存空间，函数将返回空指针（NULL）。其中，参数 size 的类型为无符号整型数，表示向系统申请的空间大小。由 malloc 分配的存储空间系统不赋初值，即为随机值。因此在使用时需注意在引用 malloc 分配的存储单元之前进行赋初值操作。

注意(int*)中的*不可少，否则就是 int 型而非 int 指针型了，其他类推。若已知数据类型所占字节数，也可直接指出，例如：

```
pi=(int*)malloc(4);
pf=(float*)malloc(4);
```

2. calloc 函数

malloc 函数一般只能给某一数据类型的数据分配一个存储单元，如果要求给 *n* 个同一类型的数据项分配连续的存储空间，可调用 calloc 函数。

函数原型：void *calloc(unsigned int n, unsigned int size);

调用格式：calloc(n,size)

功能：在内存分配一个 *n* 倍 size 字节的存储区。若分配成功，函数返回存储空间的首地址，否则返回空指针 NULL。由 calloc 所分配的存储单元，系统自动置初值 0。例如：

```
char  *pc;
pc=(char*)calloc(80, sizeof(char)); /* pc 指向 80 个连续的 char 型存储单元 */
```

可见，使用 calloc 函数动态开辟的存储单元相当于建立了一个一维数组。

3. free 函数

由动态存储分配函数 malloc 或 calloc 开辟的存储单元，可利用 free 函数进行释放。

函数原型：void free(void *p);

调用格式：free(p)

功能：释放 p 所指向的动态分配存储区，此函数无返回值。

实参必须是一个指向动态分配存储区的指针，它可以是任何类型的指针变量。

4. realloc 函数

如果要对已动态分配的内存区进行大小调整，可采用 realloc 函数。

函数原型：void *realloc(void *p, unsigned int size);

调用格式：realloc(p, size)

功能：将指针 p 所指向的存储空间的大小改为 size 个字节，size 可比原来分配的空间大或小。该函数返回一个指向该存储区的首地址，这个首地址不一定就是原首地址，因为系统会根据情况自动进行移动。例如：

```
int  *pi;
float  *pf;
pf=(float*)malloc(sizeof(float));       /* pf 指向一个 float 型存储单元 */
pi=(int*)realloc(pf,sizeof(int));       /* 将 pf 指向的存储单元改变为一个 int 型存储单元 */
```

6.5.3 void 指针类型

由于 ANSI C 标准把以上几个动态分配存储函数的返回值设置为“void *”类型，因此也相应地增加了一种基类型为 void 的指针类型，允许定义一个基类型为 void 的指针变量，它不指向任何具体的数据。请注意，不要把“指向 void 类型”理解为能指向“任何类型”的数据，而应该理解为“指向空类型”或“不指向确定类型”的数据。在将它的值赋给另一指针变量时必须进行强制类型转换使之适合于被赋值的变量的类型。指针类型转换表达式的一般形式如下：

（数据类型　*）<指针表达式>

其中“(数据类型　*)”是强制类型转换运算，作用是将右操作数转换成指定的数据类型指针。例如：

```
int a=10;                   /* 定义 a 为整型变量 */
int *p1=&a;                 /* 基类型为 int 型 */
void  *p2;                  /* 基类型为 void 型 */
p2=(void*)p1;               /* 转换为 void 类型然后赋值 */
printf("%d ",*p1);          /* 合法，输出 a 的值 */
printf("%d ",*p2);          /* 错误，p2 是无指向的，不能指向 a */
```

通过下面这个简单的程序可以初步了解怎样建立内存动态分配和使用 void 指针。

【例 6-21】 建立动态数组，输入 5 个学生的成绩，另外用一个函数检查其中有无低于 60 分的，输出不合格的成绩。

程序代码如下：

```
#include  <stdio.h>
#include  <stdlib.h>
void check(int *);
void  main( )
  { int *p1,i;
    void *p2;
    p2=malloc(5*sizeof(int));          /* 申请动态分配 5*sizeof(int)字节空间 */
    p1=(int *)p2;
    for(i=0;i<5;i++)
        scanf("%d",p1+i);              /* 用 p1 引用动态数组 */
    check(p1);
    free(p2);
}

void check(int *p)
```

```
{ int i;
  printf("They are fail:");
  for(i=0;i<5;i++)
  if(p[i]<60)    printf("%d ",p[i]);
  printf("\n");
}
```

运行情况如下：

```
88 56 96 45 53↙
They are fail:56  45  53
```

在程序中没有定义数组，而是开辟一段动态自由分配区，作为动态数组使用。在调用 malloc 函数时没有给出具体的数值，而是用 5* sizeof(int)，因为有 5 个学生的成绩，每个成绩是一个整数，但在不同的系统中存放一个整数的字节数是不同的，为了使程序具有通用性，故用 sizeof 运算符测定在本系统中整数的字节数。调用 malloc 函数返回 void *型指针并赋给同类型指针 p2。由于 p2 和 p1 是不同类型的指针，所以在将 p2 赋给 p1 之前需进行类型转换。用 for 循环输入 5 个学生的成绩，注意不是用数组名，而是按地址赋值给动态数组的 5 个元素。p1 指向第 1 个整型数据，p1+1 指向第 2 个数据……调用 check 函数时把 p1 的值传给形参 p，因此形参 p 也指向动态区的第 1 个数据，可以认为形参数组与实参数组共享同一段动态分配区。在 check 函数中，用下标形式使用指针变量 p，逐个检查 5 个数据，输出不合格的成绩。最后用 free 函数释放动态分配区。

内存的动态分配主要应用于建立程序中的动态数据结构（如链表），在第 7.2.4 节中将会看到对其的实际应用。

6.6 案例例程及思考

在本章开始，我们提出了两个基于指针应用的案例。在系统的学习了关于指针的基本知识之后，我们就可以利用指针的相关知识来解决问题。

【案例 3】 有 n 个人围成一圈，顺序排号。从第 1 个人开始报数（从 1 到 3 报数），凡报到 3 的人退出圈子，问最后留下的是原来第几号的那位。

程序分析：

（1）首先用一个整型数组描述 n 个人围成的圆圈，每个数组元素的值即为每个人的编号。

（2）用一个整型指针 p 指向此整型数组，采用指针法引用数组元素实现对整型数组的扫描；用整型变量 k 进行报数，若报到 3 表示该数组元素需退出圈子，则将其值改为 0；用整型变量 m 记录已退出圈子的人数，每退出一个人，m 加 1 。

（3）每当扫描到数组尾，将数组下标重置为 0 ，回到数组头重新扫描，从而形成一个“圈子”。

程序代码如下：

```
#include <stdio.h>
#define nmax 50                    /*  设置数组的最大元素个数 */
void main()
{
    int i,k,m,n,num[nmax],*p;
    printf("please input the total of numbers:");
```

```
        scanf("%d",&n);
        p=num;                          /* 将指针 p 指向数组 num */
        for(i=0;i<n;i++)
            *(p+i)=i+1;                 /* 采用指针法引用数组元素，设置每个人的编号从 1 到 n */
        i=0;
        k=0;                            /* 设置报数值 k 初值为 0 */
        m=0;                            /* 设置退出圈子计数器初值为 0 */
        while(m<n-1)                    /* 当退出圈子的人数多于 1 人时继续扫描 */
        {
            if(*(p+i)!=0) k++;          /* 没退出圈子，报数加 1 */
            if(k==3)                    /* 报数为 3，当前数组元素退出圈子 */
            {    *(p+i)=0;
                 k=0;                   /* 重置报数 k 为 0 */
                 m++;                   /* 退出圈子人数加 1 */
            }
            i++;
            if(i==n) i=0;               /* 已到数组尾，回到数组头 */
        }
        while(*p==0) p++;
        printf("%d is left\n",*p);
    }
```

运行情况如下：

```
please input the total of numbers:25↙
14 is left
```

【案例 4】 输入一字符串，内有数字和非数字，例如：

```
123yao456
```

将其中连续的数字作为一个整数，依次存放在数组 a 中。例如，把 123 存放在 a[0]中，456 存放在 a[1]中，依次类推，统计共有多少个整数，最后输出这些整数。

程序分析：

（1）首先用一个字符指针 s 指向这个输入的字符串，然后用 s 扫描整个字符串。

（2）在扫描过程中，遇到非数字就跳过继续扫描。

（3）遇到数字，就读出数字字符，然后将数字字符转换成整数存放在数组元素中。

程序代码如下：

```
#include <stdio.h>
#include <malloc.h>
int trans(char *s ,int a[])
{    int n=0;
     long d;
     while(*s!='\0')
     {    while(*s<'0'||*s>'9')                 /* 跳过非数字字符 */
               s++;
          d=0;
          while(*s>='0'&&*s<='9')
          {    d=10*d+(*s-'0');                 /* 将字符转换为整数*/
```

```
            s++;
              }
        a[n]=d;                         /* 将获得的整数存放在数组a[n]中 */
        n++;
        }
        return  n;
    }
    void main()
    {   char *s;
        int a[10],n,i;
        s=(char *)malloc(100);      /* 分配内存 */
        printf("输入一个字符串：");
        gets(s);
        n=trans(s,a);
        printf("整数个数：%d\n",n);
        printf("输出整数：");
        for (i=0;i<n;i++)
        printf("%d    ",a[i]);
    }
```

运行情况如下：

```
输入一个字符串：88fds123dkjl34++? afdkj456↙
整数个数：4
输出整数：88   123   134   456
```

本章小结

本章中，我们重点学习了指针这种C语言提供的特殊数据类型，并且详细介绍了用指针作为函数参数与用简单变量作为函数参数时的不同之处，以及指针与数组之间的关系，然后介绍了指针数组、指向指针的指针等概念及其应用。本章学习要点归纳如下：

1. 各种类型指针的定义

（1）理解指针的基本概念，能够正确定义整型、字符型等基本类型的指针变量。

（2）掌握一维数组类型指针变量和指针数组的定义方法。

（3）掌握函数指针变量和指针型函数的定义方法。

（4）理解二级指针变量的概念和定义形式。

指针变量定义的各种形式有时容易混淆，学习时应该从定义中出现的运算符优先级入手，帮助理解和记忆。例如，"[ ]"和"()"优先级高，"*"优先级低，这样就可以知道哪里需要加括号，哪里不能加。例如：

```
int *p;               /*定义p为指向整型数据的指针变量*/
int (*p)[n];          /*定义p为指向一维数组的指针变量，一维数组含有n个整型元素*/
int *p[n];            /*定义p为指针数组，它含有n个指向整型数据的指针元素*/
int (*p)( );          /*定义p为指向整型函数的指针变量*/
int *p( );            /*声明p为指针型函数，返回值为指向整型数据的指针*/
int **p;              /*定义p为二级指针变量，是指向整型指针的指针变量*/
```

2. 指针的基本运算

（1）掌握指针变量的初始化和赋值运算。

（2）理解并能正确进行指针的加减运算与关系运算。

（3）掌握指针的间接存取运算，能够通过指针正确地进行数据处理。

指针变量的赋值运算是其他一切有关指针操作的基础，只有当指针变量中存放了有效的指针值时，才能进行指针的加减运算、关系运算以及间接存取运算。此外赋值时应注意指针值必须与指针变量类型相同。

指针的加减及关系运算与数组操作密切相关，只有对某个数组的指针进行这些运算才有实际意义。指针加、减一个整型表达式，或者两个指针相减，不是简单的地址值的算术加减运算，与数组元素的类型有关。

3. 数组的指针与指针数组的应用

（1）掌握一维数组和二维数组指针的有关概念，能够运用指针操作数组。

（2）理解指针数组的概念，能够通过字符型指针数组操作字符串。

数组名代表数组在内存中的起始地址，称为数组的指针，它是一个指针常量。可以将一维数组名赋给一个指针变量，并用它访问数组元素；也可以将二维数组名或二维数组行指针赋给一个指向一维数组的指针变量，并用它访问二维数组元素。通过指针变量引用数组元素的指针表示法与数组元素的下标表示法等价。编程序和读程序时需特别注意指针变量的当前值。

指针数组的元素均为指针类型数据，使用字符指针变量或字符指针数组能够很方便地进行字符串操作。应掌握用字符指针变量或字符指针数组操作字符串的常用算法。

4. 函数调用指针类型的应用

（1）掌握函数参数为指针类型数据时函数的编程方法，并能正确使用指针进行函数之间数据的传递。

（2）掌握函数返回值为指针类型数据时函数的定义和调用方法。

（3）了解有关函数指针的概念，并能通过指向函数的指针变量调用函数。

函数参数为指针型数据时，主调函数通过实参将目标变量的地址传送给被调函数的指针型形参，这样被调函数的指针型形参就将其指向域扩展到主调函数，从而完成存取主调函数中目标变量的操作。要小心区分函数形参的定义形式与调用函数时实参的描述形式。

函数返回值为指针类型数据时，必须将函数定义为指针型函数，同时在主调函数中将函数返回值（指针）赋给同类型的指针变量。

函数名代表函数代码段的起始地址，称为函数的指针，它是一个指针常量。通过将函数指针赋给一个指向函数的指针变量，可以使用间接存取运算符调用该函数。对函数的指针不能进行加、减及比较等运算。

习　　题

一、单选题

1. 若定义了 int n=2, *p=&n, *q=p;，则下面（　　）的赋值是非法的。

   A. p=q　　B. *p=*q　　C. n=*q　　D. p=n

2. 若定义了 double *p, a;，则能通过 scanf 函数给输入项读入数据的程序段是（　　）。

A. p =&a; scanf("%1e",p);　　B. *p=&a; scanf("%1f",p);

C. p=&a; scanf("%f",p);　　D. p=&a; scanf("%1f",a);

3. 若定义了 int a[10], i=3, *p;p=&a[5];，下面不能表示为 a 数组元素的是（　　）。

A. p[-5]　　B. a[i+5]　　C. *p++　　D. a[i-5]

4. 若有如下定义：

```
int n[5]={1,2,3,4,5},*p=n;
```

则值为 5 的表达式是（　　）。

A. *p+5　　B. *（p+5）　　C. *p+=4　　D. p+4

5. 设变量 b 的地址已赋给指针变量 ps，下面为“真”的表达式是（　　）。

A. b==&ps　　B. b==ps　　C. b==*ps　　D. &b==&ps

6. 设有以下定义和语句：

```
int a[3][2]={1,2,3,4,5,6},*p[3];
p[0]=a[1];
```

则*(p[0]+1)所代表的数组元素是（　　）。

A. [0][1]　　B. a[1][0]　　C. a[1][1]　　D. a[1][2]

7. 若定义了 char *str="Hello! ";，下面程序段中正确的是（　　）。

A. char c[ ], *p=c; strcpy(p,str);

B. char c[5], *p; strcpy(p=&c[1],&str[3]);

C. char c[5]; strcpy(c,str);

D. char c[5]; strcpy(p=c+2,str+3);

8. 若有下面的程序段，则不正确的 fxy 函数的首部是（　　）。

```
main()
{ int a[20], n;
   …
 fxy(n, &a[10]);
   …
}
```

A. void fxy(int i, int j)　　B. void fxy(int x, int *y)

C. void fxy(int m, int n[])　　D. void fxy(int p, int q[10])

9. 不合法的带参数 main 函数的首部形式是（　　）。

A. main(int argc, char *argv)　　B. main(int i, char **j)

C. main(int a, char *b[])　　D. main(int argc, char *argv[10])

10. 设有如下定义 int (*pt)( );，则以下叙述中正确的是（　　）。

A. pt 是指向一维数组的指针变量

B. pt 是指向整型数据的指针变量

C. pt 是一个函数名，该函数的返回值是指向整型数据的指针

D. pt 是指向函数的指针变量，该函数的返回值是整型数据

二、填空题

1. 请指出在 int *p[3];定义中 p 是___【1】___。

在 int (*q)();定义中 q 是___【2】___。

2. 若有如下定义，则使指针 p 指向值为 20 的数组元素的表达式是 p+=________。

```
int a[6]={1,5,10,15,20,25},*p=a;
```

3. 执行以下程序段后，x 的值为________。

```
int a[3][2]={{1,2},{10,20},{15,30}};
int x, *p;
p=&a[0][0];
x=(*p)*(*(p+3))*(*(p+5));
```

4. 请填空将函数补充完整，使得 add 函数具有求两个数之和的功能。

```
void add(int a, int b, __【1】__c)
{__【2】__=a+b;}
```

5. 下面程序的功能是输出数组中的最大值，由 s 指针指向该元素，请将该程序补充完整。

```
main()
{ int a[8]={6,7,2,9,1,10,5,8},*p,*s;
  for (p=a,s=a;p-a<8;p++)
    if (______) s=p;
  printf("max:%d\n",*s);
}
```

6. 下面程序的功能是通过调用 aver 函数，计算数组中各元素的平均值。请将该程序补充完整。

```
float aver(int *a, int n)
{ int i;
  float x=0.0;
  for (i=0;i<n;i++)
   x+=__【1】__;
   x=__【2】__;
    return x;
}
main()
{ int m[]={2,1,7,4,5,9,6};
   float avg;
   avg=aver(m,7);
   printf("average=%f\n",avg);
}
```

7. 下面函数的功能是计算指针 p 所指向的字符串中的字符个数。请将该程序补充完整。

```
unsigned int MStrlen(char *p)
{    unsigned int len;
     len=0;
     for (; *p!=__【1】__; p++)
     {
         len__【2】__;
     }
     return__【3】__;
}
```

8. 下面函数同样也实现计算字符串 s 中字符个数，但方法与上一题有所不同。请将该程序补充完整（提示，移动指针 p 使其指向字符串结束标志，此时指针 p 与字符串首地址之间的差值即为字符串中的字符个数）。

```
unsigned int MStrlen(char s[])
{    char *p=s;
     while(*p!=____【1】____)
     {
          p++;
     }
     return____【2】____;
}
```

9. 下面函数的功能是对两个字符串进行比较，返回两个字符串中第 1 个不同字符的 ASCII 值之差。例如，字符串“abcd”和“abm”，输出-10。请将该程序补充完整。

```
int cmp(char *p, char *q)
{ while (*p==*q && *p!=____【1】____)
    { p++; q++;}
  return(____【2】____);
}
```

10. 下面程序的功能是输出命令行的参数，若程序生成的可执行文件为 file.exe，则执行该程序时键入命令：file NEW BEIJING

程序输出结果为：NEW BEIJING

请将该程序补充完整。

```
main(int argc, char **argv)
{ while(--argc____【1】____)
    {argv++;printf("%s",____【2】____);}
}
```

三、阅读程序，写结果

1. 程序代码如下：

```
#include <stdio.h>
void fact(int m, int n, int *p1, int *p2)
{  *p1=2*m+n;
   *p2=m-n/2;
}
main()
{  int a,b,c,d;
   a=4; b=7;
   fact(a,b,&c,&d);
   printf("%d  %d\n",c,d);
}
```

2. 程序代码如下：

```
#include <stdio.h>
main()
{  char str[]="abcxyz",*p;
```

```
    for (p=str;*p;p+=2)
        printf("%s",p);
    printf("\n");
}
```

3. 程序代码如下：

```
#include <stdio.h>
main()
{  static int x[]={1,2,3};
   int s,i,*p=NULL;
   s=1;
   p=x;
   for(i=0;i<3;i++)
   {
           s*=*(p+i);
   }
   printf("%d\n",s);
}
```

4. 程序代码如下：

```
#include <stdio.h>
main()
{  int a[]={1,2,3,4,5};
   int *p=NULL;
   p=a;
   printf("%d,",*p);
   printf("%d,",*(++p));
   printf("%d,",*++p);
   printf("%d,",*(p--));
   printf("%d,",*p++);
   printf("%d,",*p);
   printf("%d,",++(*p));
   printf("%d,",*p);
}
```

5. 程序代码如下：

```
#include <stdio.h>
char b[]="program";
char *a="PROGRAM";
main()
{  int i=0;
   printf("%c%s\n",*a,b+1);
   while(putchar(*(a+i)))
   {
      i++;
   }
   printf("i=%d\n",i);
   while(--i)
   {
      putchar(*(b+i));
   }
   printf("\n%s\n",&b[3]);
}
```

四、编程题

1. 编写函数，对传送过来的 3 个数选出最大和最小值，并通过形参传回调用函数。

2. 求一个 3 × 3 二维数组主对角线元素之和。

3. 有 *n* 个整数，使前面各数顺序向后移动 *m* 个位置，最后 *m* 个数变成最前面 *m* 个数，如图 6-24 所示。编写一函数实现以上功能，在主函数中输入 *n* 个整数和输出调整后的 *n* 个数。

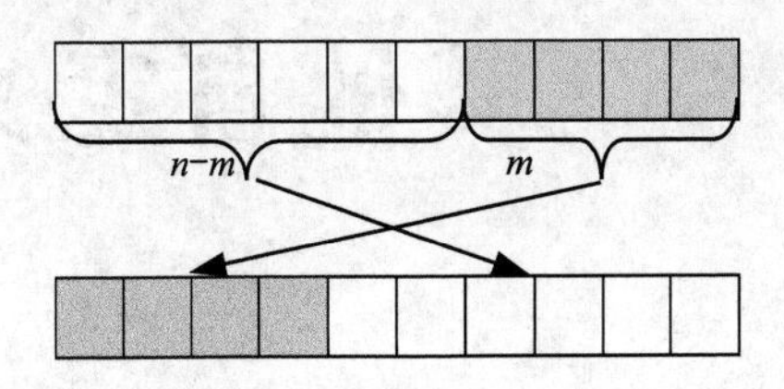

图 6-24　编程题 3 示意图

4. 用指针参数编写一个字符串连接的函数 radd(char *s,char *t,int f)，其中 f 为标志变量，当 f=0 时，将 s 指向的字符串连接到 t 指向的字符串的后面；当 f=1 时，将 t 指向的字符串连接到 s 指向的字符串的后面。并写出调用该函数的完整程序。

5. 编写程序，利用指向函数的指针实现求 1 到 *n* 的和与阶乘。

第7章 其他自定义数据类型

【本章内容提要】

除在第5章介绍的数组以外，用户构造的自定义数据类型还包括结构体、共用体以及枚举类型，它们在计算机处理的对象是多种不同类型数据的集合时发挥着重要的作用。本章主要介绍结构体和共用体这两种构造类型的概念、定义及使用，通过案例分析加深对链表这种常用结构体应用的理解和掌握。同时，简单叙述了枚举类型的概念，最后介绍如何为一个系统提供的类型名或用户已定义的类型名再命名一个新的类型名。

【本章学习重点】

- 正确定义结构体类型和结构体变量，掌握链表及其基本操作。
- 灵活运用结构体、共用体和枚举类型，理解类型的重新命名。

7.1 构造数据类型概述

7.1.1 简介

在第5章中已经介绍了一种构造类型数据——数组，它对于处理大批量数据十分方便和灵活。但是数组的使用有一定的限制，即同一个数组的所有元素都必须是同一类型的数据。而在现实中，有时需要将不同类型的数据组合成一个有机的整体，以便于引用。这些组合在一个整体中的数据是互相紧密联系的。例如，进行图书管理时，一本图书需要有分类编号、书名、作者、出版社、出版日期、价格以及库存量等信息，它们显然不能用同一类型数据描述。因此，C语言还提供了其他构造类型数据——结构体和共用体。

7.1.2 案例描述：数3游戏

*n*个人围成一圈，从第1个人开始顺序报号1、2、3，凡报到“3”者退出圈子，找出最后留在圈子中的成员原来的序号。

数3游戏有很多种解决的方法，本章采用链表方式对它进行求解。

7.2　结构体类型

7.2.1　结构体与结构体类型的定义

结构体由若干数据项组成，组成结构体的各个数据项被称为结构体成员。结构体中各成员的数据类型可以不同。在使用结构体类型数据之前，必须先对结构体类型进行定义。例如，在图书管理中，对于一本图书的各种信息可以利用结构体类型数据进行处理；在物资库的管理中，对各种物资的信息也可以利用结构体类型数据进行处理。显然这两种结构体成员的组成及每个成员的类型都是不同的，因此，对每个特定的结构体都需要根据实际情况进行结构体类型的定义，明确地指出该结构体由哪几个成员组成，它们分别是什么数据类型。

1. 结构体类型定义形式

结构体类型定义的一般形式为：

```
struct 结构体名zz
{数据类型1 成员名1;
 数据类型2 成员名2;
 …
 数据类型n 成员名n;
};
```

其中 struct 是 C 语言的关键字，它表明进行结构体类型的定义。最后的分号表示结构体类型定义的结束。结构体成员的类型可以是 C 语言所允许的任何数据类型。例如：

```
struct bookcard
{char num[10];
 char name[30];
 char author[30];
 char publisher[60];
 float price;
 int n;
};
```

这里定义了一个 struct bookcard 结构体类型，它包括 6 个成员，分别是 num、name、author、publisher、price 和 n，前 4 个成员为字符数组，price 为单精度实型，n 为整型。

2. 说明

（1）结构体类型的定义只说明了该类型的构成形式，系统并不为其分配内存空间，编译系统仅给变量分配内存空间。

（2）结构体成员的类型也可以是另外一个结构体类型。例如：

```
struct date
{int year,month,day;};
struct student
{char num[8];
 char name[20];
 char sex;
```

```
struct date birthday;
char addr[60];
int score[6];
};
```

结构体成员的类型如果是另一个结构体类型，同样必须遵守先定义后使用的原则。例如，先定义 struct date 结构体类型，再定义 struct student 结构体类型。

（3）不同结构体类型的成员名可以相同，结构体的成员名也可以与基本类型的变量名相同。它们分别代表不同的对象，系统将以不同的形式表示它们。例如：

```
struct date
{int year,month,day;};
struct student
{char num[8],name[20],sex;
 struct date birthday;
 char addr[60],post[60];
 int score[6];
};
struct teacher
{char num[8],name[20],sex;
 struct date birthday;
 char addr[60],post[60];
 float salary;
};
```

（4）“struct 结构体名”为结构体的类型说明符，可用于定义或说明变量。结构体类型的定义可置于函数内，这样该类型名的作用域仅为该函数。如果结构体类型的定义位于函数之外，则其定义为全局时，可在整个程序中使用。

7.2.2 结构体类型变量的定义、引用与初始化

1. 结构体类型变量的定义

定义结构体类型变量可采用以下 3 种方法。

（1）利用已定义的结构体类型名定义变量

当一个程序中多个函数内部需要定义同一结构体类型的变量时，应采用此方法，而且结构体类型应定义为全局类型，其形式为：

```
struct 结构体名 变量名表;
```

【例 7-1】 全局结构体类型的定义与该类型变量的定义。

```
struct student
{char num[8],name[20],sex;
 int age;
 float score;
};
void main()
{struct student a;
 …
}
f1()
{struct student b;
```

```
 …
}
f2()
{struct student c;
 …
}
```

由于 struct student 类型定义在函数之外，所以它为全局类型名，因此可在 mian 函数、f1 函数和 f2 函数中用它定义结构体变量 a、b、c。

（2）在定义结构体类型的同时定义变量

此方法一般用于定义外部变量，同时此结构体类型名还可以在各个函数中用于定义局部及变量。其形式为：

```
struct 结构体名
{成员定义表;
}变量名表;
```

【例 7-2】　外部结构体类型数组的定义。

```
struct student
{char num[8],name[20],sex;
 int age;
 float score;
}st[30];
void main()
{struct student s;
 …
}
f1()
{struct student x;
 …
}
```

单一的 struct student 类型变量只能描述一个学生的信息，如果需要保存 30 个学生的信息时，则可以定义一个结构体类型数组。

在例 7-2 中定义全局类型名的同时定义了一个外部的结构体数组，定义方法与其他类型数组定义相同。此数组中每个元素均为结构体类型变量。这两种构造类型的结合使用，使其对数据的处理更具普遍性。另外，在 main 函数和 f1 函数中还各定义了一个局部的 struct student 类型结构体变量 s 和 x。

（3）直接定义结构体类型变量

在程序中仅有一处需要定义某种结构体类型变量时，可用此方法。其形式为：

```
struct
{成员定义表;
}变量名表;
```

在此种定义方法中没有具体指出结构体类型名。

【例 7-3】　直接定义局部结构体类型变量。

```
void main()
{struct
 {char num[8],name[20],sex;
```

```
 int age;
 float score;
 }st[30],a,b,c;
int i,j;
…
}
```

2. 结构体变量的初始化

在定义结构体变量的同时也可以对其成员赋初值。初值表用“{}”括起来，表中各个数据以逗号分隔，并且应与结构体类型定义时的成员个数相等，类型一致。如果初值个数少于结构体成员个数，则将无初值对应的成员赋以 0 值。如果初值个数多于结构体成员个数时，则编译出错。

当结构体具有嵌套结构时，内层结构体的初值也需用“{}”括起来。

【例 7-4】 结构体变量的初始化。

```
struct date
{int year,month,day;};
struct student
{char num[8],name[20],sex;
struct date birthday;
float score;
}a={"40826011","Li ming",'M',{1991,2,9},87.5},
b={"40826025","Zhang qiang",'F',{1990,5,12},85},c,d;
```

【例 7-5】 结构体数组的初始化。

```
struct s
{char num[8],name[20],sex;
 float score;
}stu[3]={{"40826011","Li ming",'M',87.5},
         {"40826025","Zhang qiang",'F',85},{"40826032","Wang xinping",'F',90}};
```

有关数组初始化的规则也适用于结构体数组。例如，在定义一维数组时，元素的个数可以省略，根据赋初值时结构体常量的个数确定数组元素的个数。

3. 结构体变量的运算

将结构体变量作为操作对象时，仅可以进行以下 3 种运算。

（1）用 sizeof 运算符计算结构体变量所占内存空间

结构体变量所占内存空间等于各成员所占内存空间之和。例如，计算在例 7-4 中定义的变量 a 占用的空间，sizeof(a)的结果为 8+20+1+12+4=45。计算在例 7-5 中定义的数组元素所占的空间，sizeof(stu[0])的结果 8+20+1+4=33。

如果将变量名替换为结构体类型名，也可以得到同样的结果，它表示此类型的结构体变量需要占用的空间。例如，sizeof(struct student)的结果为 45；sizeof(struct s)的结果为 33。

（2）同类型结构体变量之间的赋值运算

结构体变量之间进行赋值时，系统将按成员一一对应赋值，所以要求两个结构体变量必须是同一类型的。

例如，在例 7-4 中，a、b、c、d 均为同类型的结构体变量，且 a、b 变量均已赋初值，则可以进行如下赋值：

```
c=a,d=b;
```

（3）对结构体变量进行取址运算

运用取值运算符&可以取得结构体变量的首地址，虽然这个地址值和其第一个成员的地址值相同，但是类型不同。例如，对例 7-4 中结构体变量 a 进行&a 运算，可以得到其首地址，它是结构体类型指针。而 a 的第一个成员 num 数组的指针是字符类型指针。

4. 结构体变量成员引用形式

引用结构体变量成员的一般形式为：

结构体变量名.成员名

其中“.”是分量运算符，运算级别最高。例如，在例 7-4 中定义的结构体变量 a 的各成员可分别表示为 a.num、a.name、a.sex、a.birthday 和 a.score。a、b、c、d 是同一类型变量，对各自的同名成员 num 也可用 a.num、b.num、c.num 和 d.num 来区分。

说明：

（1）结构体变量的各个成员可参加何种运算，由该成员的数据类型决定。例如，在例 7-4 中的 a.num 成员可像其他字符数组一样进行整体输入输出操作；a.score 可像其他实型变量一样进行赋值、算术运算等操作。例如：

```
scanf("%s",a.num);
a.score=85;
scanf("%c",&a.sex);
```

（2）如果结构体变量的成员又是另外一种结构体类型，则此成员也要遵循结构体类型的规则，再次进行分量运算，得到低一级的成员。

例如，在例 7-4 中定义的结构体变量 a，它的 a.birthday 成员是 struct date 结构体类型，要引用到最低级成员则需表示为 a.birthday.year、a.birthday.month 及 a.birthday.day。

【例 7-6】　编写一个统计选票的程序。

```
#include"stdio.h"
struct candidate
{char name[20];                /*name 为候选人姓名*/
 int count;                    /*count 为候选人得票数*/
}list[]={{"invalid",0},{"Zhang",0},{"Wang",0},{"Li",0},{"Zhao",0},{"Liu",0}};
void main()
{int i,n;
 printf("Enter vote\n");
 scanf("%d",&n);               /*输入所投候选人编号，编号从 1 开始*/
 while(n!=-1)                  /*当输入编号为-1 时，表示投票结束*/
      {if(n>=1&&n<=5)
              list[n].count++;            /*如果为有效票，则相应的候选人计票成员加 1*/
      else
              {printf("invalid\n");
               list[0].count++;           /*如果为无效票,显示信息并使 list[0]的计票成员加 1*/
              }
      scanf("%d",&n);          /*输入所投候选人编号*/
      }
 for(i=1;i<=5;i++)
      printf("%s:%d\n",list[i].name,list[i].count);
 printf("%s:%d\n",list[0].name,list[0].count);
}
```

7.2.3 结构体指针

前面已介绍了基本类型指针，如整型指针、字符指针等，也介绍过构造类型指针，如指向一维数组指针。同样也可以定义一个指针变量用于指向结构体变量。与其他指针类似，一个结构体变量的指针就是该变量所占内存空间的首地址。

1. 结构体指针变量定义形式

结构体指针变量定义的一般形式为：

struct **结构体名 *指针变量名;**

例如：

```
struct strdent *p;
```

定义 p 是指向 struct student 结构体变量的指针变量，或者说指针变量 p 的基类型是 struct student 类型。

结构体指针变量的定义也可以像结构体变量定义一样，在定义结构体类型的同时定义结构体指针变量。例如：

```
struct date
{int year,month,day;} *q;
```

2. 结构体成员的三种引用形式

例如，有如下程序段：

```
struct code
{int n;
 char c;
}a,*p=&a;
```

p 是指向 a 的结构体指针，对于变量 a 中的成员有 3 种引用方式：

（1）a.n、a.c：通过变量名进行分量运算选择成员；

（2）(*p).n、(*p).c：利用指针变量间接存取运算访问目标变量的形式。由于“.”的优先级高于“*”，因此圆括号是必不可少的；

（3）p->n、p->c：这是专门用于结构体指针变量引用结构体成员的一种形式，它等价于第 2 种形式。“->”是指向结构体成员运算符，优先级别为一级，例如：

p->n++运算等价于(p->n)++，是先取成员 n 的值，再使 n 成员自增 1。

++p->n 运算等价于++(p->n)，是先对成员 n 进行自增 1，然后再取 n 的值。

3. 指向结构体数组的指针

结构体指针具有同其他类型指针一样的特征和使用方法。结构体指针变量也可以指向结构体数组。同样结构体指针加减运算也遵照指针计算规则。例如，结构体指针变量加 1 的结果是指向结构体数组的下一个元素。结构体指针变量的地址值的增值取决于所指向的结构体类型变量所占内存空间的字节数。

【例 7-7】 利用结构体指针输出一组化学元素的名称及其原子量。

```
#include "stdio.h"
struct list
```

```
{int i;
 char name[4];
 float w;
}tab[5]={{1,"H",1.008},{2,"He",4.0026},
         {3,"Li",6.941},{4,"Be",9.01218},{5,"B",10.81}};
void main()
{struct list *p;
 printf("No\tName\tAtomic Weight\n");
 for(p=tab;p<tab+5;p++)
       printf("%d\t%s\t%f\n",p->i,p->name,p->w);
}
```

程序输出结果：

```
No          Name          Atomic Weight
1           H              1.008000
2           He             4.002600
3           Li             6.941000
4           Be             9.012180
5           B              10.810000
```

在例 7-7 中，p 的初值为 tab 数组的首地址，如图 7-1 所示。当循环一次以后 p 自增 1，它指向 tab 数组的下一个元素，指针变量 p 中的地址值的增值为 12 字节（4+4+4=12）。

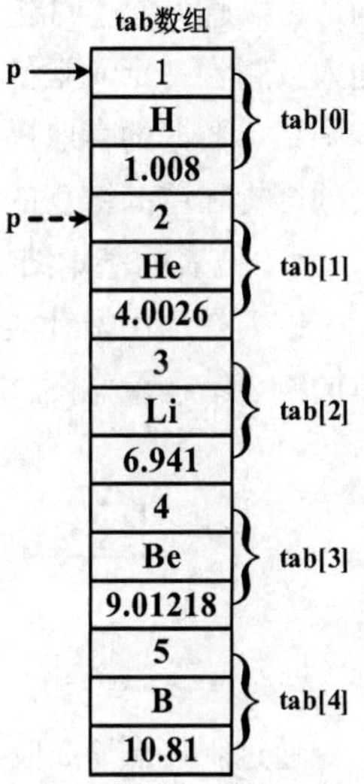

图 7-1　结构体指针自增示意图

在结构体指针运算中应注意的问题：

（1）区别结构体指针自增还是结构体成员自增。

设 `p=tab;`

++p->i 等价于++(p->i)，是成员自增。此运算是先将 tab[0]的 i 成员自增 1，再取成员 i 的值，此表达式的值为 2，而 p 的指向未变。

(++p)->i 是指针自增，此运算是先进行 p 自增 1，使其指向 tab[1]，tab[1]的 i 成员值未变，所以表达式的值是 2。

（2）区别结构体指针的自增、自减运算符是位于前缀还是后缀。

设 `p=tab;`

(++p)->i 运算是先进行 p 自增，所以是访问 tab[1]元素的 i 成员。

(p++)->i 运算是先访问 tab[0]元素的 i 成员，再进行 p 自增。虽然两个表达式运算结束后均使 p 指向 tab[1]，但是表达式本身访问的是不同元素的 i 成员。

【例 7-8】　分析自增自减运算对程序结果的影响。

```
#include "stdio.h"
struct code
{ int n;
  char c;
}a[ ]={{1000,'E'},{2000,'F'},{3000,'G'},{4000,'H'}};
void main( )
{ struct code *p=a;
  printf("%d\t",++p->n);
  printf("%c\t",(++p)->c);
  printf("%d\t",(p++)->n);
```

```
  printf("%c\t",++p->c);
  printf("%d\t",p->n++);
  printf("%d\n",p->n);
}
```

程序运行结果：

```
1001     F    2000     H    3000     3001
```

首先 p 指向 a[0]，++p->n 与++(p->n)等价，为 a[0].n 自增，结果为 1001。(++p)->c 运算是 p 自增，所以 p 先指向 a[1]，再输出 a[1].c 的值'F'。(p++)->n 也是 p 自增，但是要后执行自增，先输出 a[1].n 的值 2000，随后 p 指向 a[2]。++p->c 是结构体变量成员 a[2].c 自增，由'G'成为'H'。p->n++与(p->n)++等价，是 a[2].n 成员自增，但是后执行自增，所以先输出 3000，再自增为 3001，因此最后 p->n 输出 a[2].n 的值 3001。

7.2.4 链表

当处理一些难以确定其数量的数据时，如果用数组方式，必须事先分配一个足够大的连续空间，以保证数组元素数量充裕够用，但这样处理是对存储空间的一种浪费。如果采用动态链表结构，可以避免上述问题。链表是一种动态数据结构，可根据需要动态地分配存储单元。在数组中，插入或删除一个元素都比较烦琐，而用链表则相对容易。但是数组元素的引用比较简单，对于链表中结点数据的存取操作则相对复杂。所以这两种数据结构各有优缺点。本节将重点介绍单向链表的结构和单向链表的基本操作。

1. 链表的基本结构

链表是利用指针实现的一种数据结构，其存储单元是动态分配的。图 7-2 所示为一个简单的单向链表结构示意图。

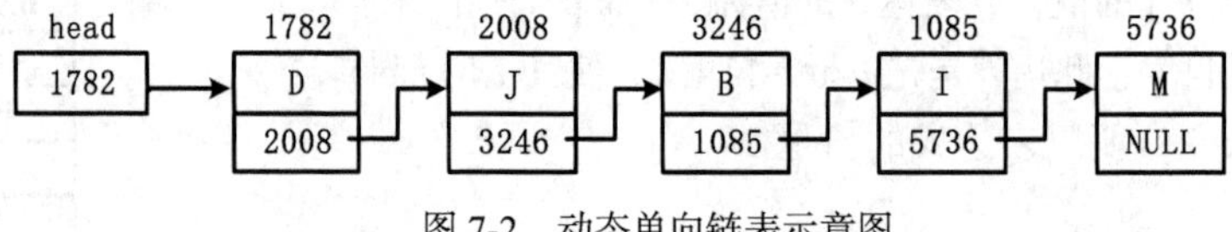

图 7-2 动态单向链表示意图

通过观察图 7-2 应了解以下 3 方面内容。

（1）链表中每个元素称为一个结点，每个链表都用一个头指针的指针变量指向链表的第一个结点。链表的最后一个结点叫表尾结点。

（2）构成链表的结点必须是结构体类型数据。

链表中每个结点都是由两部分组成的，一部分为用户数据，称为数据域；另一部分为下一个结点的地址，称为指针域。所以结点包含了两种以上的数据类型，其中至少有一个成员是结构体指针变量，用于存放下一个结点的地址，又因为每个结点的类型是相同的，所以，指针域的类型应该与它所在的结点类型相同。

例如，可以将图 7-2 中结点的类型定义为：

```
struct node
{ char c;
  struct node *next;
};
```

（3）相邻结点的地址不一定是连续的，可依靠指针将它们连接起来。

当头指针失去了第一个结点的地址，也就失去了整个链表。因为每个结点是动态分配的，这些结点没有名字，全靠地址链接起来。同样，当链表中某个结点失去了下一个结点的地址，则链表就断了，其后的结点也全部消失。表尾结点的指针域存放“NULL”值，表示链表结束。

2. 动态分配和释放存储单元

C 语言提供了一些相关的存储管理标准库函数，用于动态分配和释放存储单元，这些函数在第 6 章已经介绍，这里再举几个例子，主要介绍如何使用。

【例 7-9】　调用 malloc 函数分配所需存储单元。

```
#include "stdio.h"
#include "stdlib.h"
void main()
{struct st
{int n;
 struct st *next;
}*p;
int *q;
p=(struct st *)malloc(sizeof(struct st));
        /*用 malloc 函数分配 8 字节存储单元，并将返回值转换成结构体指针*/
q=(int *)malloc (sizeof(int));
        /*用 malloc 函数分配 4 字节存储单元，并将返回值转换成整型指针*/
p->n=25;p->next=NULL;
*q=20;
printf("p->n=%d\tp->next=%x\n",p->n,p->next);/*输出结构体各成员的值*/
printf("*q=%d\n",*q);
}
```

程序输出结果：

```
p->n=25       p->next=0
*q=20
```

【例 7-10】　调用 calloc 函数分配所需存储单元。

```
#include "stdio.h"
#include "stdlib.h"
void main()
{int i,*ip;
 ip=(int *)calloc(10,4);/*动态分配了 10 个存放整型数据的存储单元*/
 for(i=0;i<10;i++)
     scanf("%d",ip+i);
 for(i=0;i<10;i++)
     printf("%d ",*(ip+i));
 printf("\n");
}
```

3. 建立单向链表

建立链表就是根据需要一个一个的开辟新结点，在结点中存放数据并建立结点间的链接关系。下面通过例子讨论如何建立一个单向链表。

【例 7-11】　建立一个学生电话簿的单向链表函数。

建立链表的算法，如图 7-3 所示。设一个头指针 h，初值为 NULL。设两个工作指针 p 和 q，

p 用于开辟新结点，q 指向当前链表的尾结点，q 的作用是承接新结点，利用 q->next=p 使尾结点与新结点相连接。建立单向链表的具体过程如图 7-4 所示。首先头指针 h 为 NULL，如图 7-4（a）所示；然后开辟新结点，使 p 指向它，之后给新结点赋值，并将其接入链表；如果是第一个结点，头指针指向新结点（即 h=p），如图 7-4（b）所示；如果不是第一个结点，则链接到链表尾部（即 q->next=p），如图 7-4（c）所示；每次接入新结点后均使 q 指向新的尾结点（即 q=p）。

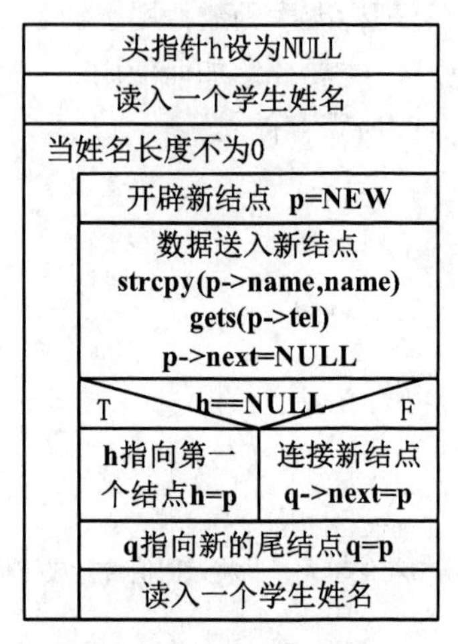

图 7-3 建立单向链表

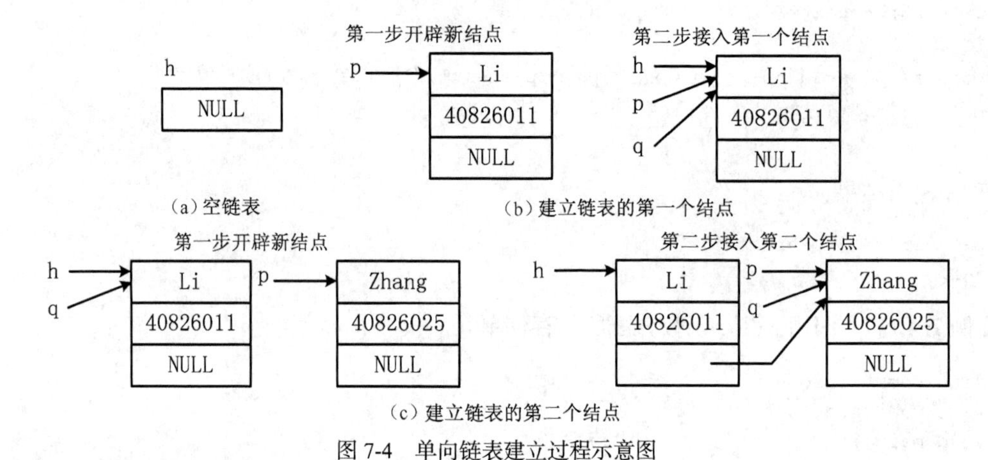

图 7-4 单向链表建立过程示意图

建立单向链表程序代码如下：

```
#include "stdio.h"
#include "stdlib.h"
#include "string.h"
#define NEW (struct node *)malloc(sizeof(struct node))
struct node
{char name[20],tel[9];
 struct node *next;
};
struct node *create()
{static struct node *h;
 struct node *p,*q;
 char name[20];
```

```
  h=NULL;
  printf("name:");
  gets(name);
  while(strlen(name)!=0)          /*如果输入的姓名不是空串，就为其开辟结点*/
      {p=NEW;                     /*开辟新结点*/
       if(p==NULL)                /*p 为 NULL，新结点分配失败*/
           {printf("Allocation failure\n");
            exit(0);              /*结束程序运行*/
           }
       strcpy(p->name,name);      /*为新结点中的成员赋值*/
       printf("tel:");
       gets(p->tel);
       p->next=NULL;
       if(h==NULL)                /*h 为空，表示新结点为第 1 个结点*/
           h=p;                   /*头指针指向第 1 个结点*/
       else                       /*h 不为空*/
           q->next=p;             /*新结点与尾结点相连接*/
       q=p;                       /*使 q 指向新的尾结点*/
       printf("name:");
       gets(name);
  }
  return h;
 }
 void main()
 {struct node *head;
  …
  head=create();
  …
 }
```

此程序在输入学生姓名时，直接按回车键表示结束链表的建立。

4. 输出单向链表中各结点信息

输出链表中各结点信息，需要从链表的头指针开始，按照各结点间的链接关系，依次进行链表各结点数据的输出。

【例 7-12】　输出学生电话簿链表函数。

输出链表的算法如图 7-5 所示。设一个工作指针 p，它首先指向链表的第 1 个结点（即 p=head）。输出 p 指向的结点信息后，p 指向下一个结点（即 p=p->next），直到 p 中的值为 NULL，表示链表结束。遍历链表的具体过程如图 7-6 所示。

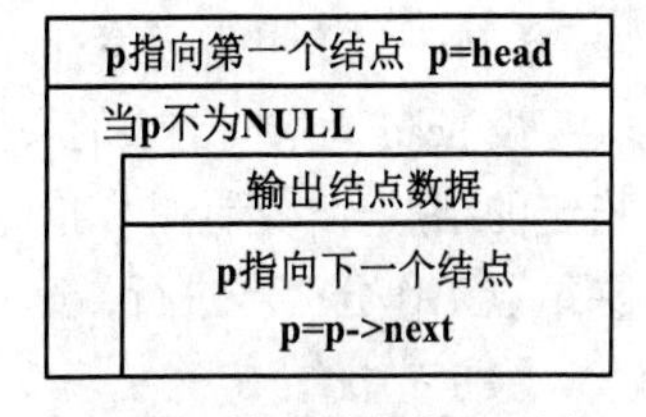

图 7-5　输出链表的 N-S 图

首先使工作指针 p 指向第 1 个结点，并输出数据，如图 7-6（a）所示，然后通过 p=p->next 操作使 p 指向第 2 个结点，并输出数据，如图 7-6（b）所示时，如再次执行 p=p->next，则 p 的值为 NULL，如图 7-6（d）所示。此时表示链表信息全部输出完毕。

输出链表程序代码如下：

```
 void prlist(struct node *head)
 {struct node *p;
  p=head;
```

```
    while(p!=NULL)
        {printf("%s\t%s\n",p->name,p->tel);
         p=p->next;
         }
}
```

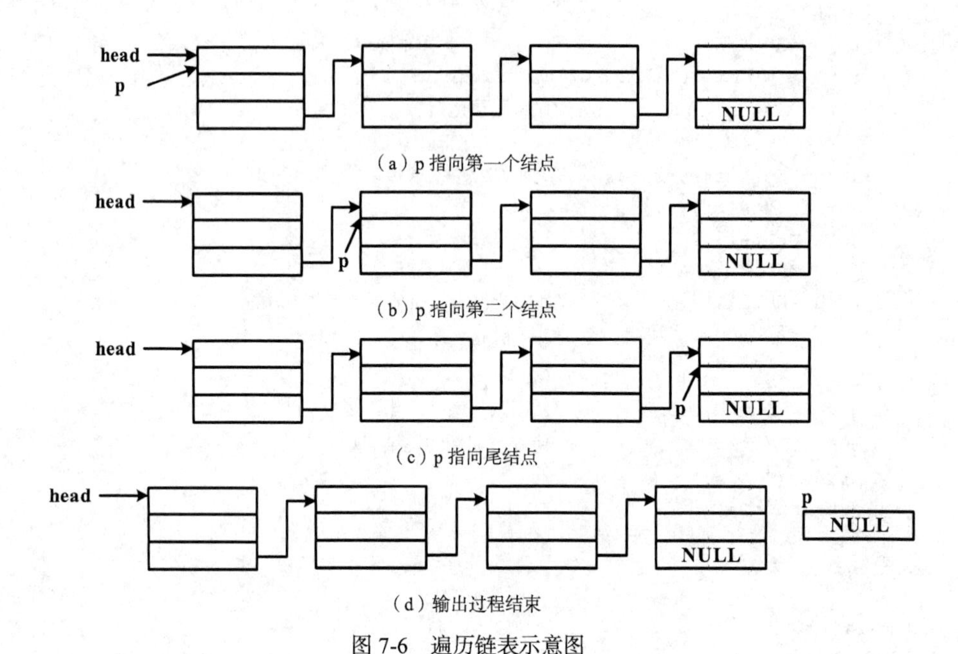

图 7-6　遍历链表示意图

此程序的 struct node 类型采用例 7-11 中定义的结构体类型。

5. 删除单向链表中的指定结点

在链表中，如果要删除第 i 个结点，一般是将第 i−1 个结点直接与第 i+1 个结点相连接，然后再释放第 i 个结点的存储单元，如图 7-7 所示。

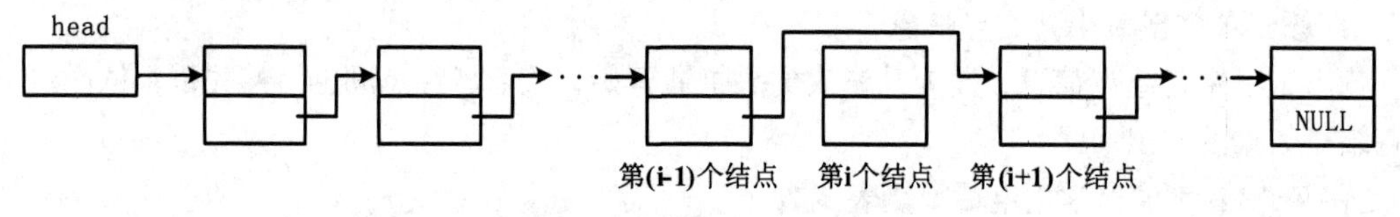

图 7-7　删除链表中的结点

【例 7-13】　删除学生电话簿链表中指定学生的信息。

设 head 为指向链表的头指针，x 为待删除结点姓名的指针，p 和 q 是两个工作指针，用于查找指定的结点。q 指针是 p 指针的前导指针，当 p 指向第 i 个结点时，q 指向第 i−1 个结点。具体删除结点工作分两步进行，第一步为查找结点，第二步为删除结点。

（1）查找结点

从第 1 个结点开始，依次判断每个结点姓名是否与待删除结点姓名相同。如果(strcmp(x,p->name)==0)，则表示找到了要删除的结点，可进入第二步。如果没有找到，则 p、q 指向下一个结点，继续查找，直到找到或 p 指向链尾结点为止。

（2）删除结点

根据被删除结点的情况，进行相应操作。

① 如果要删除的结点是第 1 个结点，则用 head=p->next 使第 1 个结点脱离链表，如图 7-8（a）

所示，然后释放此结点。

② 如果要删除的结点不是第 1 个结点，如图 7-8（b）所示，则用 q->next=p->next 使其脱离链表。

③ 当(strcmp(x,p->name)!=0&&p-next==NULL)时，表示链表中不存在要删除的结点，如图 7-8（c）所示。

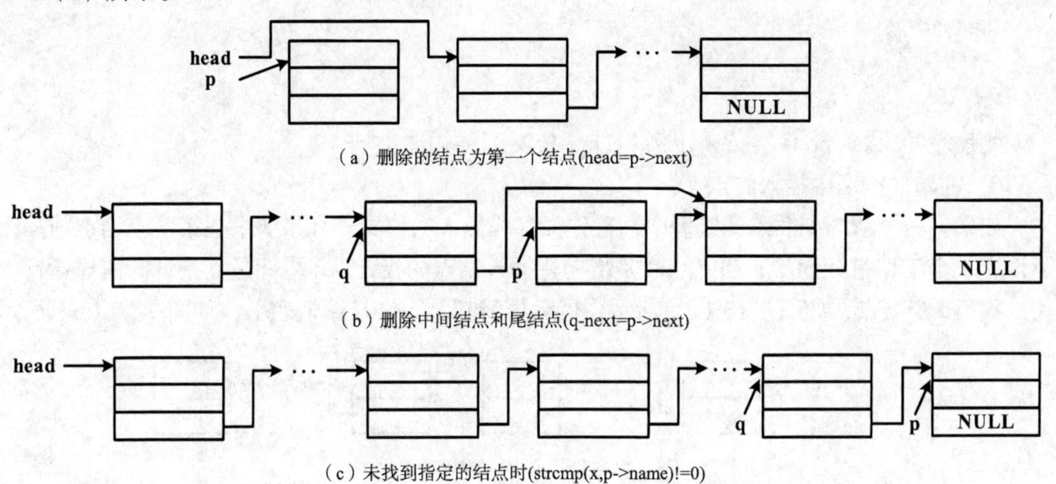

图 7-8　删除链表中指定结点的 3 种情况

删除结点算法如图 7-9 所示。

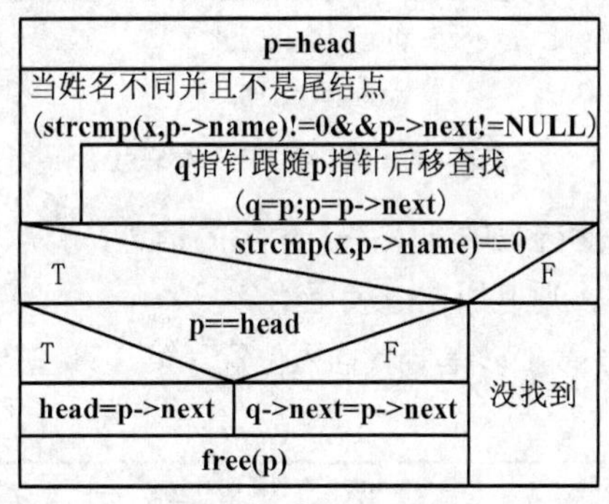

图 7-9　删除链表中指定结点的 N-S 图

程序代码如下。

```
struct node *delnode(struct node *head,char *x)
{struct node *p,*q;
 static struct node *h;
 if(head==NULL)
       {printf("This is an empty list.");     /*空链表情况*/
        return head;
       }
 p=head;
 while(strcmp(x,p->name)!=0&&p->next!=NULL) /*查找结点*/
       {q=p;p=p->next;}                     /*q 指针尾随 p 指针向表尾移动*/
 if(strcmp(x,p->name)==0)
         {if(p==head)
              head=p->next;                 /*删除头结点*/
          else
```

```
    q->next=p->next;                          /*删除中间或尾结点*/
    free(p);                                  /*释放被删除的结点*/
    }
    else
    printf("Not found.");                     /*未找到指定的结点*/
    h=head;
    return h;
}
```

此程序的 struct node 类型采用例 7-11 中定义的结构体类型。

6. 在单向链表中插入结点

如果将一个新结点插入到链表中，首先要寻找插入的位置。如果要求在第 *i* 个结点前插入，可设置 3 个工作指针 p0、p 和 q，p0 是指向待插入结点的指针，q 指针是 p 指针的前导指针。利用 p 找第 *i* 个结点，如图 7-10（a）所示，然后再将新结点链接到链表上，如图 7-10（b）所示。

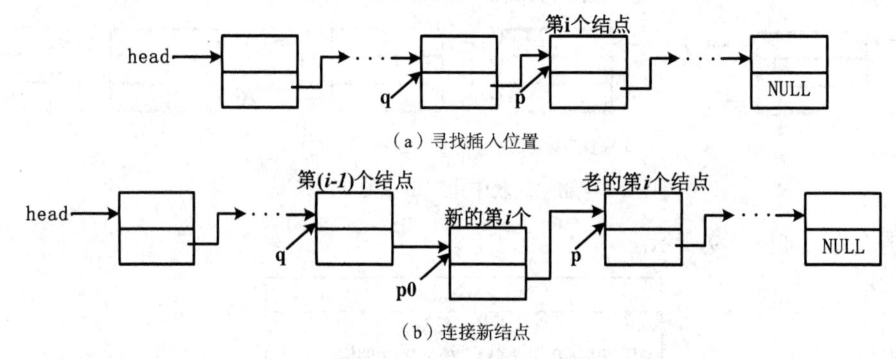

图 7-10　在链表中插入结点

【例 7-14】　在学生电话簿链表中插入一个学生的信息，要求将新的信息插入在指定学生信息之前，如果未找到指定学生，则追加在链表尾部。

插入结点工作分两步进行，第 1 步是寻找插入位置，第 2 步是连接新结点。具体算法如图 7-11 所示。

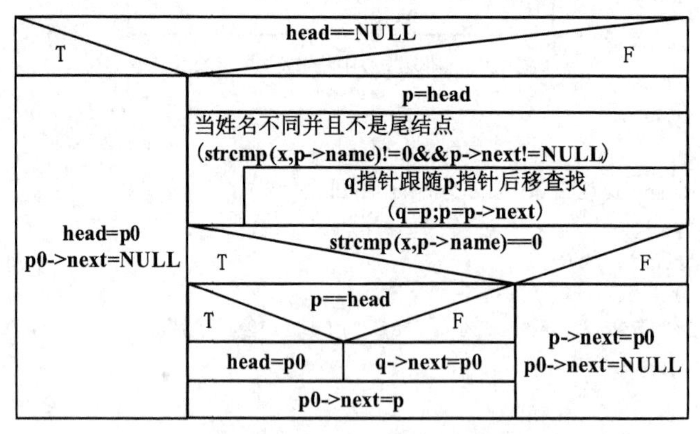

图 7-11　在链表指定位置前插入结点的 N-S 图

（1）寻找插入位置

设 head 为指向链表的头指针，x 是插入位置结点的姓名指针，p0 是指向新结点的指针，p 和 q 是两个工作指针，q 是 p 的前导指针。利用 p 指针寻找插入的位置，当(strcmp(x,p->name)==0)时，表示找到了插入位置，可进入第 2 步。如果没有找到，则 p、q 指向下一个结点，继续查找，直到找到或 p 指向链尾结点为止。

（2）链接新结点

根据插入结点的情况，进行相应操作。

① 如果插入的位置是表头，则利用语句：

```
p0->next=p;head=p0;
```

使新结点成为链表的第 1 个结点，如图 7-12（a）所示。

② 如果插入的位置是表中间，则利用语句：

```
q->next=p0;p0->next=p;
```

将新结点插在链表中间，如图 7-12（b）所示。

③ 当(strcmp(x,p->name)!=0&&p->next==NULL)时表示不存在指定的姓名，则利用语句：

```
p->next=p0;p0->next=NULL;
```

将新结点加在链表尾部，如图 7-12（c）所示。

④ 另外还考虑到空表的情况，利用语句：

```
head=p0;p0->next=NULL;
```

使新结点成为链表中唯一的结点。

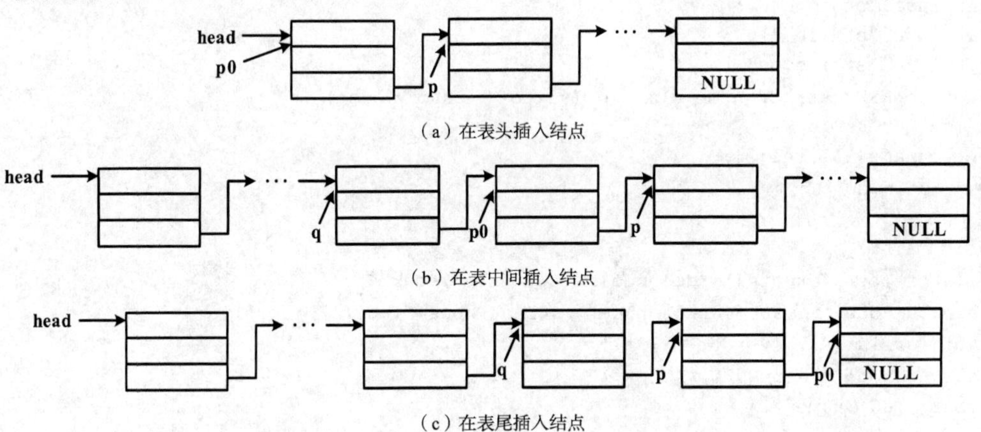

图 7-12　在链表指定位置插入结点的 3 种情况

插入结点程序代码如下：

```
struct node *insert(struct node *head,struct node *p0,char *x)
{struct node *p,*q;
 static struct node *h;
 if(head==NULL)
       {head=p0;                                  /*空表时，插入结点*/
        p0->next=NULL;
       }
 else
       {p=head;
        while(strcmp(x,p->name)!=0&&p->next!=NULL)
              {q=p;p=q->next;}
```

```
        if(strcmp(x,p->name)==0)
             {if(p==head)
                    head=p0;              /*在表头插入结点*/
              else
                    q->next=p0;           /*在表中间插入结点*/
              p0->next=p;
             }
        else
        {p->next=p0;                      /*在表尾插入结点*/
       p0->next=NULL;
       }
      }
 h=head;
 return h;
}
```

此程序的 struct node 类型采用例 7-11 中定义的结构体类型。

【例 7-15】 学生电话簿链表管理程序。

编制此程序可利用例 7-10 至例 7-14 的 4 个函数完成链表的建立、输出、删除和插入等操作，这里只需编制一个 main 函数完成对这 4 个函数的调用。下面给出 main 函数的程序，再加入其他 4 个函数即可构成一个完整的程序。

程序代码如下：

```
#include "stdio.h"
#include "stdlib.h"
#include "string.h"
#define NEW (struct node *)malloc(sizeof(struct node))
struct node
{char name[20],tel[9];
 struct node *next;
};
void main()
{struct node *create(),*delnode(struct node*,char *);
 struct node *insert(struct node *,struct node *,char *);
 void prlist(struct node *);
 struct node *head=NULL,*stu;
 char s[80],name[20];
 int c;
 do
   {do
        {printf("\n* * * * MENU * * * *\n");
         printf("1.Create a list \n");
         printf("2.Print a list \n");
         printf("3.Delete a node \n");
         printf("4.Insert a node \n");
         printf("0.Quit \n");
         printf("Enter your choice (0-4):");
         gets(s);
         c=atoi(s);
        }while(c<0||c>4);
         switch(c)
              {case 1:head=create();break;
               case 2:prlist(head);break;
```

```
            case 3:printf("\nInput a name deleted:\n");
                   gets(name);
                   head=delnode(head,name);break;
            case 4:stu=NEW;
                   printf("\nInput a new node\n");
                   printf("name:");
                   gets(stu->name);
                   printf("tel:");
                   gets(stu->tel);
                   stu->next=NULL;
                   printf("\nInsert position\n");
                   printf("name:");
                   gets(name);
                   head=insert(head,stu,name);
        }
    }while(c);
}
```

此程序开始显示一个菜单，可以先选择 1 建立一个链表，然后根据需要选择功能 2、功能 3 及功能 4，直到选择 0 退出程序的运行。

7.3　共用体类型

7.3.1　共用体与共用体类型的定义

共用体类型是一种多个不同类型数据共享存储空间的构造类型，即共用体变量的所有成员将占用同一个存储空间。在这里 C 语言编译系统使用了覆盖技术，多个不同类型数据的首地址是相同的，这些数据可以相互覆盖。当然在某一时刻，只有最新存储的数据是有效的。运用此种类型数据的优点是节省存储空间。

共用体类型定义的一般形式为：

```
union 共同体名
{ 数据类型 1 成员名 1;
  数据类型 2 成员名 2;
  …
  数据类型 n 成员名 n;
};
```

其中 union 是关键字，共用体类型成员的数据类型可以是 C 语言所允许的任何数据类型，右花括号外的分号表示共用体类型定义结束。例如：

```
union utype
{int    i;
 char   ch;
 long   l;
 char   c[4];
};
```

在这里定义了一个 union utype 共用体类型，它包括 4 个不同类型的成员。与结构体类型定义类似，共用体类型定义也不分配内存空间，而只说明此类型数据的构造情况，要使用此类型数据还需要进行变量的定义。

7.3.2 共用体变量的定义与初始化

1. 共用体变量的定义

共用体类型变量定义的形式与结构体变量定义相似，包括 3 种形式：

（1）union 共用体名 变量名表；

（2）union 共用体名

```
{成员表;
}变量名表;
```

（3）union

```
{成员表;
}变最名表;
```

例如：

```
union utype
{int    i;
 char   ch;
 long   l;
 char   c[4];
}a,b,c;
```

一个共用体类型变量所占内存大小等于成员中具有最大存储空间的成员的容量，而不是各成员的存储空间之和，这一点与结构体变量有着本质的区别。如图 7-13 所示，a 变量只需要 4 字节的存储空间，它的 4 个成员根据自己的需要共享这个空间。

2. 共用体变量的运算

共用体变量与结构体变量类似，仅可以进行以下 3 种运算。

（1）用 sizeof 运算符计算共用体变量所占内存空间

例如，计算在图 7-13 中所示的变量 a 占用的存储空间，sizeof(a)的结果为 4。

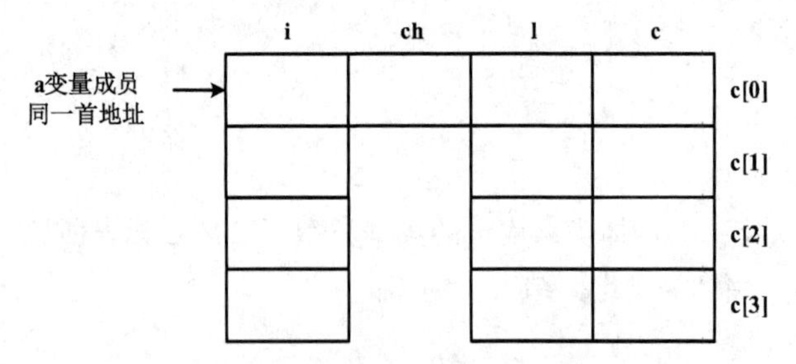

图 7-13 共用体类型成员共享存储单元示意图

如果将变量名替换为共用体类型名，也可以得到同样的结果，它表示此类型的共用体变量需要占用的空间，例如，sizeof(union utype)的结果为 4。

（2）同类型共用体变量之间的赋值运算

同类型共用体变最之间进行赋值时，系统仅赋当前有效成员的值。

（3）对共用体变量进行取址运算

共用体变量可以进行取址运算。例如，定义了：

```
union utype a,*p ;
```

则可进行 p=&a 运算，使 p 指向 a。

3. 共用体变量成员的引用

与结构体变量类似，共用体成员的引用也有 3 种形式。例如：

```
union u
{char u1;
 int u2;
}x,*p=&x;
```

则 x 变量成员的引用形式：

（1）x.u1 x.u2

（2）(*p).u1 (*p).u2

（3）p->u1 p->u2

4. 共用体类型变量赋初值

共用体类型变量在定义时只能对第 1 个成员进行赋初值。初值需要用“{ }”括起来。

【例 7-16】　共用体变量赋初值。

程序代码如下：

```
#include "stdio.h"
union u
{char u1;
 int u2;
};
void main()
{union u a={0x9745};
 printf("1. %c %x\n",a.u1,a.u2);
 a.u1='e';
 printf("2. %c %x\n",a.u1,a.u2);
}
```

程序输出结果：

```
1.  E 45
2.  e 65
```

由于第 1 个成员是字符型，仅占用 1 字节，所以对于初值 0x9741 仅能接收 0x41，高位部分被截去。另外在此程序中仅对 u1 成员进行了赋值，因此对 u2 成员的引用是没有语法错误，因为 u2 成员是整型，但没有实际意义。如果 u2 成员是其他类型，在 Turbo C 环境下则有语法错误，在 VC++ 6.0 环境下则有逻辑错误。

5. 共用体应用举例

【例 7-17】　编制一个职工婚姻信息的输入输出程序。职工信息包括职工编号、姓名、性别以及婚姻状况。根据婚姻状况不同，还应有以下信息，即已婚者有配偶姓名和子女数，离婚者有离婚日期，单身者有是否住集体宿舍信息。

程序代码如下：

```
#include "stdio.h"
struct DATE
{int y,m,d;
```

```
};
struct MA
{char name[20];
 int n;
};
union MSTAT                                   /*定义共用体类型*/
{struct MA married;                           /*已婚者信息*/
 struct DATE divorced;                        /*离婚者信息*/
 char dormitory;                              /*单身者信息*/
};
struct RECORD                                 /*定义结构体类型*/
{char number[6];                              /*职工编号*/
 char name[20];                               /*职工姓名*/
 char sex;                                    /*性别*/
 char maritalstat;                            /*婚姻状况*/
 union MSTAT ms;                              /*不同婚姻状况下的信息*/
};
void main()
{struct RECORD a[3];
 int i;
 char flag;                                   /*标志字：M 表示已婚、D 表示离婚、S 表示单身*/
 for(i=0;i<3;i++)
       {printf("number:");                    /*输入职工编号*/
        scanf("%s",a[i].number);
        printf("name:");                      /*输入职工姓名*/
        scanf("%s",a[i].name);
        getchar();                            /*抵消一个空白符*/
        printf("sex:");                       /*输入职工性别*/
        scanf("%c",&a[i].sex);
        getchar();
        if(a[i].sex=='m'||a[i].sex=='M')/*'M'表示男性*/
              a[i].sex='M';
        else
              a[i].sex='F';                   /*'F'表示女性*/
        printf("maritalstat(m/d/s):");        /*输入婚姻状况标志*/
        scanf("%c",&flag);
        getchar();
        if(flag=='m'||flag=='M')              /*输入'm'或'M'为已婚*/
             {a[i].maritalstat='M';
              printf("spouse name:"); /*输入配偶姓名*/
              scanf("%s",a[i].ms.married.name);
              printf("children:");     /*输入子女数*/
              scanf("%d",&a[i].ms.married.n);
              }
        else if(flag=='d'||flag=='D')         /*输入'd'或'D'为离婚*/
              {a[i].maritalstat='D';
               printf("date divorced(yy-mm-dd):");/*输入离婚日期*/
   scanf("%d-%d-%d",
              &a[i].ms.divorced.y,&a[i].ms.divorced.m,&a[i].ms.divorced.d);
          }
```

```
        else
                {a[i].maritalstat='S'; /*否则为未婚*/
                printf("living quarters for works(y/n):");
                scanf("%c",&a[i].ms.dormitory);
                if(a[i].ms.dormitory=='Y'||a[i].ms.dormitory=='y')/*输入是否住集体宿舍*/
                        a[i].ms.dormitory='Y';
                else
                        a[i].ms.dormitory='N';
                }
        }
    printf("number\tname\tsex\tmaritalstat\n");
    for(i=0;i<3;i++)                    /*输出职工信息*/
        {printf("%s\t%s\t%c\t",a[i].number,a[i].name,a[i].sex);
         if(a[i].maritalstat=='M')
                printf("married spouse name:%s\n\t\t\t\t\t\t\tchildren:%d\n",
                  a[i].ms.married.name,a[i].ms.married.n);
         else if (a[i].maritalstat=='D')
                printf("divorced date:%4d-%2d-%2d\n",
                  a[i].ms.divorced.y,a[i].ms.divorced.m,a[i].ms.divorced.d);
         else
                printf("living quarters for works:%c\n",a[i].ms.dormitory);
         }
}
```

在此程序中每个职工的信息是一个 struct RECORD 结构体类型数据。根据每部分信息的特点，将相同部分的信息分别定义为字符型成员和字符数组成员，将不同部分定义为共用体类型成员以达到节省内存空间的目的。

7.4 枚举类型

枚举是一个具有有限个整型符号常量的集合，这些整型符号常量被称为枚举常量。每个枚举类型都必须定义类型，且定义时必须将其所有的枚举常量一一列举出来，以便限定此枚举类型变量的取值范围。如果一个变量的值只可能出现几种情况，则可以将其定义为枚举类型变量。

1. 枚举类型定义形式

枚举类型定义的一般形式为：

```
enum 枚举名
{枚举常量取值表};
```

其中 enum 是关键字，枚举名和枚举常量是标识符，应遵守标识符命名规则，枚举常量之间用逗号分隔，花括号后的分号表示枚举类型定义的结束。例如：

```
enum weekday
{Sun,Mon,Tue,Wed,Thu,Fri,Sat};
enum color1
{blue,green,red};
enum flag
{false,true};
```

这里定义了 3 个枚举类型。enum weekday 类型的取值范围是 Sun、Mon、Tue、Wed、Thu、

Fri 和 Sat。enum colorl 类型的取值范围是 blue、green 和 red 这 3 个枚举常量。enum flag 类型的取值范围仅限于 false 和 true。

在定义枚举类型时应注意，同一枚举类型中枚举常量名应不同，同一程序中不同枚举类型中的枚举常量名也应不同，以保证枚举常量的唯一性。

2. 枚举常量的整型值

在枚举类型中，每个枚举常量都代表一个整型值。在定义枚举类型的同时可隐式或显式地定义枚举常量的值。

对于隐式定义，系统规定按照枚举类型定义时枚举常量列举的顺序分别代表 0、1、2、…整型值。例如，enum weekday 类型中 Sun 的值是 0、Mon 的值是 1、Sat 的值是 6；enum color1 类型中 blue 的值是 0、red 的值是 2；enum flag 类型中 false 的值是 0、true 的值是 1。

显式定义是用户在定义类型的同时指定枚举常量的值，其中如有未指定值的枚举常量，则根据前面的枚举常量的值依次递增 1。例如：

```
enum op
{plus=5,minus=3,multiply=7,divide=2};
enum workday
{Mon=1,Tue,Wed,Thu,Fri};
```

经过显式定义，枚举常量 plus 的值为 5，Mon 的值为 1，如果不进行显式定义，按照它们出现的位置都应该是 0。由于 Tue、Wed、Thu 和 Fri 未进行显式定义，它们的值应在 1 的基础上递增，所以分别是 2、3、4 和 5。

3. 枚举变量的定义

枚举类型的定义仅仅是对此类型数据组成的一种说明，要应用枚举类型还需要定义枚举类型变量。

枚举类型变量定义的 3 种形式：

（1）enum 枚举名 枚举变量名表;

（2）enum 枚举名 {枚举常量取值表}枚举变量表;

（3）enum {枚举常量取值表}枚举变量表。

例如：

```
enum flag fg;
enum color1 c1;
enum color2 { blank,brown,yellow,white} c2;
enum {lightblue,lightgreen,lightred} c3;
```

在这里以不同形式定义了枚举类型 fg、c1、c2 和 c3，其中 fg 变量只能具有 flase 或 true 值，而 c1、c2、c3 是不同类型的枚举变量，仅可以赋予本类型的枚举常量。

4. 枚举数据的运算

在 C 语言系统中，枚举变量中存放的不是枚举常量，而是枚举常量所代表的整型值。枚举类型数据可以进行以下运算。

（1）用 sizeof 运算符计算枚举变量所占内存空间

由于枚举变量中存放的是整型值，所以每个枚举变量占用 4 字节的内存空间。

（2）赋值运算

可以通过赋值运算给枚举变量赋予该类型的枚举常量。例如：

```
fg=true;cl =red;c2=brown;c3= lightgreen;
```

这些都是合法的赋值运算。而 c3=white 是非法的，因为 white 不是该类型的枚举常量。

如果对枚举变量赋以整型值，则 C 语言系统将视其为整型变量处理，不进行枚举类型方面的检查。例如，对于 fg=5 编译系统并不提示出错。

（3）关系运算

对枚举类型数据进行关系运算时，按其所代表的整型值进行比较。例如：

```
true>false 结果为真
Sun>Sat  结果为假
```

（4）取址运算

枚举类型变量也和其他类型变量一样可以进行取址运算，例如：&fg、&c1。

5. 枚举数据的输入/输出

在 C 语言系统中，不能对枚举数据直接进行输入和输出。但由于枚举变量可以作为整型变量处理，所以可以通过间接方法输入/输出枚举变量的值。

（1）枚举变量的输入

枚举变量作为整型变量进行输入。例如：

```
scanf("%d",&fg);
```

这里应输入此类型枚举常量的整型值，但是如果输入了范围之外的整型值，系统也不提示出错。

（2）枚举变量的输出

枚举类型数据输出可以采取多种间接方法，在这里介绍 3 种方法。

① 可以直接输出枚举变量中存放的整型值，但其值的含义不直观。例如：

```
fg =true;
printf("%d",fg);
```

② 利用多分支选择语句输出枚举常量所对应的字符串。例如：

```
switch(fg)
{case false: printf ("false");break;
 case true: printf("true");
}
```

③ 如果枚举类型定义时采用隐式方法指定枚举常量的值，则可以用二维数组存储枚举常量所对应的字符串，或用字符指针数组存储枚举常量所对应的字符串的首地址，然后即可依据枚举值输出对应的字符串。例如：

```
enum flag
{false,true} fg;
char *name[]={"false","true"};
…
fg=true;
printf("%s",name[fg]);
```

枚举常量是标识符，不是字符串，所以试图以输出字符串方式输出枚举常量是错误的。

例如：

```
fg=true;
printf("%s",fg);
```

6. 枚举类型应用举例

【例 7-18】 编制一个程序。当输入今天的星期序号后，可输出明天是星期几。

程序代码如下：

```
#include "stdio.h"
enum weekday
{Mon=1,Tue,Wed,Thu,Fri,Sat,Sun};
 char *name[10]={"Error","Monday","Tuesday","Wednesday",
                  "Thursday","Friday","Saturday","Sunday"};
void main()
{enum weekday d;
 printf("Input today's numeral(1-7):");
 scanf("%d",&d);
 if(d>0&&d<7) d++;
 else if(d==7) d=1;
      else d=0;
 if(d)
         printf("Tomorrow is %s.\n",name[d]);
 else
         printf("%s\n",name[d]);
}
```

7.5 类型重命名

在 C 语言程序中，程序员除了可以利用 C 语言提供的标准类型名（如 int、float 等）和自定义的结构体、共用体类型名外，还可以用 typedef 为已有的类型名再命名一个新的类型名，即别名。

1. 为类型名定义别名

为类型命名别名的一般形式为：

```
typedef 类型名 新类型名
```

或

```
typedef 类型定义 新类型名
```

其中 typedef 是关键字。类型名可以是基本类型、构造体类型等或已定义过的类型名。新类型名是程序员自定义的类型名，一般用大写字母表示，以便与关键字相区别。例如：

```
typedef int COUNTER;        /*定义 COUNTER 为整型类型名*/
typedef struct date
{int year;
```

```
int month;
int day;
}DATE;                          /*定义 DATE 为 struct date 结构体类型名*/
```

在这里分别为 int、struct date 命名了新的类型名 COUNTER、DATE。新类型名与旧类型名的作用相同，并且两者可同时使用。例如，int i;与 COUNTER i;等价，struct date birthday;与 DATE birthday;等价。

2. 为类型命名的方法

类型命名的方法与变量定义的方法有些相似，即以 typedef 开头，加上变量定义的形式，并用新类型名替代变量名。

下面通过一些典型的例子说明如何为类型命名以及使用新类型名定义变量。

（1）为基本类型命名

例如：

```
typedef float REAL;
REAL x,y;                       /*相当于 float x,y;*/
```

它为 float 命名新类型名 REAL，并用它定义单精度实型变量 x 和 y。

（2）为数组类型命名

例如：

```
typedef char CHARR[60];
CHARR c,d[4];                   /*相当于 char c[60],d[4][60];*/
```

它为一维字符数组类型命名新类型名 CHARR，并用它定义一个一维字符数组 c 和一个二维字符数组 d。

（3）为指针类型命名

例如：

```
typedef int *IPOINT;
IPOINT ip;                      /*相当于 int *ip;不可写成 IPOINT *ip;*/
IPOINT *pp;                     /*相当于 int **pp;*/
```

它为整型指针类型命名新类型名 IPOINT，并用它定义一个整型指针变量 ip 和一个二级整型指针变量 pp。

再如：

```
typedef int (*FUNpoint)();
FUNpoint funp;                  /*相当于 int(*funp)();*/
```

它为指向整型函数的指针类型命名新类型名 FUNpoint，并用它定义一个指向整型函数的指针变量 funp。

（4）为结构体、共用体类型命名

例如：

```
    struct node
    {char c;
```

```
struct node *node;
};
typedef struct node CHNODE;
CHNODE *p;          /*相当于struct node*p;不可写成struct CHNODE *p;*/
```

它为 struct node 结构体类型命名新类型名 CHNODE，并用它定义一个结构体指针变量 p。

7.6 案例研究及实现

案例：数3游戏

1. 数据结构

结构体类型含有两个域，其一为 num 域，记录原圈子的顺序号码，另一为指针域，用于连接链表。

2. 解题思路

（1）构建含有 *n* 个结点的循环链表，模拟“*n* 个人围成一圈”。

说明：

这里通过 q->next=head;使最后一个结点的 next 域指向链表头结点，完成循环链表的创建。

（2）凡依照顺序报到“3”者可以通过删除链表中结点的方式来模拟“退出圈子”，共有 *n*−1 个人退出圈子，即需循环 *n*−1 次。

说明：

每次进入循环时，p 指向的结点即为“1”号，q=p->next;为“2”号，继而 p=q->next;是喊道“3”的成员，即 p 指向的结点应被删除，删除通过 q->next=p->next;语句实现，已删除的结点 p 要利用 free 函数释放空间。如果被删除的结点是链表头结点，则需要修改头指针。

（3）链表只含有一个唯一的结点，其 num 成员即为最后留在圈子中的成员原来的序号。

说明：

链表中唯一的结点即为 head 指向的结点。

3. 参考源程序

```
#include "stdio.h"
#include "stdlib.h"
#define NEW (struct node *)malloc(sizeof(struct node))
struct node
{int num;
 struct node *next;
}
void main()
{struct node *head=NULL,*p,*q;
 int n,i;
 printf("Please input n:");
 scanf("%d",&n);
 for(i=1;i<=n;i++)                /*构建含有n个结点的链表*/
    {p=NEW;
     if(p==NULL)
           {printf("Allocation failure\n");
            exit(0);
```

```
            }
        p->num=i;
        if(head==NULL)
                head=p;
        else q->next=p;
        q=p;}
    q->next=head;               /*形成循环链表*/
    for(i=1,p=head;i<n;i++)     /*循环n-1 次，凡报到“3”者退出圈子*/
      {q=p->next;
       p=q->next;
       q->next=p->next;
       if(p==head)
               head=head->next;
       free(p);
       p=q->next;
      }
    printf("The final one is No. %d.\n",head->num);
  }
```

本章小结

在学习构造类型时，可结合各种构造类型的共同点与不同点进行学习，这样有助于理解其基本概念，掌握它们的特点。本章学习要点包括如下几方面。

1. 结构体

（1）掌握结构体数据类型的概念和存储结构，能够正确定义结构体类型。

（2）掌握用结构体类型定义结构体变量、数组和指针的方法，并能正确引用结构体成员。

（3）掌握函数之间结构体类型数据的传递方法。

（4）理解动态分配存储单元的概念和 malloc、calloc 等库函数的使用方法，并掌握利用结构体类型数据构成链表的基本算法。

在学习结构体时，首先应了解结构体与数组的区别，同一数组元素的类型是相同的，而同一结构体成员的类型可以不同，并且需要根据实际情况定义结构体类型。另外由于结构体各成员均有自己的存储空间，所以结构体变量所占存储空间等于各个成员所占内存空间之和。这两点是结构体数据的基本特点，决定了结构体数据的特性。

结构体指针只能指向结构体变量，不能指向其成员，它们是不同类型的指针值。另外结构体类型指针变量只能指向同一类型的结构体变量。

2. 共用体

（1）掌握共用体类型的概念和存储结构，能够正确定义共用体类型。

（2）掌握用共用体类型定义共用体变量的方法，并能正确地引用共用体成员。

学习共用体时，可以与结构体类型进行比较，了解它们之间的共同点与不同点，有利于更准确地掌握它们。这两种类型数据的本质区别是它们在内存中的存储形式不同，结构体的各个成员均有独立的存储空间，而共用体成员共享同一存储空间，所以共用体变量所占存储空间是它所属成员中占存储空间最大的字节数。共用体数据的这个基本特点，决定了共用体成员的使用方法。例如，在同一时刻只有一个成员值是有意义的，其他成员值是无意义的。一旦要使用另一成员，就必须用该成员值覆盖原成员值。

3. 枚举类型

（1）掌握枚举类型的定义以及用枚举类型定义枚举类型变量的方法。

（2）了解系统对枚举值的规定。

枚举类型是一种由有限个整型符号常量集合构成的数据结构，也属于构造类型数据，其中每个枚举常量都代表一个整型值。枚举数据不能直接进行输入和输出，可以通过间接方法输入/输出枚举变量的值。

4. 类型的重新命名

（1）理解 typedef 的概念，即 typedef 只能用于定义新的类型名，不能产生新的数据类型。

（2）了解运用 typedef 命名新类型名的方法。

类型命名虽然不产生新的类型，但用新类型名定义变量具有许多优点。例如，用意义明确的类型名代替原类型名，更便于理解此类型变量的含义，将较长的类型名进行压缩定义，便于以后的书写，一般多用于构造类型的命名。

习　题

一、单选题

1. 设有如下定义，则表达式 sizeof(y)的值是（　　）。

```
struct data
{long *ln;
 char c;
 struct data *last,*next;
}y;
```

A. 7　　B. 9　　C. 13　　D. 17

2. 设有以下程序段，则表达式的值不为 100 的是（　　）。

```
struct st
{int a;int *b;};
void main()
{int m1[]={10,100},m2[]={100,200};
 struct st *p,x[]={99,m1,100,m2};
 p=x;
 …
}
```

A. *(++p->b)　　B. (++p)->a　　C. ++p->a　　D. (++p)->b

3. 设有以下定义，如图 7-14 所示，指针 head 和 p 指向链表的第 1 个结点，指针 q 指向新的结点，则不能把新结点插入在第 1 个结点之前的语句是（　　）。

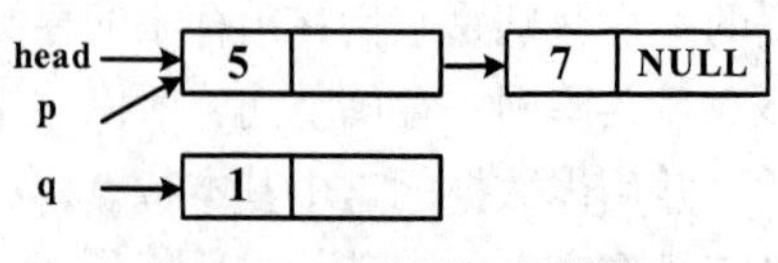

图 7-14　单选题 3 示意图

```
struct node
{int a;
 struct node *next;
}*head,*p,*q;
```

A. head=q,q->next=p;　　B. head=q,q->next=head;

C. q->next=head,head=q;　　D. head=q,head->next=p;

4. 设有如下结构体说明和变量定义，如图 7-15 所示，指针 p 指向变量 one，指针 q 指向变量 two，则不能将结点 two 接到结点 one 之后的语句是（　　）。

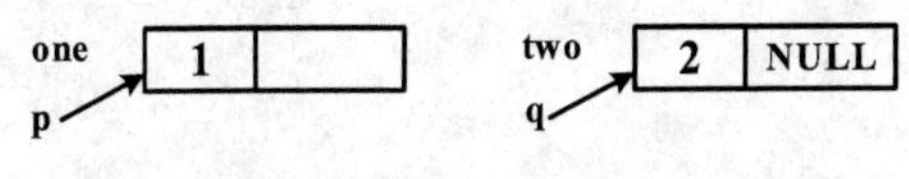

图 7-15　单选题 4 示意图

```
struct node
{int n;
 struct node *next;
}one,two,*p=&one,*q=&two;
```

A. p.next=&two;　　B. (*p).next=q;

C. one.next=q;　　D. p->next=&two;

5. 设有以下定义，如图 7-16 所示，建立了链表，指针 p、q 分别指向相邻的两个结点，下列语句中（　　）不能将 p 所指向的结点删除。

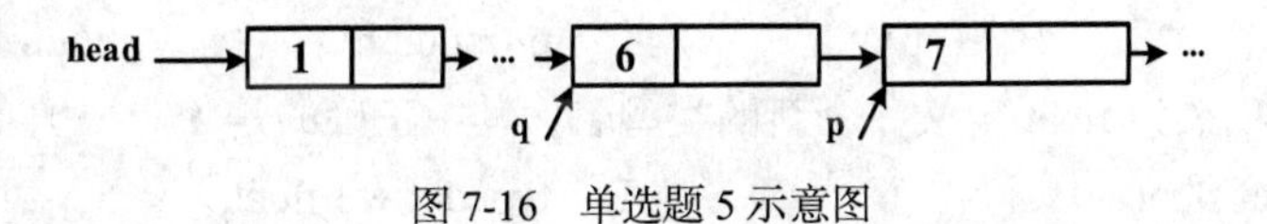

图 7-16　单选题 5 示意图

```
struct node
{int a;
 struct node *link;
}*head,*p,*q;
```

A. q->link=p->link;　　B. p=p->link,q->link=p;

C. (*p).link=(*q).link;　　D. p=(*p).link,(*q).link=p;

6. 以下选项中，能正确地将 x 定义为结构体变量的是（　　）。

A.
```
struct
 {int i;
  float j;
  }x;
```

B.
```
typedef struct st
  {int i;
float j;
     }x;
```

C.
```
struct st
{int i;
 float j;
}
st x;
```

D.
```
typedef st
     {int i;
float j;
         }
     st x;
```

7. 若有如下定义，则 sizeof(struct no)的值是（　　）。

```
struct no
{int n1;
 float n2;
```

```
union nu
{char u1[6];
 double u2;
}n3;
};
```

A. 12　　B. 14　　C. 16　　D. 10

8. 设有如下定义，则下列叙述中正确的是（　　）。

```
typedef struct
{int s1;
 float s2;
 char s3[80];
}STU;
```

A. STU是结构体变量名　　B. typedef struct是结构体类型名

C. STU是结构体类型名　　D. struct是结构体类型名

9. 设有如下定义，则引用共用体中h成员的正确形式为（　　）。

```
union un
{int h;char c[10];};
struct st
{int a[2];
 union un h;
}s={{1,2},3},*p=&s;
```

A. p.un.h　　B. (*p).h.h　　C. p->st.un.h　　D. s.un.h

10. 以下各选项欲为float定义一个新的类型名，其中正确的是（　　）。

A. typedef float w1;　　B. typedef w2 float;

C. typedef float=w3;　　D. typedef w4=float;

二、填空题

1. 设有以下定义，则变量s在内存中占________字节。

```
struct st
{char num[5];
 int age;
 float score;}s;
```

2. 以下程序用以输出结构体变量bt所占内存单元的字节数，请填上适当内容。

```
struct ps
{double i;
 char arr[20];
};
void main()
{struct ps bt;
 printf("bt size : %d\n",_____);
}
```

3. 若定义了struct{int d,m,n;}a,*b=&a;，可用a.d引用结构体成员，请写出引用结构体成员a.d的其他两种形式　【1】　，　【2】　。

4. 设有以下结构体类型的定义，请将结构体数组xy的定义补充完整。

```
struct ST
{char num[10];
 int m;
 struct ST *last,*next;
};
_____ xy[10];
```

5. 以下是定义链表中结点的数据类型，请将定义补充完整。

```
struct node
{char name[20];
 int score;
_____ next;};
```

6. 设有以下定义，且建立了链表，如图 7-17 所示，指针 p 指向链表尾结点，指针 q 指向新结点，用______语句可实现将新结点连接到链表尾部。

```
struct node
{int a;
 struct node *link;
}*head,*p,*q;
```

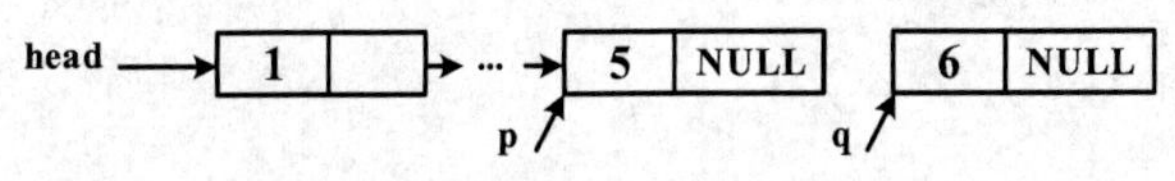

图 7-17　填空题 6 示意图

7. 下列程序是将从键盘输入的一组字符作为结点的内容建立一个单向链表。要求输出链表内容时与输入时的顺序相反。填空将程序补充完整。

```
#include "stdio.h"
#include "stdlib.h"
struct node
{char d;
 struct node *link;
};
void main()
{struct node *head,*p;
char c;
head=NULL;
while((c=getchar())!='\n')
   {p=(struct node *)malloc(sizeof(struct node));
    p->d=c;
    p->link=____【1】____;
    head=____【2】____;
   }
p=head;
while(p->link!=NULL)
   {printf("%c->",p->d);
    p=____【3】____;
   }
printf("%c\n",p->d);
}
```

8. 下列函数的功能是在单向链表中查找最大值所在结点的地址。填空将函数补充完整。

```
struct node
{int data;
 struct node *next;
};
struct node *found(struct node *head)
{struct node *p,*q;
 int max;
 p=head;max=p->data;q=p;
 while(p->next!=NULL)
   {  【1】  ;
    if(p->data>max){max=p->data;  【2】  ;}
   }
 return q;
}
```

9. 设有以下定义和语句，请在printf语句中填上能够正确输出的变量及相应的格式说明。

```
union
{int n;
 double x;
}num;
num.n=10;
num.x=10.5;
printf("  【1】  ",  【2】  );
```

10. 下面欲为结构体类型struct st定义一个新的类型名STUDENT，请将定义补充完整。

```
struct st
{char num[10],name[20],sex;
 float score;
};
typedef _____ STUDENT;
```

三、阅读程序，写出结果

1. 程序代码如下：

```
#include "stdio.h"
struct st
{int a,b;
 struct st *next;} x[3];
 void main()
 {int i;
  struct st *p;
  for(i=0;i<3;i++)
       {x[i].a=i+1,x[i].b=i+2;x[i].next=&x[i+1];}
  x[2].next=x;
  for(p=x,i=0;i<3;i++)
       {printf("%d",p->a);p=p->next;
        printf("%d",p->b);p=p->next;
       }
 }
```

2. 程序代码如下：

```
#include "stdio.h"
struct stu
{int n;
 char name[20];
 int age;
};
void pri(struct stu *p)
{printf("%s\n",p->name);}
void main()
{struct stu s[4]={{200201,"zhao",19},{200202,"Qian",18},
                   {200203,"sum",19},{200204,"Li",18}};
 pri(s+3);
}
```

3. 程序代码如下：

```
#include "stdio.h"
#include "stdlib.h"
struct node
{char ni;
 struct node *next;
};
void main()
{struct node *head,*p;
 int n=48;
 head=NULL;
 do
       {p=(struct node *)malloc(sizeof(struct node));
        p->ni=n%8+48;
        p->next=head;
        head=p;
        n=n/8;
       }
 while(n!=0);
 p=head;
 while(p!=NULL)
       {printf("%c",p->ni);
        p=p->next;
       }
}
```

4. 程序代码如下：

```
#include "stdio.h"
#include "stdlib.h"
void fun(int **p,int x[2][3])
{**p=x[1][1];}
void main()
{int y[2][3]={1,2,3,4,5,6},*t;
 t=(int *)malloc(4);fun(&t,y);printf("%d\n",*t);
}
```

5. 程序代码如下：

```
#include "stdio.h"
union un
{int x;
 struct
 {int a,b,c;}y;
}z;
void main()
{z.x=5;
 z.y.a=1;z.y.b=2;z.y.c=3;
 printf("%d\n",z.x);
}
```

四、编程题

1. 定义一个结构体数组，存放 10 个学生的信息，每位学生的信息是一个结构体类型数据，其成员分别为：学号、姓名、5 门成绩及总分。要求编写 3 个函数，它们的功能分别为：（1）输入函数，用于从键盘读入学号、姓名和 5 门成绩；（2）计算总分函数，用于计算每位学生的总分；（3）输出函数，显示每位学生的学号、姓名和总分。这 3 个函数的形式参数均为结构体指针和整型变量，函数的类型均为 void。

2. 编写一个 creat 函数，其功能是用键盘输入的字符序列建立一个具有头结点的单向链表，新结点总是追加在链表的尾部，字符序列以'#'为结束标志，函数的返回值是链表的头指针。

3. 用一个链表表示一个一元 n 次多项式，每个结点的数据部分包括指数和系数。例如，多项式 $2x^5-3x^4+6x-7$，可用图 7-18 所示的链表表示。

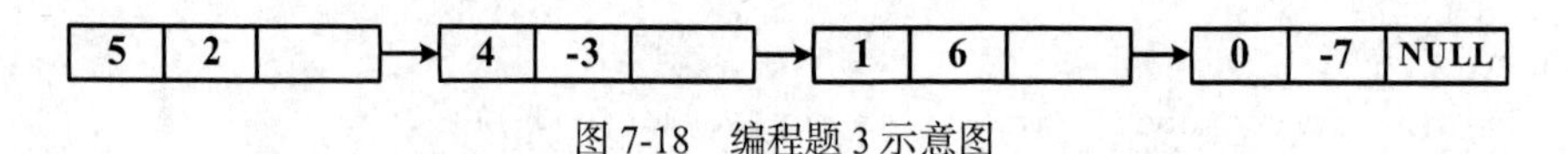

图 7-18 编程题 3 示意图

编写一个程序，要求包括两个函数：（1）建立一元 n 次多项式链表函数；（2）输出一元 n 次多项式链表函数（将多项式中指数形式以 X^n 形式输出），并从主函数调用这两个函数完成一元 n 次多项式链表的建立和输出。

4. 编写一个程序，运用插入结点方法，将键盘输入的 n 个整数插入到链表中，建立一个从小到大的有序链表。

5. 编写一个程序，实现从键盘输入一个 unsigned long 型整数，然后将其前两个字节和后两个字节分别作为两个 unsighned int 型整数在显示屏输出（提示，使用共用体类型数据实现）。

第8章 文件

【本章内容提要】

C 语言所有的输入/输出操作均通过调用输入/输出标准库函数实现，这是因为输入/输出与计算机硬件密切相关，这样处理可以提高C语言的可移植性。本章介绍常用的文件操作标准库函数，并通过实例说明文件的基本操作。

【本章学习重点】

- 重点掌握 C 语言中有关文件的基本概念，包括文件的组织形式和存取方式，文件类型指针的概念和使用。
- 掌握文件的基本操作，各种文件使用方式，文本文件和二进制文件的读写操作。

8.1 文件概述

在前几章介绍的程序中，数据均是从键盘输入的，数据的输出均送到显示器显示。在实际应用中，仅用此种方式进行数据的输入/输出是不够的，有时还需要将数据以文件的形式长期保存在计算机的外存中。因此在 C 语言的输入/输出函数库中提供了大量的函数，用于完成对数据文件的建立、数据的读写以及数据的追加等处理。本章将介绍如何使用这些函数完成文件的建立、读/写等基本操作。

8.2 文件和文件类型指针

1. 何谓文件

通常文件是指存储在外部存储介质上相关数据的集合。由于外部存储介质主要是磁盘，所以又称为“磁盘文件”。每个文件必须赋以一个文件名，它是文件的重要标识。程序通过文件名访问文件，处理其中的数据。操作系统按文件名对存储在磁盘中的文件进行管理。C 语言把文件作为一个字符（字节）序列处理，对文件的存取是以字符（字节）为单位进行的。

在C语言中，还将“文件”的概念进一步扩大到外部设备，称其为设备文件。设备文件名一般采用操作系统的设备文件名，并且采用了与磁盘文件相同的读/写方法。对外部设备的输入/输出就是对设备文件的读/写。

2. 文件的种类

在C语言中，对文件有多种分类方法。

按其存放的内容可分为程序文件和数据文件。

按其存放的代码形式可分为 ASCII 文件（文本文件）和二进制文件。ASCII 文件中每个字节存放一个 ASCII 值，代表一个字符，此种存储形式便于输出显示。二进制文件中的数据是按其在内存中的存储形式存放的，此种存储形式节省了存储单元，并且在程序处理数据时，节省了数据代码转换的时间。例如，整数 19872010，在 ASCII 文件中占 8 字节；在二进制文件中仅占 4 字节，这是因为整型数据在内存中占 4 字节，如图 8-1 所示。

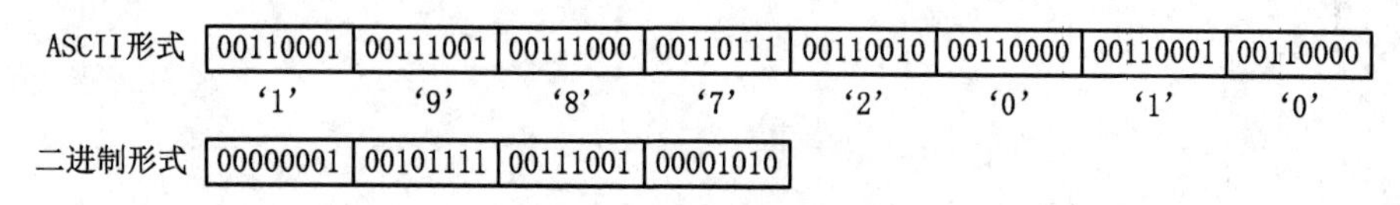

图 8-1　数据存储形式

按照对文件的不同处理方式，在 C 语言中文件可分为缓冲文件和非缓冲文件。

3. 缓冲文件和文件指针

利用缓冲文件系统处理的文件称为缓冲文件。系统的处理方法是在内存中为每个正在使用的缓冲文件开辟一个缓冲区，其大小是 512 字节。对文件读写数据都通过缓冲区进行。即从文件读数据时，先一次性从磁盘文件中读取一批数据到缓冲区，然后再从缓冲区逐个将数据送入变量。向文件写数据时，也是先将变量中的数据送到缓冲区，待缓冲区装满后，再一起存到磁盘文件中，如图 8-2 所示。

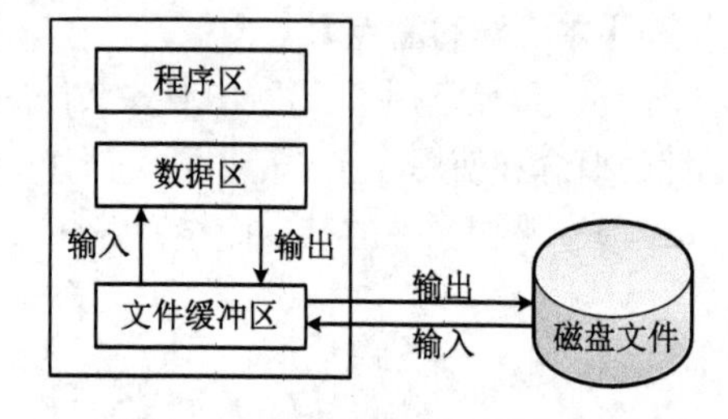

图 8-2　系统对缓冲文件的处理

系统对缓冲文件的访问和读写，都是通过文件指针进行的。文件指针是指向含有文件信息的结构体类型指针。此结构体类型由系统定义，在 stdio.h 文件中将其定义为 FILE 类型。

缓冲文件系统自动为每一个正在使用中的文件分配一个 FILE 类型变量，用于存放该文件的有关信息，包括文件号、文件状态、缓冲区的地址、缓冲区的大小、缓冲区使用程度以及缓冲区光标位置（读写指针）等。因此，在程序中对每一个需要使用的磁盘文件必须先定义一个 FILE 类型的文件指针变量，定义形式为：

```
FILE *fp;
```

然后使 fp 指向系统为该文件分配的 FILE 类型变量，这样系统即可通过文件指针变量 fp 找到该文件的信息，并通过这些信息访问该文件。

ANSI C 标准规定缓冲文件系统既可用于处理 ASCII 文件（文本文件），也可用于处理二进制文件。

4. 标准文件

标准文件是外部设备中的 3 个特殊的设备文件。它们的文件指针是系统定义的，并由系统自动打开和关闭。这 3 个标准文件分别是：

（1）标准输入文件：文件指针为 stdin，系统指定为键盘；

（2）标准输出文件：文件指针为 stdout，系统指定为显示器；

（3）标准错误输出文件：文件指针为 stderr，系统指定为显示器，输出错误信息。

5. 非缓冲文件

利用非缓冲文件系统处理的文件称为非缓冲文件。系统处理非缓冲文件时，不为文件开辟缓冲区，需要程序员自行设计并管理缓冲区。非缓冲文件系统处理的文件大都是二进制文件，即使使用非缓冲文件系统建立 ASCII 文件，其文件结尾处也和二进制文件一样，没有文件结束标志，系统靠文件长度判断其是否结束。ANSI C 标准规定不采用非缓冲文件系统。因此非缓冲文件系统的输入/输出函数不具有通用性。本章仅介绍缓冲文件系统的操作及其函数。

8.3 文件的打开与关闭

除了标准文件外，对其他文件的操作一般都需要经过 3 个步骤：打开文件、读写文件和关闭文件。在 C 语言中分别用不同的函数实现这些文件操作。

1. 文件打开函数 fopen( )

调用的一般格式为：

```
fopen(文件名,文件使用方式)
```

功能：按指定的使用方式打开指定的文件，并为该文件分配一个文件缓冲区和一个 FILE 类型变量。若成功地打开指定文件，则返回一个指向该文件的 FILE 类型指针（即系统为其分配的 FILE 类型变量的首地址）；若文件打开失败，则返回 NULL。

说明：

（1）调用函数时，文件名应是字符串表示形式。

（2）文件使用方式也应是字符串表示形式，具体说明如表 8-1 所示。

表 8-1 文件使用方式一览表

文件使用方式	说　明
“r”或“rt”	以只读方式打开一个文本文件，此文件必须存在
“w”或“wt”	以只写方式建立并打开一个新文本文件。若文件已经存在，则打开时清除原内容
“a”或“at”	以追加写方式打开一个文本文件，并将写入的内容添加到文件尾部。若文件不存在，则新建一个文本文件
“r+”	以读/写方式打开一个文本文件，此文件必须存在
“w+”	以读/写方式建立并打开一个新文本文件。若文件已存在，则打开时清除原内容
“a+”	以读/追加写方式打开一个文本文件。若文件不存在，则新建一个文本文件
“rb”	以只读方式打开一个二进制文件，此文件必须存在
“wb”	以只写方式建立并打开一个新二进制文件。若文件已存在，则打开时清除原内容
“ab”	以追加写方式打开一个二进制文件。若文件不存在，则新建一个二进制文件
“rb+”	以读/写方式打开一个二进制文件，此文件必须存在
“wb+”	以读/写方式建立并打开一个新二进制文件。若文件已存在，则打开时清除原内容
“ab+”	以读/追加写方式打开一个二进制文件。若文件不存在，则新建一个二进制文件

（3）调用该函数时，必须用 include 命令包含 stdio.h 文件。

调用时通常采用的形式：

```
fp=fopen(文件名,文件使用方式);/*设 fp 已定义为 FILE 类型指针*/
```

无论是读取磁盘文件，还是对文件进行写操作，在打开文件时都应该检查打开文件操作是否成功，因为考虑到打开文件过程中存在出错的可能性。例如，以“r”方式打开时，有可能不存在这个文件；以“w”方式打开时，有可能磁盘已没有足够的空间建立新文件等。检查的常用方法：

```
if((fp=fopen("filel.dat","w"))==NULL)
    {printf("Can't open this file\n");
     exit(0);
    }
```

这段程序是判断以写方式新建并打开“filel.dat”文件是否成功。其中 exit 函数的作用是结束程序的执行，并将实参 0 作为函数返回值传给操作系统。

2. 文件关闭函数 fclose( )

调用的一般格式为：

```
fclose(文件指针)
```

功能：关闭文件指针所指向的文件，释放该文件的缓冲区及 FILE 类型变量。若成功地关闭文件，则返回 0；若文件关闭失败，则返回 EOF。

说明：

文件指针是 FILE 类型的指针，且必须是 fopen()返回的文件指针。

EOF 是系统定义的文本文件结束标志，其值为(−1)。

调用该函数时，必须用 include 命令包含 stdio.h 文件。

在程序设计中，应及时关闭不再使用的文件。因为这涉及 3 方面的原因：第一，操作系统允许同时打开的文件个数是有限的，如果打开的文件个数超过限制，就会出现文件打开太多的错误，中断程序的执行；第二，系统配置的缓冲区个数也是有限的，用缓冲文件系统处理文件时，如果不关闭文件，则该文件的缓冲区将被长期占用，直到程序结束；第三，程序对文件的读写都是通过缓冲区进行的，在进行写操作的过程中，只有当缓冲区存满时，才把缓冲区的内容一起写入磁盘文件。如果程序结束前不关闭文件就可能丢失缓冲区中尚未保存到文件中的那部分信息。而 fclose 函数在释放缓冲区前会先进行“清仓”（即将缓冲区中的内容写入磁盘文件）操作。因此在程序设计中应养成及时关闭文件的习惯。

8.4 文本文件的读写

运用字符输入/输出函数、字符串输入/输出函数和格式输入/输出函数可以实现对文本文件的读写。它们的原型说明都在 stdio.h 文件中，因此调用这些函数时，必须在程序中加入编译预处理命令：

```
#include <stdio.h>    或者    #include "stdio.h"
```

8.4.1 文件的字符输入/输出函数

1. 字符输出函数 fputc()（或 putc()）

调用的一般格式为：

```
fputc(ch,fp)
```

其中 ch 是字符数据，可以是字符常量，也可以是字符变量；fp 是文件指针变量，指向以写方式打开的文件。

功能：把 ch 所表示的字符的 ASCII 值写入 fp 所指向的文件，并返回写入文件的字符代码值；若调用失败，则返回 EOF。

说明：

（1）putc 函数与 fputc 函数的功能相同。在 stdio.h 文件中被定义为：

```
#define putc(c,f) fputc((c),f)
```

（2）标准文件中用的 putchar 函数是 fputc 函数的特殊用法，它在 stdio.h 文件中被定义为：

```
#define putchar(c) putc((c),stdout)
```

2. 字符输入函数 fgetc()（或 getc()）

调用的一般格式为：

```
fgetc(fp)
```

其中 fp 是文件指针变量，并且它指向的文件是以读方式打开的文件。

功能：从 fp 所指向的文件中读取一个字符的 ASCII 码值，并返回从文件中读出的字符代码值；若文件结束或调用失败，则返回 EOF。

说明：

（1）getc 函数与 fgetc 函数的功能相同。在 stdio.h 文件中被定义为：

```
#define getc(f) fgetc(f)
```

（2）标准文件中用的 getchar 函数是 fgetc 函数的特殊用法，它在 stdio.h 文件中被定义为：

```
#define getchar() getc(stdin)
```

【例 8-1】 利用 fputc 和 fgetc 函数建立一个文本文件，并显示文件中的内容。

程序代码如下：

```
#include "stdio.h"
#include "stdlib.h"
void main()
{FILE *fp;                          /*定义一个文件指针变量 fp*/
 int c;                             /*c 为存放字符的变量，但考虑到文件结束标志（-1），所以定义为整型*/
 char filename[40];                 /*filename 数组用于存放数据文件名*/
 printf("filename:");               /*提示输入磁盘文件名*/
 gets(filename);
 if((fp=fopen(filename,"w"))==NULL) /*在磁盘中新建并打开一个文本文件，同时测试是否成功*/
       {printf("Can't open the %s\n",filename); /*显示无法新建文件信息*/
        exit(1);                         /*程序异常结束*/
       }
 while((c=getchar())!=EOF)          /*键盘文件结束标志：输入 Ctrl+z，显示^Z 后回车*/
       putc(c,fp);                  /*将键盘输入的字符写到文件中*/
 fclose(fp);                        /*建立文件结束，关闭文件*/
 printf("outfile:\n");
```

```
 fp=fopen(filename,"r");          /*以读方式打开文本文件*/
 while((c=getc(fp))!=EOF)         /*当未读到文件结束标志时*/
      putchar(c);                 /*在显示器显示读出的字符*/
 fclose(fp);                      /*读文件结束，关闭文件*/
}
```

此程序先把键盘文件读取的内容逐个字符地保存到一个新建立的磁盘文件中，然后再以读方式打开磁盘文件，将文件内容原样显示。在程序中建立的文本文件，可在 DOS 环境中用 type 命令显示。

3. 文件结束测试函数 feof()

EOF 是文本文件结束标志，在 stdio.h 文件中定义为：

```
#define EOF (-1)
```

对文本文件进行读操作时，当 fgetc()返回 EOF，即可作文件结束处理。但在二进制文件中不设 EOF 标志（因为-1 是合法数据），所以系统提供了一个适用对象更普遍的文件结束测试函数 feof。

调用的一般格式为：

```
feof(fp)
```

其中 fp 是文件指针变量，指向一个打开的文件。

功能：测试 fp 所指向的文件是否已读到文件尾部。若该文件没有结束，则返回 0；若文件结束，则返回非 0 值。

【例 8-2】 复制一个磁盘文件。

程序代码如下：

```
#include "stdio.h"
#include "stdlib.h"
void main(int argc,char *argv[])
{FILE *infp,*outfp;                         /*定义一个源文件指针、一个目标文件指针*/
 char infile[40],outfile[40];               /*两个字符数组分别存放源文件名和目标文件名*/
 int c;
 if(argc<3)                                 /*当命令行参数缺少数据文件名时*/
      if(argc==2)                           /*如果只有一个数据文件名*/
             {printf("output filename: ");  /*提示输入目标文件名*/
              gets(outfile);
              argv[2]=outfile;
             }
      else                                  /*如果没有数据文件名*/
             {printf("input filename:");    /*提示输入源文件名*/
              gets(infile);
              printf("output filename:");   /*提示输入目标文件名*/
              gets(outfile);
              argv[1]=infile;
              argv[2]=outfile;
             }
      if((infp=fopen(argv[1],"r"))==NULL)   /*以读方式打开源文件并测试是否成功*/
```

```
        {printf("Can't open the %s\n",argv[1]);
         exit(1);
        }
    if((outfp=fopen(argv[2],"w"))==NULL)    /*新建并打开目标文件，同时测试是否成功*/
        {printf("Can't open the %s\n",argv[2]);
         exit(2);
        }
    c=getc(infp);                           /*从源文件中读取一个字符*/
    while(!feof(infp))                      /*当源文件未读完（feof 函数值为 0）*/
        {putc(c,outfp);                     /*将源文件读取的字符写到目标文件中*/
         c=getc(infp);                      /*从源文件中读取一个字符*/
        }
    fclose(infp);
    fclose(outfp);
    printf("ok\n");
}
```

该程序由于采用了带参主函数，因此经过编译、连接生成可执行文件后，可直接在 DOS 环境下以命令的形式使用，格式为：

可执行文件名 源文件名 目标文件名

8.4.2 文件的字符串输入输出函数

1. 字符串输出函数 fputs()

调用的一般格式为：

```
fputs(str,fp)
```

其中 str 是字符串形式，可以是字符串常量，也可以是存放字符串的字符数组名或指向字符串的指针；fp 是文件指针变量，指向以写方式打开的文件。

功能：将字符串（不包括字符串结束标志'\0'）写到文件指针 fp 所指向的文件中。若调用成功，则返回非 0 值；若调用失败，则返回 0。

说明：fputs 与 puts 函数的功能类似。它们的区别是：puts 函数能将字符串的结束标志'\0'转换成'\n'输出，因此字符串在显示器输出后，光标移至下一行；而 fputs 函数对字符串结束标志'\0'的处理仅仅是将其舍去。

2. 字符串输入函数 fgets()

调用的一般格式为：

```
fgets(str,n,fp)
```

其中 str 是字符指针形式，它可以是字符数组名或指向字符数组的指针变量；fp 是文件指针，指向以读方式打开的文件；n 指定读取 n-1 个字符。

功能：从文件指针 fp 所指向的文件中，读取 n-1 个字符后，加上字符串结束标志'\0'组成一个字符串，存入字符数组中。若调用成功，则返回字符数组的首地址；若文件结束或调用失败，则返回 NULL。

说明：

（1）从文件读取字符过程中，如果读到回车符（'\15'）就舍去，如果读到换行符（'\12'）则仍按字符读出，再加上'\0'作为一个字符串，同时结束文本行读取操作，函数正常返回。当读到文件结束时，直接加上'\0'作为一个字符串，函数正常返回。

（2）fgets 与 gets 函数的区别是：gets 函数以换行符作为行结束标志，并舍去换行符；fgets 函数也以换行符作为行的读结束标志，但换行符同时还作为字符串的内容。因此可将含有换行符的文本文件看做是由一行一行字符组成的。利用 fgets 函数可按行读取文本文件内容。

【例 8-3】 应用 fputs 和 fgets 函数，建立和读取文本文件。

程序代码如下：

```
#include "stdio.h"
#include "stdlib.h"
#include "string.h"
void main()
{FILE *fp;                              /*定义一个文件指针变量 fp*/
 char filename[40],str[81];             /*filename 数组用于存放数据文件名*/
 printf("filename:");                   /*提示输入磁盘文件名*/
 gets(filename);
 if((fp=fopen(filename,"w"))==NULL)/*在磁盘中新建并打开一个文本文件，同时测试是否成功*/
      {printf("Can't open the %s\n",filename);
       exit(1);
      }
 while(strlen(gets(str))>0)             /*键盘输入空串（即仅输入回车）标志输入全部结束*/
      {fputs(str,fp);                   /*将键盘输入的字符串写到文件中*/
       fputc('\n',fp);                  /*在文件中加入换行符作为字符串分隔符*/
      }
 fclose(fp);                            /*建立文件结束，关闭文件*/
 printf("outfile:\n");
 fp=fopen(filename,"r");                /*以读方式打开文本文件*/
 while((fgets(str,81,fp))!=NULL)        /*从文件读取字符串并测试文件是否已读完*/
      printf("%s",str);                 /*将文件中读取的字符串在屏幕上分行显示*/
 fclose(fp);                            /*读文件结束，关闭文件*/
}
```

此程序的功能是从键盘文件读取字符串，再写入磁盘文件。由于 fputs()在向文件写入字符串时不进行'\0'到'\n'的转换，所以每写入一个字符串后还要写入换行符。当利用 fgets()一行一行地从文件中读取字符串并利用 printf()显示其内容时，格式控制串中不必再加'\n'，因为 fgets()已将'\n'从文件中读出并作为字符串内容送入 str 数组中了。

8.4.3 文件的格式输入/输出函数

与标准文件格式输入/输出函数 scanf 和 prinif 相对应，文本文件也有格式输入/输出函数 fscanf 和 fprintf。它们的功能和格式基本相同，不同之处在于 scanf 和 printf 的读写对象是终端（键盘和显示器），fscanf 和 fprintf 的读写对象是磁盘文件。

1. 格式输出函数 fprintf()

调用的一般格式为：

```
fprintf(文件指针，格式控制串，输出项参数表)
```

功能：将输出项按指定格式写入由文件指针所指向的文件中。若调用成功，则返回写入的字节数；若调用失败，则返回 EOF。

说明：关于格式控制串和输出项参数表的规定与 printf 函数相同。写入文件的信息均是 ASCII 值形式。

2. 格式输入函数 fscanf()

调用的一般格式为：

```
fscanf(文件指针，格式控制串，地址表)
```

功能：按格式控制串所描述的格式，从文件指针所指向的文件中读取数据，送到指定的内存地址单元中。若调用成功，则返回实际读出的数据项个数，不包括数据分隔符；若没有读数据项，则返回 0；若文件结束，则返回 EOF。

说明：关于格式控制串和地址表的规定与 scanf 函数相同。从文件中读取的信息均是 ASCII 值形式。

在程序中利用 fscanf()和 fprintf()与文件交流信息时，系统有时要进行代码的转换工作。例如，输入一个整型数据时，系统需要将文件中读取的 ASCII 信息转换成内存中二进制存储形式。输出一个整型数据时，系统又要将内存中二进制形式的数据转换成 ASCII 形式。这种转换降低了运行效率。

【例 8-4】 应用 fprintf 和 fscanf 函数建立文本文件并读取其中的信息。

程序代码如下：

```
#include "stdio.h"
#include "stdlib.h"
#include "string.h"
void main()
{FILE *fp;                                /*定义一个文件指针变量 fp*/
 char filename[40],str[81];               /*filename 数组用于存放数据文件名*/
 int i,a,b,c,x,y,z;
 printf("filename:");
 gets(filename);
 if((fp=fopen(filename,"w"))==NULL)
      {printf("Can't open the %s\n",filename);
       exit(0);
      }
 for(i=1;i<3;i++)
      {scanf("%d%d%d",&a,&b,&c);
       fprintf(fp,"%d %d %d\n",a,b,c);    /*向文本文件写入一行信息*/
      }
 fclose(fp);
 printf("outfile:\n");
 fp=fopen(filename,"r");
 fgets(str,81,fp);                        /*从文件中读取一行信息作为字符串赋给 str 数组*/
 printf("1. %s",str);
 fscanf(fp,"%d%d%d",&x,&y,&z);            /*按照指定格式从文件中读取 3 个整数*/
 printf("2. %d %d %d\n",x,y,z);
 fclose(fp);
}
```

在此程序中，建立文本文件时，利用 fprintf 函数写入数据不会自动产生换行符，所以在 fprintf

的格式串中要加入'\n'，形成以换行符为分隔符的行记录。从文本文件中读取数据时，由于其信息是以 ASCII 形式存储的，因此可根据需要选用 fgetc、fgets 或 fscanf 函数。

8.5 二进制文件的读写

二进制文件存储信息的形式与内存中存储信息的形式是一致的，进行信息交流时无需转换。如果需要在内存与磁盘文件之间频繁交换数据，最好采用二进制文件。二进制文件一般是同类型数据的集合，数据之间无分隔符，每个数据所占字节数是一个定值，因此二进制文件除了可以顺序存取外，还能方便地进行随机存取。二进制文件读写函数及有关的定位函数等的原型说明均在 stdio.h 文件中，调用这些函数时，必须在程序中加入#include<stdio.h>。

8.5.1 文件的字输入/输出函数

字输入输出函数主要用于与整型二进制文件交换信息。

1. 字输出函数 putw()

调用的一般格式为：

```
putw(w,fp)
```

其中 w 是要输出的整型数据，它可以是常量，也可以是变量；fp 是文件指针，指向以写方式打开的二进制文件。

功能：把整型数据 w 写入 fp 所指向的文件。若调用成功，则返回 w 值；若调用失败，则返回 EOF。

说明：由于 EOF 定义为（-1），而它又是一个合法的整数，因此应该用 ferror 函数来检测函数调用是否出错。

2. 字输入函数 getw()

调用的一般格式为：

```
getw(fp)
```

其中 fp 是文件指针，指向以读方式打开的二进制文件。

功能：从 fp 所指向的文件中读取一个整型数。若调用成功，则返回从文件中读取的整数；若文件结束或调用失败，则返回 EOF。

说明：因为 EOF 定义为（-1），是 getw 函数可能返回的合法值，所以应该用 feof 函数或 ferror 函数检测文件是否结束或调用失败。

3. 文件操作错误函数 ferror()

调用的一般格式为：

```
ferror(fp)
```

其中 fp 为文件指针，指向已打开并需要进行检测的文件。

功能：检测文件读写是否出错，若出错，则指示器置 1；否则指示器置 0。返回错误指示器值。

说明：若错误指示器置 1 后，只有调用 clearerr 函数或 rewind 函数才能将其清 0。

4. 清除错误标志函数 clearerr()

调用的一般格式为：

```
clearerr(fp)
```

其中 fp 为文件指针，指向已打开的文件。

功能：将文件的错误指示器和文件结束指示器清 0。该函数无返回值。

【例 8-5】 应用 putw 和 getw 函数建立二进制整型数据文件并读取其中的数据。

程序代码如下：

```
#include "stdio.h"
#include "stdlib.h"
void main()
{FILE *fp;                   /*定义一个文件指针变量 fp*/
 char filename[40];         /*filename 用于存放数据文件名*/
 int i,n1=5,n2,x[5]={11,25,37,49,50},y[5];
 printf("filename:");
 gets(filename);
 if((fp=fopen(filename,"wb"))==NULL)/*新建并打开一个二进制文件，同时测试是否成功*/
      {printf("Can't open the %s\n",filename);
       exit(0);
      }
 putw(n1,fp);               /*向二进制文件写入一个整数*/
 for(i=0;i<n1;i++)
       putw(x[i],fp);       /*将整型数组 x 的 5 个元素写入二进制文件*/
 fclose(fp);                /*建立文件结束，关闭文件*/
 printf("outfile:\n");
 fp=fopen(filename,"rb");   /*以读方式打开二进制文件*/
 n2=getw(fp);               /*从二进制文件读取一个整数*/
 for(i=0;i<n2;i++)
       {y[i]=getw(fp);
        printf("%d",y[i]);
       }
 printf("\n");
 fclose(fp);                /*读文件结束，关闭文件*/
}
```

此程序在二进制文件的读写方式上采用的是顺序存取方式，即存取数据都是从头开始的。

8.5.2 文件的数据块输入/输出函数

在 C 语言程序中，除了可以建立整型二进制文件外，还可建立实型二进制文件、结构体类型二进制文件。对于这些文件的读写，可运用数据块输入/输出函数实现。数据块输入/输出函数对于存储结构体类型数据显得尤为方便。

1. 数据块输出函数 fwrite()

调用的一般格式为：

```
fwrite(p,size,n,fp)
```

其中 p 是某类型指针；size 是该类型数据在内存中所需的字节数，可用 sizeof 运算获得；n 是此次写入文件的数据项数；fp 是文件指针变量，指向以写方式打开的文件。

功能：将 p 指向的内存存储区中 *n* 个数据项写入文件指针 fp 所指向的文件，每个数据项的大小为 size 个字节。若调用成功，则返回实际写入的数据项数；若调用失败，则返回 0 值。

说明：在使用此函数向文件写数据时，可将数组中 *n* 个元素一次写入文件。第 1 个参数是数组名，第 2 个参数是元素的大小，第 3 个参数是元素的个数，第 4 个参数是文件指针。

2. 数据块输入函数 fread()

调用的一般格式为：

```
fread(p,size,n,fp)
```

其中 p 是某类型指针；size 是该类型数据在存储时所需的字节数；n 是此次读取的数据项数；fp 是文件指针变量，指向以读方式打开的文件。

功能：从文件指针 fp 所指向的文件中，读取 *n* 个数据项，存放到 p 所指向的存储区域。每个数据项的大小为 size 个字节。若调用成功，则返回实际读取的数据项数；若文件结束或调用失败，则返回 0 值。

说明：在使用此函数从文件读取数据时，可一次读取 *n* 个数据并送入数组中。第 1 个参数是数组名，第 2 个参数是数据的大小，第 3 个参数是数据的个数，第 4 个参数是文件指针。

【例 8-6】 应用 fwrite 与 fread 函数建立一个存放学生电话簿的二进制数据文件并读取其中的数据。

程序代码如下：

```
#include "stdio.h"
#include "stdlib.h"
#include "string.h"
void main()
{FILE *fp;                                   /*定义一个文件指针变量 fp*/
 char filename[40];                          /*filename 数组用于存放数据文件名*/
 struct tel
 {char name[20],tel[9];
 }inrec,outrec;
 printf("filename:");
 gets(filename);
 if((fp=fopen(filename,"wb"))==NULL)         /*新建并打开一个二进制文件，同时测试是否成功*/
       {printf("Can't open the %s\n",filename);
        exit(0);
       }
 printf("name:");
 gets(inrec.name);
 while(strlen(inrec.name)!=0)                /*当输入的姓名不是空串时，输入其电话*/
      {printf("tel:");
       gets(inrec.tel);
       fwrite(&inrec,sizeof(struct tel),1,fp); /*在文件中写入一个学生的姓名及电话*/
       printf("name:");
       gets(inrec.name);
      }
 fclose(fp);                                 /*建立文件结束，关闭文件*/
 printf("outfile:\n");
 fp=fopen(filename,"rb");                    /*以读方式打开二进制文件*/
```

```
    printf("name                 telephone\n");
    fread(&outrec,sizeof(struct tel),1,fp);     /*从二进制文件读取一个结构体数据*/
    while(!feof(fp))
      {printf("%-20s%-8s\n",outrec.name,outrec.tel);
       fread(&outrec,sizeof(struct tel),1,fp); /*从二进制文件读取一个结构体数据*/
      }
    fclose(fp);                                 /*读文件结束，关闭文件*/
}
```

此例题的解法也可以采用先建立一个结构体数组，再一次性写入文件的方法，这里就不再给出具体程序，有兴趣的读者可自行编程。

8.6　文件读写指针定位函数

C 语言将文件作为字符流处理，数据之间即使写入分隔符号，此符号也作为字符处理。所以要对文件进行随机存取，就需要借助于文件读写指针的移动，其移动单位是字节。文件读写指针所指的位置就是文件当前读写位置。由于文本文件中数据所占字节数不同，要计算文件指针移动的位移量很不方便，容易出现错误，所以一般文本文件只进行顺序存取。而对于数据类型相同的二进制文件，在计算位移量方面就显示出它的优势，因此二进制文件可方便地进行随机存取。

1. 文件读写指针移动函数 fseek()

调用的一般格式为：

```
fseek(fp,offset,whence)
```

其中 fp 是文件指针，指向被操作的文件；offset 是位移量，单位是字节；如果是正整数，文件读写指针向文件尾部方向移动，如果是负整数，则向文件头部移动；whence 是起始位置标志。

功能：将文件读写指针从 whence 标识的位置移动 offset 个字节，并将文件结束指示器清 0。若调用成功，则返回 0；若调用失败，则返回非 0 值。

说明：

（1）起始位置标志，在 stdio.h 文件中有定义，它们是：

常量标识符	值	起 始 位 置
SEEK_SET	0	文件开始位置
SEEK_CUR	1	文件读写指针的当前位置
SEEK_END	2	文件结束位置

（2）该函数仅适用于二进制文件。

2. 文件读写指针回绕函数 rewind()

调用的一般格式为：

```
rewind(fp)
```

其中 fp 是文件指针，指向被操作的文件。

功能：将文件读写指针移到文件开始位置，并将文件结束指示器和错误指示器清 0。该函数无返回值。

说明：该函数可应用于二进制文件和文本文件。

3. 文件读写指针位置函数 ftell()

调用的一般格式为：

```
ftell(fp)
```

其中 fp 是文件指针，指向被操作的文件。

功能：返回 fp 指向的文件中的读写指针当前位置，即相对于文件开始处的位移量，单位是字节。若调用成功，则返回文件读写指针当前值；若调用失败，则返回-1。

说明：该函数可应用于二进制文件和文本文件。

【例 8-7】 fseek 函数和 rewind 函数的使用。

程序代码如下：

```
#include "stdio.h"
#include "stdlib.h"
void main()
{FILE *fp;                              /*定义一个文件指针变量 fp*/
 char filename[40];                     /*filename 数组用于存放数据文件名*/
 int i,n1,n2,x[255],y[255],z,pn;
 printf("filename:");
 gets(filename);
 if((fp=fopen(filename,"wb+"))==NULL)/*以可读写方式新建并打开一个二进制文件，同时测试是否成功*/
      {printf("Can't open the %s\n",filename);
       exit(1);
      }
 printf("n=");
 scanf("%d",&n1);                       /*输入要写入数据文件的数据个数*/
 for(i=0;i<n1;i++)
      scanf("%d",&x[i]);                /*将 n1 个数据先写入 x 数组*/
 pn=sizeof(int);                        /*pn 存放整型数据存储时所需的字节数*/
 fwrite(&n1,pn,1,fp);                   /*向文件写入第 1 个数，记录后续数据个数*/
 /*读写指针随文件读写操作向后移，写完第 1 个数据后处于图 8-3 标志 1 的位置*/
 fwrite(x,pn,n1,fp);                    /*将 x 数组中 n1 个整数写入文件*/
 /*读写指针指向最后一个数据的后面，即文件结束位置*/
 fseek(fp,4*pn,0);
 /*读写指针从文件开始处向后移 16 字节指向第 5 个整数，即图 8-3 标志 4 的位置*/
 fread(&z,pn,1,fp);
 /*读取数据后，读写指针向后移指向第 6 个整数，即图 8-3 标志 5 的位置*/
 printf("%d\n",z);
 scanf("%d",&z);
 fseek(fp,-1*pn,1);
 /*读写指针从当前位置向前移 4 字节指向第 5 个整数，即图 8-3 标志 4 的位置*/
 fwrite(&z,pn,1,fp);                    /*将第 5 个数据用新的数据替换，完成随机写操作*/
 rewind(fp);                            /*回绕操作使读写指针指向第 1 个数据，即文件开始位置*/
 fread(&n2,pn,1,fp);
 fread(y,pn,n2,fp);
 for(i=0;i<n2;i++)
```

```
        printf("%d ",y[i]);
    printf("\n");
    fclose(fp);                              /*读写文件结束，关闭文件*/
}
```

程序运行情况如下：

```
filename:d:\fdata.dat↙
n=8↙
10 20 30 40 50 60 70 80↙
40
48↙
10 20 30 48 50 60 70 80
```

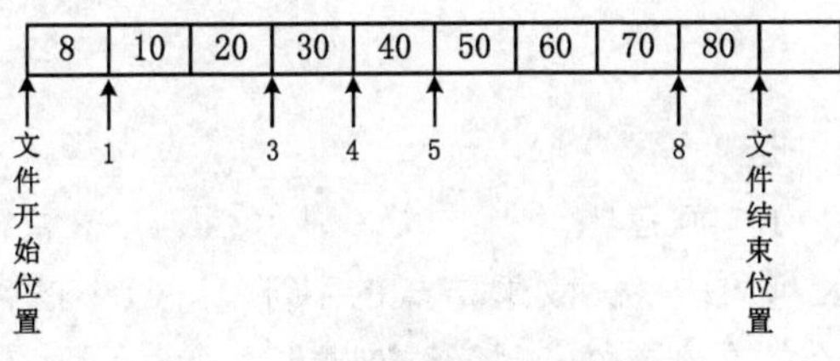

图 8-3　文件中数据存储示意图

本章小结

C 语言不像某些高级语言一样提供专门的输入/输出语句，其所有输入/输出操作均通过调用输入/输出标准库函数实现。这是因为输入/输出与计算机硬件密切相关，这样处理可以提高 C 语言的可移植性。所以在 C 语言程序中，对文件的操作均是用函数完成的。本章介绍了常用的文件操作标准库函数，并通过实例说明文件的基本操作。本章学习的重点包括如下几方面。

1．C 语言中有关文件的基本概念

（1）掌握 C 语言的磁盘文件和设备文件的基本概念。

（2）了解文件的组织形式和存取方式，掌握标准输入/输出文件的概念。

（3）掌握文件类型指针的概念和使用，以及文件结束标志的概念。

C 语言的文件由字符序列组成，通常称为“流式”文件。按照不同的处理方式可将其分为缓冲文件和非缓冲文件两种类型。“流式”文件包括文本文件和二进制文件两种组织形式，可以采用顺序和随机两种存取方式。

ANSI C 标准采用缓冲文件系统，可用于处理文本文件和二进制文件。在此系统中定义了一个存放文件信息的结构体类型 FILE，对文件的操作都是通过 FILE 类型文件指针进行的，所以在进行文件操作前首先要定义一个 FILE 类型文件指针变量。文本文件的结束标志定义为 EOF（值为 −1)，此外使用文件结束测试函数 feof 也可以测试文件是否结束。

2．文件的基本操作

（1）理解并掌握文件的打开与关闭操作，熟悉各种文件的使用方式。

（2）掌握文本文件和二进制文件的读写操作。

（3）掌握有关定位函数的使用方法。

文件操作的第一步是打开文件，确定打开的是文本文件还是二进制文件，打开文件后是读取数据还是写入数据，这些信息均要在 fopen 函数中指出，因此要熟悉 fopen 函数中文件使用方式参数的使用。文件操作的最后一步是关闭文件，这一步也很重要，特别是在进行写操作后，可保证数据全部写入文件。

文件的读写操作可以通过 fputc、fgetc、fputs、fgets、fprintf、fscanf、putw、getw、fwrite 以及 fread 等函数实现。学习时应该注意掌握各种函数的功能和调用格式，以便正确地进行选择使用。

习　题

一、单选题

1. 系统的标准输出文件是（　　）。

   A. 硬盘　　B. 软盘　　C. 显示器　　D. 光盘

2. 在打开文件时，函数参数中表示处理方式的字符串“wb”的含义是（　　）。

   A. 打开一个已存在的文本文件，只能读取数据

   B. 打开一个文本文件，只能写入数据

   C. 打开一个已存在的二进制文件，只能读取数据

   D. 打开一个二进制文件，只能写入数据

3. fputc 函数的功能是向指定文件写入一个字符，并且文件的打开方式必须是（　　）才可运用它。

   A. 只写　　B. 追加　　C. 可读写　　D. A、B、C 均正确

4. 若定义了 FILE *fp;char ch;且成功地打开了文件，欲将 ch 变量中的字符写入文件，则正确的函数调用语句是（　　）。

   A. fputc(fp,ch);　　B. putc(ch,fp);　　C. fputc(ch);　　C. putchar(ch,fp);

5. 有如下定义，用于存放学生数据：

```
struct student
{char name[20];float score;}st[30];
FILE *fp;
```

欲将学生数据写入名为 stu.dat 的二进制文件时，应采用（　　）形式打开文件。

   A. fp=open("stu.dat","w");　　B. fp=open("stu.dat"，"w+");

   C. fp=open("stu.dat","a");　　D. fp=open("stu.dat","ab");

6. 若要打开 D 盘根目录下名为 fdata.dat 的文本文件进行读写操作，应调用（　　）。

   A. fopen("D:\fdata.dat","w")　　B. fopen("D:\fdata.dat","r")

   C. fopen("D:\fdata.dat","r+")　　D. fopen("D:\fdata.dat","wr")

7. 有如下定义，用于存放学生数据：

```
struct student
{char name[20];float score;}st[30];
FILE *fp;
```

设以写方式打开二进制文件后，欲将 st 数组中 30 位学生数据写入文件，以下不能实现此功

能的语句是（　　）。

A.
```
for(i=0;i<30;i++)
  fwrite(&st[i],sizeof(struct student),1,fp);
```
B.
```
for(i=0;i<30;i++)
  fwrite(st+i,sizeof(struct student),1,fp);
```
C.
```
fwrite(st,sizeof(struct student),30,fp);
```
D.
```
for(i=0;i<30;i++)
  fwrite(st[i],sizeof(struct student),1,fp);
```

8. 若 fp 是指向某文件的指针，且读取文件时已读到文件末尾，则库函数 feof(fp)的返回值是（　　）。

A. EOF　　B. 0　　C. 非零值　　D. NULL

9. rewind 函数的功能是（　　）。

A. 将读写位置指针返回到文件开头

B. 将读写位置指针指向文件尾部

C. 将读写位置指针移向指定位置

D. 读写位置指针指向下一个字符

10. 函数调用语句 fseek(fp,-10L,2)；的含义是（　　）。

A. 将读写位置指针从文件末尾处向文件开始处移动 10 字节

B. 将读写位置指针从文件开始处向文件末尾处移动 10 字节

C. 将读写位置指针从当前位置向文件开始处移动 10 字节

D. 将读写位置指针从当前位置向文件末尾处移动 10 字节

二、填空题

1. C 语言对文本文件的存取是以________为单位进行的。

2. 将整数-618 存到磁盘文件中，以 ASCII 值形式存储和以二进制形式占用的字节数分别是___【1】___和___【2】___。

3. 欲将一个字符写入文本文件，可以使用___【1】___、___【2】___或___【3】___函数。

4. 在 C 语言中，存放单精度实型数据的二进制文件中读取数据，应使用______函数。

5. feof(fp)函数用来判断文件是否结束，如果遇到文件结束，函数值为___【1】___，否则为___【2】___。

6. 设有如下定义，要求从存放结构体类型数据的二进制文件中读取 5 个结构体数据送入 s 数组，请写出调用 fread 函数形式：fread(s,___【1】___,___【2】___,fp);

```
struct st
{int a;
 float b;
}s[5];
```

7. 下面程序是先从键盘输入一个文件名，再把键盘输入的字符存入该文件中，并用'*'作为输入结束标志。填空将程序补充完整。

```
#include "stdio.h"
#include "stdlib.h"
void main()
{ FILE *fp;
```

```
    char fname[40],c;
    printf("The name of file:");
    gets(fname);
    if((fp=____【1】____)==NULL)
    {printf("Cannot open\n");exit(0);}
    printf("data:\n");
    while((c=getchar())!='*')
      fputc(____【2】____,fp);
    fclose(fp);
}
```

8. 下面程序是将文件 file1.c 的内容输出到屏幕上并复制到文件 file2.c 中。填空将程序补充完整。

```
#include "stdio.h"
void main()
{ FILE ____【1】____;
  fp1=fopen("file1.c","r");
  fp2=fopen("file2.c","w");
  while(!feof(fp1)) putchar(getc(fp1));
  ____【2】____
  while(!feop(fp1)) putc(____【3】____);
  fclose(fp1);
  fclose(fp2);
}
```

9. 下面程序是对二进制整型文件追加 5 个整数。填空将程序补充完整。

```
#include "stdio.h"
#include "stdlib.h"
void main()
{ FILE *fp;
  char fname[40];
  int x[5]={5,10,15,20,25};
  gets(fname);
  if((fp=fopen(____【1】____))==NULL) exit(0);
  fwrite(____【2】____,sizeof(int),5,fp);
  ____【3】____;
}
```

10. 下面程序是从一个二进制文件中读取结构体数据，并将结构体数据显示在屏幕上。填空将程序补充完整。

```
#include "stdio.h"
struct st
{char name[20];
 float score;
}stu;
void main()
{FILE *fp;
 fp=fopen("data2.txt",____【1】____);
 fread(____【2】____,1,fp);
```

```
while(!feof(fp))
  {printf("%s:%5.1f\n",stu.name,stu.score);
   fread(____【3】____,1,fp);
  }
 fclose(fp);
}
```

三、阅读程序，写出结果

1. 设文件 file1.dat 的内容为 COMPUTER。

```
#include "stdio.h"
#include "stdlib.h"
void main()
{FILE *fp;char ch;
 if((fp=fopen("file1.dat","r"))==NULL) exit(0);
 ch=fgetc(fp);
 while(!feof(fp))
 {if(ch>='A'&&ch<='Z') fputc(ch+32,stdout);
  ch=fgetc(fp);
 }
}
```

2. 程序代码如下：

```
#include "stdio.h"
#include "stdlib.h"
void fout(char *fname,char *str)
{FILE *fp;
 fp=fopen(fname,"w");
 fputs(str,fp);
 fclose(fp);
}
void main()
{FILE *fp;char ch;
 fout("file2.dat","Follow me");
 fout("file2.dat","Hello!");
 fp=fopen("file2.dat","r");
 ch=fgetc(fp);
 while(!feof(fp))
 {putchar(ch);ch=fgetc(fp);}
 fclose(fp);
}
```

3. 设二进制整型文件 file3.dat 的内容为：12 －1 23 14 0 25 －4 8 30 2。
（注：为了阅读方便，使用了十进制数表示）

```
#include "stdio.h"
#include "stdlib.h"
void countf(char *filename,int *p,int *n,int *z)
{FILE *fp;int a;
 *p=0;*n=0;*z=0;
 fp=fopen(filename,"rb");
 a=getw(fp);
 while(!feof(fp))
 {if(a>0)++*p;
```

```
 else if(a<0) ++*n;
 else ++*z;
 a=getw(fp);
 }
 fclose(fp);
}
void main()
{int p,n,z;
 countf("file3.dat",&p,&n,&z);
 printf("%d %d %d\n",p,n,z);
}
```

4. 程序代码如下：

```
#include "stdio.h"
#include "stdlib.h"
long flen(char *fname)
{FILE *fp;
 long len;
 fp=fopen(fname,"rb");
 fseek(fp,0,SEEK_END);
 len=ftell(fp);
 fclose(fp);
 return len;
}
void main()
{FILE *fp;
int x[8]={5,1,0,10,15,2,20,25};
if((fp=fopen("file4.dat","wb"))==NULL) exit(0);
fwrite(x,4,8,fp);
fclose(fp);
printf("flen=%ld\n",flen("file4.dat"));
}
```

5. 设二进制整型文件 file5.dat 的内容为 1 3 4 5 8 10，二进制整型文件 file6.dat 的内容为：1 2 6 7 8 9。（注：为了阅读方便，使用了十制数表示）

```
#include "stdio.h"
#include "stdlib.h"
void main()
{FILE *fp1,*fp2;int a1,a2,m;
 if((fp1=fopen("file5.dat","rb"))==NULL) exit(0);
 if((fp2=fopen("file6.dat","rb"))==NULL) exit(0);
 fread(&a1,4,1,fp1);
 fread(&a2,4,1,fp2);
 while(!feof(fp1)&&!feof(fp2))
   {if(a1<a2)
          {m=a1;fread(&a1,4,1,fp1);}
    else if(a1>a2)
    {m=a2;fread(&a2,4,1,fp2);}
    else
    {m=a1;fread(&a1,4,1,fp1);fread(&a2,4,1,fp2);}
     printf("%d ",m);
   }
 while(!feof(fp1))
```

```
    {fread(&a1,4,1,fp1);printf("%d     ",a1);}
  while(!feof(fp2))
    {fread(&a2,4,1,fp2);printf("%d     ",a2);}
}
```

四、编程题

1. 编写一个程序，运用 fputs 函数，将 5 个字符串写入文件中。

2. 新建一个文本文件，将整型数组中的所有数组元素写入文件。

3. 新建一个文本文件，将键盘输入的字符存放到名为 file.dat 的新文件中，'#'为输入结束标志，并统计文本中的字符个数，以“#字符个数”的形式写入新文件的最后。

4. 编写一个函数，将键盘输入的 *n* 个整数，以二进制形式写入指定文件。

5. 编写一个零件库管理程序（要求用到文件的有关知识），其中包含 7 个函数：

（1）建立零件库文件函数，每种零件的数据有编号、零件名称、单价以及库存量；

（2）添加新零件函数；

（3）减少零件库存量函数；

（4）输出需要进货的零件清单函数（库存量小于 10）；

（5）增加零件库存量函数；

（6）删除零件函数；

（7）输出零件库清单函数。

第9章 一个完整案例的设计和实现

本章通过一个小的通信录管理程序，来描述一个程序设计的完整开发过程。

使用计算机解决一个实际应用问题时，通常需要经过这样的处理步骤：首先要明确需要解决的问题是什么，即提出问题；其次要分析问题中涉及了哪些数据，如何在计算机中进行表示，即描述数据结构；同时还要将复杂的问题分解为计算机可以完成的若干操作步骤，即确定算法；然后用选定的某种计算机语言描述数据结构，并根据算法编写程序；编好的源程序输入计算机后，往往需要进行反复调试，修正其中的语法错误和逻辑错误，直至得到正确的运算结果。如图 9-1 所示，从提出问题、确定数据结构和算法，并据此编写程序，直到程序调试通过的整个过程就称为程序设计。

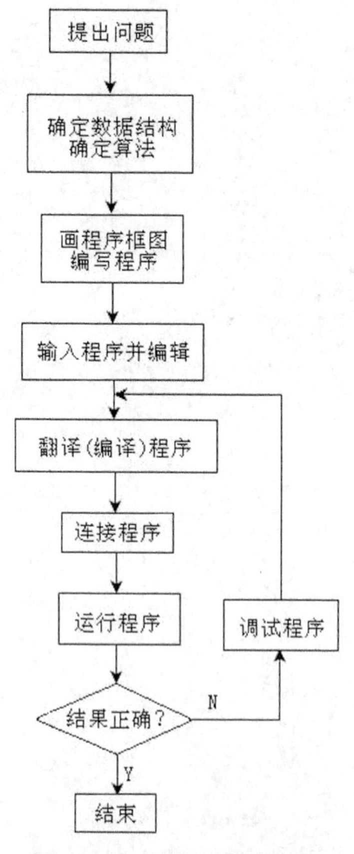

图 9-1　程序设计过程示意图

9.1　问题的提出

在日常生活中，通信录是一种必备的联系记录。随着社会的进步，人与人之间交流的不断增进，通信录在人们的日常生活中也发挥了越来越重要的作用。使用计算机进行通信录的管理是数据管理的一个比较典型的例子。通信录一般包括姓名、通信地址、邮政编码和联系电话等属性，通信录管理程序可以对一个通信录进行数据的输入并通过菜单选择方式显示、查找、删除通信录中的数据信息。

9.2　系统功能设计

为了便于用户使用本系统的各个功能，本程序提供了操作简便的菜单工作方式。用户根据需要选择相应的菜单项，即可根据提示完成相应的功能。

本系统分为以下几个模块，用于实现程序的不同功能。

（1）主函数 main()模块：其功能为显示中文提示菜单，根据用户输入的菜单选项，调用相应功能的各个函数。

（2）装填函数 load()模块：其功能为由文件中的数据生成一个通信录的链表，如果文件不存在，则建立一个空链表。

（3）插入函数 insert()模块：其功能为插入一个记录。

（4）显示函数 display()模块：其功能为显示所有记录的姓名、通信地址、邮政编码和联系电话。

（5）查询函数 find()模块：其功能为按指定姓名进行查询。如果找到了，显示该记录的姓名、通信地址、邮政编码和联系电话。如果未找到，则提示“查无此人”的信息。

（6）删除函数 dele()模块：其功能为按指定姓名删除记录。如果找到了，删除该记录；如果未找到，则提示“查无此人”的信息。

（7）保存函数 save()模块：其功能为将通信录链表中的内容保存到文件中。

9.3　程序流程图

图 9-2 所示为 main()函数的流程图，其他函数的流程图省略。

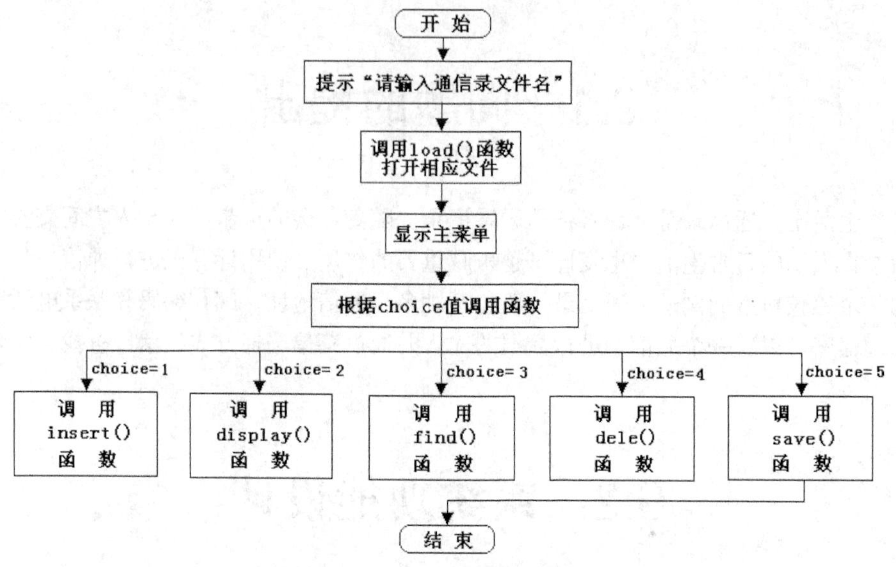

图 9-2 main()函数的流程图

9.4 源程序清单

```
#include  <stdio.h>
#include  <stdlib.h>
#include  <string.h>
#define NOD struct address_list
struct  person
{ char name[20];
  char address[40];
  long zip;
  char phone[15];
};
NOD
{ char name[20];
  char address[40];
  long zip;
  char phone[15];
  NOD *next;
  };
FILE *fp;
/*由文件中的数据生成一个通信录的链表，如果文件不存在，则是一个空链表*/
 NOD *load(char filename[ ])
 { NOD *p,*q,*head;
   struct  person per;
   p=(NOD *)malloc(sizeof(NOD));
   q=head=NULL;
   if((fp=fopen(filename,"rb"))==NULL)
         return head;
   else
         { while(!feof(fp))
         {  if(fread(&per,sizeof(struct  person),1,fp)==1)
```

```
                {
                p=(NOD *)malloc(sizeof(NOD));
                strcpy(p->name,per.name);
                strcpy(p->address,per.address);
                p->zip= per.zip;
                strcpy(p->phone,per.phone);
                head=p;
                p->next=q;
                q=head;
                }
            }
      }
  fclose(fp);
  return(head);
}

/*插入一条记录内容*/
NOD *insert(NOD *head)
{ NOD *temp,*p;
  p=head;
  temp=(NOD *)malloc(sizeof(NOD));
  printf("\n\t 请输入姓名: ");
  scanf("%s",temp->name);
  printf("\n\t 请输入通信地址: ");
  scanf("%s", temp->address);
  printf("\n\t 请输入 6 位邮政编码: ");
  scanf("%ld",&temp->zip);
  getchar( );
  printf("\n\t 请输入电话号码: ");
  scanf("%s",temp->phone);
  head=temp;
  temp->next=p;
  return head;
}

/*将通信录链表中的内容保存到文件中*/
void save(NOD *head,char filename[ ])
{ NOD *p;
  struct  person per;
  if((fp=fopen(filename,"wb"))==NULL)
     { printf("文件无法写入"); exit(0);
       }
  else
    {    p=head;
    while(p!=NULL)
    {    strcpy(per.name,p->name);
         strcpy(per.address,p->address);
         per.zip=p->zip;
         strcpy(per.phone,p->phone);
         if(fwrite(&per,sizeof(struct  person),1,fp)!=1)
             {printf("文件不能写入数据，请检查后重新运行.\n");
              exit(0);
              }
```

```
            p=p->next;
        }
                fclose(fp);
        }
}

/*显示通信录全部内容*/
void display(NOD *head)
{ NOD *p;
  p=head;
  while(p!=NULL)
      { printf("name: %s\n",p->name);
        printf("address: %s\n",p->address);
        printf("zip: %ld\n",p->zip);
        printf("phone: %s\n\n",p->phone);
        p=p->next;
      }
}

/*按姓名进行查找*/
void find(NOD *head)
{ NOD *p;
      char name[20];
  printf("请输入要查找的人的姓名:");
  scanf("%s",name);
  p=head;
  while(p!=NULL)
      {  if(strcmp(name,p->name)==0)
            { printf("name: %s\n",p->name);
              printf("address: %s\n",p->address);
              printf("zip: %ld\n",p->zip);
              printf("phone: %s\n\n",p->phone);
              break;
            }
      else
           p=p->next;
      }
  if(p==NULL)
     printf("\n\t查无此人\n");
}

/*按姓名删除通信录中的一条记录*/
NOD *dele(NOD *head)
{ NOD *p,*q;
  char name[20];
  printf("请输入要删除记录的姓名:");
  scanf("%s",name);
  p=q=head;
  while(p!=NULL)
     { if(strcmp(name,p->name)==0)
          {
```

```
      if(head==p)
         head=p->next;
            else
         q->next=p->next;
         free(p);
         break;
            }
       else
       { q=p;
          p= p->next;
       }
    }
if(p==NULL)
    printf("\n\t查无此人\n");
return head;
}

/*主函数*/
void main( )
{ NOD *head;
  char fname[20];
  int choise;
  printf("\n\t请输入通信录文件名: ");
  scanf("%s",fname);
  head=load(fname);
  while(1)
    { printf("\n\t\t通信录管理系统\n");
      printf("\t\t======================\n");
      printf("\t\t 1. 按姓名查找\n");
      printf("\t\t 2. 按姓名删除\n");
      printf("\t\t 3. 增加新记录\n");
      printf("\t\t 4. 显示所有记录\n");
      printf("\t\t 5. 存盘并退出\n");
      printf("\n\t请选择(1-5): ");
      scanf("%d",&choise);
      switch(choise)
      { case 1: find(head);break;
        case 2: head=dele(head);break;
        case 3: head=insert(head);break;
        case 4: display(head);break;
        case 5: save(head,fname);exit(0);
        default:printf("输入错误，请重新输入!\n");
    }
  }
}
```

9.5　程 序 测 试

（1）测试过程

由于程序实行菜单管理，各功能模块相对独立，可分别进行测试。测试时执行该程序，则用户屏幕上首先出现“请输入通信录文件名:”的提示，让用户输入文件名。用户输入文件名 txl.dat 后按回车键（设通信录文件名为“txl.dat”），则用户屏幕上出现主菜单，如图 9-3 所示。分别输入 1、2、3、4、5 调用相关函数，测试是否能完成相应的功能。另外还要输入上述 5 个以外的数据，观察提示情况。测试各功能模块时，所用测试数据考虑到了每个模块的各个分支情况。

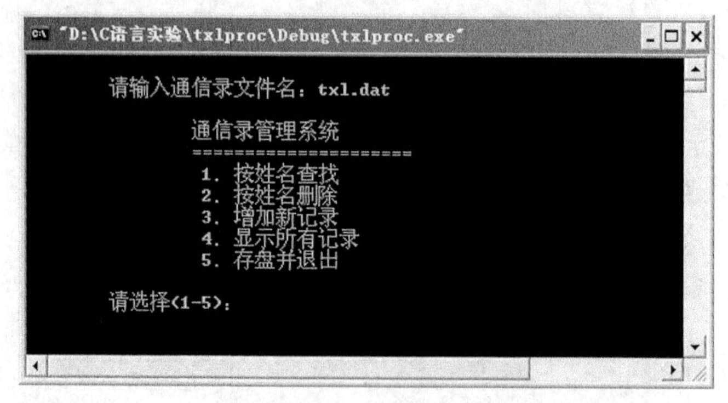

图 9-3　主菜单

（2）测试用例与测试结果

- 输入数据

在主菜单中，连续按“3”键，输入如下数据。

姓　名	地　址	邮 政 编 码	电话号码
李红	上海虹口区	200002	62345688
王林	北京海淀区	100083	62332888
周平平	北京东城区	100033	68428488

- 查找记录

在主菜单中，按“1”键查找记录，屏幕显示：

```
请输入要查找的人的姓名：
```

输入：周平平

屏幕显示查询结果：

```
name：周平平
address：北京东城区
zip：100033
phone：68428488
```

- 删除记录

（略）

- 显示记录

（略）

9.6　程序文档

（1）用户使用说明书

本系统的源程序文件名为 toxlproc.c，经编译连接后生成可执行文件 txlproc.exe。使用时，可以在启动 VC++ 6.0 系统环境运行程序，也可以直接在 MS-DOS 状态的提示符后直接输入可执行文件名 txlproc 运行。

输入通信录文件名后，屏幕上出现如下所示的主菜单：

```
        通信录管理系统
===================
        1. 按姓名查找
        2. 按姓名删除
        3. 插入一条记录
        4. 显示所有记录
        5. 存盘并退出

        请选择（1-5）
```

分别输入 1、2、3、4，可以显示通信录中所有人员信息，也可以增进新的人员信息，或按姓名查找或删除信息。按“5”保存信息并退出系统。

（2）程序说明书

① 各程序模块的说明。

（略）

② 主要类型和变量的含义。

- NOD：用宏定义将字符串“struct address_list”用 NOD 代替；
- struct　person：一种结构体类型，结构体名为 person；
- fp：一个文件型的指针变量；
- choise：函数 main()中的局部变量，存放菜单选择值。其范围应在 1 到 5 之间。

……

（其他变量略）

思　考　题

请将上述所有的省略部分补充完整。

附录A C语言中运算符的优先级和结合性

C 语言中运算符的优先级和结合性，如附录 A 表 1 所示。

附录 A 表 1　　C 语言中运算符的优先级和结合性

优先级	运　算　符	名　　称	运算分量个数	结合性
1	( )	圆括号		左结合
	[ ]	下标运算符		
	->	指向结构体成员运算符		
	.	分量运算符		
2	!	逻辑非运算符	单目运算符	右结合
	~	按位取反运算符		
	++	自增运算符		
	--	自减运算符		
	-	求负运算符		
	+	求正运算符		
	*	间接存取运算符		
	&	取地址运算符		
	（类型符）	类型转换运算符		
	sizeof	求长度运算符		
3	*	乘法运算符	双目运算符	左结合
	/	除法运算符		
	%	求余运算符		
4	+	加法运算符	双目运算符	左结合
	-	减法运算符		
5	<<	左移运算符	双目运算符	左结合
	>>	右移运算符		
6	<	小于	双目运算符	左结合
	<=	小于等于		
	>	大于		
	>=	大于等于		

续表

优先级	运 算 符	名 称	运算分量个数	结合性
7	== !=	等于 不等于	双目运算符	左结合
8	&	按位与运算符	双目运算符	左结合
9	^	按位异或运算符	双目运算符	左结合
10	|	按位或运算符	双目运算符	左结合
11	&&	逻辑与运算符	双目运算符	左结合
12	||	逻辑或运算符	双目运算符	左结合
13	? :	条件运算符	三目运算符	右结合
14	= +=、−=、*=、/=、%= &=、^=、|=、<<=、>>=	赋值运算符 算术复合赋值运算符 位复合赋值运算符	双目运算符	右结合
15	,	逗号运算符	双目运算符	左结合

附录B C语言常用库函数

1. 数学函数

使用数学函数时，应该用#include"math.h"编译预处理命令把 math.h 头文件包含到源程序文件中。数学函数如附录 B 表 1 所示。

附录 B 表 1　　数学函数

函数名	函 数 原 型	功　　能	返回值或说明
abs	int abs(int x);	求整数 x 的绝对值	
acos	double acos(double x);	计算 x 的反余弦值	x 应在−1～1 范围内
asin	double asin(double x);	计算 x 的反正弦值	x 应在−1～1 范围内
atan	double atan(double x);	计算 x 的反正切值	
cos	double cos(double x);	计算 x 的余弦值	x 单位为弧度
cosh	double cosh(double x);	计算 x 的双曲余弦值	
exp	double exp(double x);	求 e^x 的值	
fabs	double fabs(double x);	求实型数 x 的绝对值	
floor	double floor(double x);	求出不大于 x 的最大整数	
fmod	double fmod(double x,double y);	求 x/y 整除的余数	
log	double log(double x);	求 $\log_e x$，即 ln x	x 应大于 0
Log10	double log10(double x);	求 $\log_{10} x$，即 log x	x 应大于 0
pow	double pow(double x,double y);	计算 x^y 的值	
rand	int rand(void);	产生 0～32767 间的随机整数	
sin	double sin(double x);	计算 x 的正弦值	x 单位为弧度
sinh	double sinh(double x);	计算 x 的双曲正弦函数值	
sqrt	double sqrt(double x);	计算 $\sqrt{x}$	x 应大于等于 0
tan	double tan(double x);	计算 x 的正切值	x 单位为弧度
tanh	double tanh(double x);	计算 x 的双曲正切函数值	

2. 字符判别和转换函数

使用字符判别和转换函数时，应该用#include"ctype.h"编译预处理命令把 ctype.h 头文件包含到源程序文件中。字符函数如附录 B 表 2 所示。

附录B表2　　字符函数

函数名	函数原型	功能	返回值或说明
isalnum	int isalnum(int ch)；	检查ch是否为字母或数字字符	是字母或数字返回1；否则返回0
isalpha	int isalpha(int ch)；	检查ch是否为字母	是，返回1；不是，返回0
iscntrl	int iscntrl(int ch)；	检查ch是否为控制字符(其ASCII码值在0～0xlf之间)	是，返回1；不是，返回0
isdigit	int isdigit(im ch)；	检查ch是否为数字字符（0～9）	是，返回1；不是，返回0
isgraph	int isgraph(int ch)：	检查ch是否为可打印字符（其ASCII码值在0x21～0x7e之间），不包括空格	是，返回1；不是，返回0
islower	int islower(int ch)；	检查ch是否为小写字母（a～z）	是，返回1；不是，返回0
isprint	int isprint(int ch)；	检查 ch 是否为可打印字符（其 ASCII 码值在0x20～0x7e之间），不包括空格	是，返回1；不是，返回0
ispunct	int ispunct(int ch)；	检查ch是否为标点字符(不包括空格)，即除字母、数字和空格以外的所有可打印字符	是，返回1；不是，返回0
isspace	int isspace(int ch)；	检查ch是否为空格、制表符（Tab符）或换行符	是，返回1；不是，返回0
isupper	int isupper(int ch)；	检查ch是否为大写字母（A～Z）	是，返回1；不是，返回0
isxdigit	int isxdigit(int ch)；	检查ch是否为一个16进制数字字符(即0～9，或a～f或A～F)	是，返回1；不是，返回0
tolower	int tolower(int ch)；	将ch字符转换为小写字母	返回ch的代表的字符的小写字母
toupper	int toupper(int ch)；	将ch字符转换成大写字母	与ch相应的大写字母

3. 字符串操作函数

使用字符串操作函数时，应该用#include"string.h"编译预处理命令把string.h头文件包含到源程序文件中。字符串函数如附录B表3所示。

附录B表3　　字符串函数

函数名	函数原型	功能	返回值或说明
strcat	char *strcat (char *str1,char *str2)；	把字符串str2接到str1后面，并删除str1最后的'\0'	返回str1
strchr	char *strchr (char *str,int ch)；	找出str指向的字符串中第一次出现字符ch的位置	返回指向该位置的指针，如找不到，则返回空指针
strcmp	int strcmp (char *strl,char *str2)；	比较两个字符串strl、str2	strl<str2，返回负数 strl= =str2，返回0 str1>str2，返回正数
strcpy	char *strcpy (char* str1,char *str2)；	把str2指向的字符串复制到strl中去	返回strl
strlen	unsigned int strlen(char *str)；	统计字符串str中字符的个数（不包括结束符'\0'）	返回字符个数

续表

函数名	函 数 原 型	功　　能	返回值或说明
strstr	char *strstr (char *str1,char *str2);	找出 str2 字符串在 strl 字符串中第一次出现的位置（不包括 str2 的串结束符）	返回该位置的指针。如找不到，返回空指针
strlwr	char *strlwr(char *str);	将 str 中的字母转为小写字母	返回 str 的地址
strupr	char *strupr(char *str);	将 str 中的字母转为大写字母	返回 str 的地址

4. 输入/输出函数

使用输入/输出函数时，应该用#include"stdio.h"编译预处理命令把 stdio.h 头文件包含到源程序文件中。输入/输出函数如附录 B 表 4 所示。

附录 B 表 4　　输入/输出函数

函数名	函 数 原 型	功　　能	返回值或说明
clearerr	void clearerr(FILE*fp)	清除文件指针错误指示器	无
fclose	int fclose(FILE *fp);	关闭 fp 所指的文件，释放文件缓冲区冲区	有错则返回非 0，否则返回 0
feof	int feof(FILE *fp);	检查文件是否结束	遇文件结束符返回非 0 值，否则返回 0
fgetc	int fgetc(FILE *fp):	从 fp 所指定的文件中取得一个字符	返回所得到的字符。若读入出错，返回 EOF
fgets	char *fgets(char *buf,int n, FILE *fp);	从 fp 指向的文件读取一个长度为（n−1）的字符串,存入起始地址为 bur 的空间	返回地址 buf，若遇文件结束或出错，返回 NULL
fopen	FILE *fopen(char *filename, char *mode);	以 mode 指定的方式打开名为 filename 的文件	成功，返回一个文件指针（文件信息区的起始地址），否则返回 0
fprintf	int fprintf(FILE *fp ,char *format,args,⋯);	把 args 的值按 format 指定的格式输出到 fp 所指定的文件中	实际输出的字符数
fputc	int fputc(char ch，FILE *fp);	将字符 ch 输出到 fp 指向的文件中	成功，则返回该字符；否则，返回非 0
fputs	int fputs(char *str，FILE *fp);	将 str 指向的字符串输出到 fp 所指定的文件	成功，返回 0，若出错，返回非 0
fread	int freed(char *pt，unsigned size, unsigned n, FILE *fp);	从 fp 所指定的文件中读取长度为 size 的 n 个数据项，存到 pt 所指向的内存区	返回所读的数据项个数，如遇文件结束或出错返回 0
fscanf	int fscanf(FILE *fp,char *format,args,⋯);	从 fp 指定的文件中按 format 给定的格式将输入数据送到 args 所指向的内存单元（args 是指针）	已输入的数据个数
fseek	int fseek(FILE *fp，long offset，int base);	将 fp 所指向的文件的位置指针移到以 base 所指出的位置为基准、以 offset 为位移量的位置	返回当前位置，否则，返回 −1
ftell	long ftell(FILE *fp);	返回 fp 所指向的文件中的读写位置	返回 fp 所指向的文件中的读写位置
fwrite	int fwrite(char *ptr,unsigned size，unsigned n，FILE *fp);	把 ptr 所指向 n*size 个字节输出到 fp 所指向的文件中	写到 fp 文件中的数据项的个数

续表

函数名	函数原型	功　能	返回值或说明
getc	int getc(FILE *fp);	从 fp 所指向的文件中读入一个字符	返回所读的字符，若文件结束或出错，返回 EOF
getchar	int getchar(void);	从标准输入设备读取一个字符	所读字符。若出错，则返回 –1
printf	int printf(char *format, atgs, …);	按 format 指向的格式字符串所规定的格式，将输出表列 args 的值输出到标准输出设备。format 可以是一个字符串，或字符数组的起始地址	输出字符的个数。若出错，返回负数
putc	int putc(int ch, FILE *fp);	把一个字符 ch 输出到 fp 所指的文件中	输出的字符 ch。若出错，返回 EOF
putchar	int putchar(char ch);	把字符 ch 输出到标准输出设备	输出的字符 ch。若出错，返回 EOF
puts	int puts(char *str);	把 str 指向的字符串输出到标准输出设备，将'\0'转换为回车换行	返回换行符。若失败，返回 EOF
rename	int rename(char *oldname, char *newname);	把由 oldname 所指的文件名，改为由 newname 所指的文件名	成功返回 0，出错返回-1
rewind	void rewind(FILE *fp);	将 fp 指示的文件中的位置指针置于文件开头位置，并清除文件结束标志和错误标志	无
scanf	int scanf(char *format, args, …);	从标准输入设备按 format 指向的格式字符串所规定的格式，输入数据给 args 所指向的单元（args 为指针）	读入并赋给 args 的数据个数。遇文件结束返回 EOF；出错返回 0

5. 动态存储分配函数

动态存储分配函数返回值是一个 void 类型指针，它们可以指向任何类型的数据。实际使用时需要用强制类型转换的方法把 void 型指针转换成所需的类型。使用动态存储分配函数时，应该用 #include "stdlib.h" 编译预处理命令把 stdlib.h 头文件包含到源程序文件中。动态存储分配函数如附录B表5所示。

附录B表5　　动态存储分配函数

函数名	函数和形参类型	功　能	返　回　值
calloc	void *calloc(unsigned n, unsign size);	分配 n 个数据项的内存连续空间，每个数据项的大小为 size	分配内存单元的起始地址。如不成功，返回 0
free	void free(void *p);	释放 p 所指的内存区	无
malloc	void *malloc(unsigned size);	分配 size 字节的存储区	所分配的内存区地址，如内存不够，返回 0
rcalloc	void *realloc(void *f,unsigned size);	将 f 所指出的已分配内存区的大小改为 size。size 可以比原来分配的空间大或小	返回指向该内存区的指针

附录C ASCII 码表

字符	ASCII 码	字符	ASCII 码	字符	ASCII 码	字符	ASCII 码
NUL	0	空格	32	@	64	`	96
SOH	1	!	33	A	65	a	97
STX	2	"	34	B	66	b	98
ETX	3	#	35	C	67	c	99
EOT	4	$	36	D	68	d	100
ENQ	5	%	37	E	69	e	101
ACK	6	&	38	F	70	f	102
BEL	7	'	39	G	71	g	103
BS	8	(	40	H	72	h	104
HT	9	)	41	I	73	i	105
LF	10	*	42	J	74	j	106
VT	11	+	43	K	75	k	107
FF	12	–	44	L	76	l	108
CR	13	,	45	M	77	m	109
SO	14	.	46	N	78	n	110
SI	15	/	47	O	79	o	111
DLE	16	0	48	P	80	p	112
DC1	17	1	49	Q	81	q	113
DC2	18	2	50	R	82	r	114
DC3	19	3	51	S	83	s	115
DC4	20	4	52	T	84	t	116
NAK	21	5	53	U	85	u	117
SYN	22	6	54	V	86	v	118
ETB	23	7	55	W	87	w	119
CAN	24	8	56	X	88	x	120
EM	25	9	57	Y	89	y	121
SUB	26	:	58	Z	90	z	122
ESC	27	;	59	[	91	{	123
FS	28	<	60	\	92	|	124
GS	39	=	61	]	93	}	125
RS	30	>	62	^	94	~	126
US	31	?	63	—	95	DEL	127